Die

vulkanischen Erscheinungen.

Von

Dr. Friedrich Pfaff,

o. ö. Professor an der Universität Erlangen.

———

Mit 37 Holzschnitten.

—→※←—

München.

Rudolph Oldenbourg.

Einleitung.

Unter allen Naturkräften findet sich keine, welche auch nur im Entferntesten an Pracht und Gewalt ihres Auftretens mit derjenigen sich vergleichen läßt, welche aus den Tiefen der Erde heraus, von Feuerschein und Gluthströmen begleitet, Länder erzittern macht, Berge erhebt und einstürzt, ja ganze Kontinente auf einmal in Bewegung setzt.

Unter dem gemeinsamen Namen der vulkanischen Erscheinungen faßt die neuere Geologie eine Reihe von Phänomenen zusammen, die von jeher die Gemüther der Menschen, welche sie zu beobachten Gelegenheit hatten, theils mit Bewunderung und Staunen, theils mit Furcht und Entsetzen erfüllten, später aber als Gegenstand wissenschaftlicher Forschung als Kräfte erkannt wurden, deren sich die Natur in weitester Ausdehnung bedient, um Land zu schaffen und die zerstörenden Wirkungen des fließenden Wassers auf alles Feste wiederum auszugleichen und in schaffende zu verwandeln.

Man faßt jetzt unter dem Namen der vulkanischen Erscheinungen alle diejenigen zusammen, welche man auf

die gleiche letzte Ursache zurückführen zu können glaubt,
nämlich die Erscheinungen an den Vulkanen oder f. g.
feuerspeienden Bergen, die Erdbeben und die Bewegungen
der Erdrinde, die sich theils als Hebungen, theils als
Senkungen zu erkennen geben. Ob und in wie weit man
diese Erscheinungen ein und derselben Grundursache zu=
schreiben könne, das soll der Gegenstand einer späteren
Erörterung sein, wenn wir etwas näher die Erscheinungen
selbst kennen gelernt haben, deren Schilderung die folgen=
den Blätter gewidmet sein sollen.

I.

Die Vulkane oder feuerspeienden Berge.

Erstes Kapitel.

Aeußeres Ansehen und Bau der Vulkane.

Definition.

Jeder Berg oder Hügel, der einmal gewisse Stoffe, die entweder in Gasform oder in festen oder flüssigem Zustande aus dem Innern der Erde herauskamen, ausgeworfen hat oder auswirft, wird mit dem Namen Vulkan bezeichnet. Der Ausdruck „feuerspeiender Berg" oder „Feuerberg", der wohl gleichbedeutend mit jenem gebraucht wird, ist insofern sehr unpassend, als gerade Feuer nicht von den Vulkanen geliefert wird, der Feuerschein lediglich von glühenden Mineralmassen herrührt, die aus dem Berge hervorbrechen, wie später noch näher auseinandergesetzt werden soll. Der Unterschied zwischen erloschenen und thätigen Vulkanen, den man früher allgemein angenommen hat, ist sehr schwer, ja fast unmöglich durchzuführen, indem wir wohl das Thätigsein eines solchen erkennen, aber nicht wohl das vollkommene Erloschensein

1*

durch irgend ein sicheres Zeichen festsetzen können und mannichfache Erfahrungen uns sehr behutsam machen müssen, einem solchen Unholde den Todtenschein auszustellen. Nicht sehr selten sind die Beispiele, daß, wenn man nach allen Zeichen sich für wohlberechtigt hielt, einen solchen für erloschen zu halten, ein Ausbruch des wenn auch schon seit Jahrtausenden schlummernden Feuers der Tiefe das Trügerische solcher Erklärungen bezeugte. So war z. B. der Vesuv scheinbar in vollkommenen Todesschlaf versunken, indem, so lange jene Gegenden bewohnt wurden, nicht eine Spur von Thätigkeit an ihm wahrgenommen wurde. Ueppig bewachsen, auf dem sonst flachen Gipfel mit einer geringen Vertiefung, die doch so breit war, daß Spartacus seine Schaaren, 10,000 Mann, darin ein Lager beziehen lassen konnte, erschien er den Römern, die doch sonst vulkanische Erscheinungen hinreichend zu beobachten Gelegenheit hatten, als ein harmloser Berg, bis plötzlich die furchtbare Eruption im Jahre 79 n. C. die wahre Natur desselben enthüllte, die von da an in häufigen Ausbrüchen sich zu erkennen gab. Noch einmal seitdem hielt man ihn für erloschen, da mit dem Anfange des 14. Jahrhunderts fast 300 Jahre lang seine Thätigkeit aufhörte, die dann abermals im Jahre 1631 mit erneuter Wut begann. An dem Ararat, der doch seit den ältesten Zeiten umwohnt ist, war nie eine Eruption beobachtet worden, nur aus der Beschaffenheit der Gesteine auf seinem Gipfel schloß man auf eine vulkanische Natur, im Jahre 1845 zeigte eine wenn auch nicht bedeutende Eruption, daß auch nach so langer Ruhe doch noch keine völlige Erstarrung angenommen werden dürfe.

Fig. 1. Der Kotopaxi

Das Aeußere der Vulkane.

Obwohl die Vulkane in ihrer äußeren Form und Gestaltung mannichfachem Wechsel unterworfen sind sowohl durch ihre eigene Thätigkeit wie durch die Verwitterung, die auch sie nicht verschont, so bieten sie doch alle mehr oder weniger ähnliche Gestaltung dem Auge des Beschauers dar. Bei allen ist die Kegelform bald vollkommen regel= mäßig, bald weniger scharf ausgeprägt, ganz unabhängig von der Höhe und Lage der Vulkane. Durch diese ihre regelmäßige Form ausgezeichnet sind der Pic von Teneriffa und der Kotopaxi, von dem A. v. Humboldt schon erwähnt, er sei so vollständig kegelförmig ausgebildet, daß er von ferne wie ein auf einer Drehbank gefertigtes Modell er= scheine. In den meisten Fällen zeigt sich aber der Kegel an seiner Spitze abgestumpft, bald mehr, bald weniger stark, dann findet sich auf dieser Fläche das Ende des Kanales, der in die Tiefe hinabführt und die Verbindung mit dem Innern der Erde vermittelt, der s. g. Krater. Auch an anderen isolirten Bergen findet man wohl die Kegelgestalt ausgebildet, doch zeichnet die Vulkane die meist sehr beträchtliche Steilheit aus; im Durchschnitte beträgt die Neigung der Seiten eines Vulkanes 28°—32°, also 30° im Mittel, was ziemlich genau dem Verhältniß von 3 : 5 von der Höhe zu dem Halbmesser der Basis entspricht. Bei einigen wird aber dieser Winkel beträchtlich kleiner, bei anderen wieder größer, namentlich sind es die von den ausgeworfenen Massen gebildeten s. g. Ausbruchskegel, welche oft eine ungemeine Steilheit zeigen und höchst schwierig zu erklimmen sind. Manche der kleineren und

in neuerer Zeit erst entstandenen Vulkane zeigen nur einen
derartigen aus lockeren Massen gebildeten Kegel, der oft
von einer älteren Umwallung, einem älteren Krater um=
geben ist. Ein klares Beispiel hiefür liefert der unter dem
Namen Barren=Island (wüste Insel) im östlichen Theile
des Meerbusens von Bengalen gelegene kleine Vulkan,
von dem G. v. Liebig eine genaue Schilderung gegeben
hat. Die Höhe des fast nur aus vulkanischer Asche und
kleineren Steinen bestehenden Kegels beträgt 980 Fuß, der
Durchmesser der ganzen Insel von Nord nach Süd
8360 Fuß. Die Spitze enthält einen kleinen Krater von
90—100 Fuß Weite und 50—60 Fuß Tiefe. Die
Umwallung ist offenbar ebenfalls das Product früherer
Eruptionen aus wechselnden Lagen von Sand= und Tuff=
schichten gebildet.

Was die Höhe der Vulkane anbelangt, so finden wir
sie von allen den Höhenstufen, welche überhaupt Berge
und Hügel erkennen lassen. Der kleine, aber sehr thätige
Koosima zwischen Niphon und Jesso ist nur 696 Fuß
hoch, Stromboli 2775, der Vesuv 3600, der Hekla 4800,
der Gunong=Tingger auf Java 6540, der Aetna 10200,
der Pic von Teneriffa 11400. Unter den Vulkanen
Kamtschatkas befindet sich einer, der Kliutschewskaja=Sopka
mit einer schon den Mont Blanc übertreffenden Höhe
von 14790 Fuß, und der höchste bis jetzt bekannte,
der Aconcagua in Chili, erreicht die gewaltige Höhe von
21770 Fuß.

Das Wichtigste an den Vulkanen ist der aller Beob=
achtung unzugängliche Kanal, welcher in die Tiefen der
Erde hinabreicht und den mancherlei Producten den Ausgang

Fig. 2. Barren-Island.

gestattet, welche durch die Thätigkeit der unterirdischen
Kräfte an die Oberfläche unseres Planeten befördert wer=
den. Meist erweitert sich dieser Kanal an seinem oberen
Ende, das uns allein zugänglich ist, zu einer kesselförmigen
Vertiefung, weßwegen es auch den Namen „Krater"
(vom griechischen Worte Krater, Mischkrug, Kessel) erhalten
hat. Die Lage, die Form und Größe dieser Krater ist
eine außerordentlich verschiedene und wechselnde, selbst
an einem und demselben Vulkane oft sehr veränderlich.
Nicht immer nämlich findet der Ausbruch der vulkanischen
Kräfte an derselben Stelle statt, sondern bald da, bald
dort öffnet sich die Seite des Berges und es bildet sich
dann an dieser Stelle ein kleiner Ausbruchskegel mit einem
kleinen Krater, die man wohl auch als Nebenkrater be=
zeichnet hat zum Unterschied von dem s. g. Hauptkrater,
aus dem die Eruptionen hauptsächlich statt haben. Nach
Sartorius sind auf dem Aetna gegen 700 solcher Neben=
krater zu beobachten. Der Hauptkrater nimmt meist die
Spitze der Vulkane ein, von seinem Durchmesser hängt es
ab, ob der Berg wie ein spitzer oder abgestumpfter Kegel
erscheint. Seine Dimensionen stehen in gar keinem Ver=
hältnisse zu der Höhe oder Thätigkeit der Vulkane selbst.
An dem Krater selbst hat man die Kraterwände mit dem
Rande und den Kraterboden zu unterscheiden. Die Kra=
terwände sind oft von höchst regelmäßiger Form, wie
die Wände eines regelrecht geformten Kessels, kreisrund
oder elliptisch, nach außen hin weniger steil abfallend,
dagegen nach innen zu mauerartig in die Tiefe sich senkend,
so daß es nicht möglich ist den Kraterboden zu betreten,
wenn nicht, wie dieses allerdings sehr häufig der Fall ist,

die Wand an einer Seite eingerissen ist und so eine natür=
liche Bresche in der Kratermauer darbietet.

Der Kraterrand selbst, das oberste Ende dieser Wände
ist oft vollkommen eben und nur wenige Fuß breit wie
eine wohlerhaltene Mauer, manchmal auch auf das Wun=
derlichste zerrissen wie eine Ruine; ausgezeichnet in letzterer
Beziehung ist der Pichincha, dessen zackige Kraterwand

Fig. 3.   Der Pichincha.

wie der Kamm eines Gebirges sich senkend und hebend
durchaus nicht die Natur eines Vulkanes verräth.

Auch die Tiefe des Kraters, d. h. die Entfernung
des Kraterbodens von dem oberen Rande seiner Wände ist
eine sehr verschiedene, ebenfalls vielfach verändert durch die
Thätigkeit des Vulkanes selbst. Während auf der Insel
Palma ein 1000 Fuß tiefer Schlund nur durch einen
Riß der Wand zugänglich den Krater bildet, ist bei einer
größeren Anzahl javanischer Vulkane kaum die Andeutung

einer Einsenkung bemerklich, trotzdem der Durchmesser
derselben ein sehr beträchtlicher ist, bei dem Gunong=
Tingger $^4/_5$ g. M. erreicht. „Keine Beschreibung, sagt
Junghuhn*), kann das Eigenthümliche seines Ansehens
wiedergeben; ein Meilen langes, unabsehbares Sandmeer,
auf dessen söhliger (horizontaler) Fläche wirbelnde Staub=
wolken dahintreiben; schroffe wüst durchfurchte Kegelberge
in diesem Meere; vulkanische Schlünde, die sich von den
Gipfeln dieser Kegel in geheimnißvolle Tiefe stürzen und
rings um diese Wüste, diesen Schauplatz schrecklicher Ver=
ödung begrenzend hohe Bergrücken mit Kasuarinenwäl=
dern bedeckt." Tiefe des Kraters, Weite desselben und
Höhe des Vulkanes stehen in gar keinem Verhältnisse zu
einander. Der 11100 Fuß hohe Pic auf Teneriffa zeigt
einen Krater von nur 600 Fuß im Durchmesser und
120 Fuß Tiefe, während der nur 696 Fuß hohe Koosima
bei Jesso einen Krater zeigt, der 3000 Fuß im Durch=
messer und 600 Fuß Tiefe hat.

Schwierig, ja in den meisten Fällen unmöglich ist es
über den inneren Bau und die Structur der Vulkane sich
Aufschlüsse zu verschaffen. Die von allen ausgeworfenen
Massen, theils geschmolzene und wieder fest gewordene
Gesteine, Laven, theils in kleineren Fragmenten ausge=
schleudert, in vielen Lagen mit einander wechselnd, verdecken
den eigentlichen Kern des Berges so sehr, daß es durch
Beobachtung kaum möglich ist, etwas Sicheres über seinen
Bau zu erfahren. Darum sind auch immer die Geologen

---

*) Junghuhn, Topographische und naturwissenschaftliche
Reisen durch Java.

noch sehr getheilter Ansicht, ob eine blasen= oder kuppel=
förmige Auftreibung den ersten Kern der Bulkane bilde,
oder ob nur aus einer Spalte der Erdrinde hervordringend
sich die Massen, welche jetzt den Berg bilden, nach und
nach zu demselben aufgethürmt.   Doch dürfen wir diesen
Streit hier füglich übergehen und nur das noch erwähnen,
daß in und unter den Bulkanen häufig große Hohlräume
sich befinden müssen, wofür viele Erscheinungen sprechen,
welche wir bei der Betrachtung der Thätigkeit der Bul=
kane noch näher kennen lernen werden.

Zweites Kapitel.

Geographische Verbreitung und Lage der Bulkane.

Bulkane Europa's.

Zwei Gegenden sind es, in welchen gegenwärtig noch
die bulkanische Thätigkeit unseres Erdtheiles einigermaßen
bedeutend bemerklich wird, die eine den nördlichsten, die
andere seinen südlichsten Theilen angehörend, Island und
Italien, während außerdem noch durch ganz Mitteleuropa
eine Reihe erloschener, in einer früheren Periode unserer
Erdgeschichte thätiger Bulkane vom mittleren Frankreich
bis nach Ungarn hinein sich verfolgen läßt.

Der bedeutendste aller europäischen Bulkane ist der
Aetna, seit den ältesten Zeiten als Bulkan bekannt, 10200 Fuß
über die Meeresfläche emporragend. Der untere und größte
Theil des Berges steigt unter geringer Neigung bis zu einer
Höhe von 9000 Fuß sehr allmählich kegelförmig auf, bis

Fig. 4. Der Aetna.

plötzlich unter 25° bis 35° der oberste Gipfel mit dem
Krater sich erhebt. Viele Geologen nehmen an, daß der
untere Theil in die Höhe gehoben sei, einen s. g. Erhebungs=
kegel bilde, auf dem dann der oberste Theil als aufgeschüt=
tete Masse in Folge der verschiedenen Ausbrüche entstanden
sei, doch ist gerade bei ihm die eigentliche Structur des
Berges sehr schwer zu erkennen und die Ansichten der ver=
schiedenen Naturforscher, welche ihn besuchten, weichen
hinsichtlich seiner Bildung sehr von einander ab.

Zwischen Sicilien und Tunis liegt die kleine jetzt
nicht mehr thätige vulkanische Insel Pantellaria mit
einem deutlichen Erhebungskrater und Eruptionskegel.
Nördlich von Sicilien in einer geraden Linie mit dem
Aetna und dem Vesuv stoßen wir auf die Vulkanengruppe

der Liparischen Inseln, ausgezeichnet durch die rast=
lose Thätigkeit einiger derselben. Die südlichste, die Insel
Volcano, die nördlichste, Stromboli, zwischen ihnen Lipari,
sind die drei größten der 15 Inseln, die auch unter dem
Namen der äolischen aufgeführt werden, jedoch nicht alle
mit Vulkanen versehen sind. Seit alter Zeit ununterbrochen
Dampf und Lava ausstoßend, die Nachts weit hin ihren
Feuerschein über das Meer ergießt, hat sich Stromboli

Fig. 5. Der Stromboli.

mit dem 2770 Fuß hohen Vulkane gleicher Benennung
bei den Bewohnern jener Gegenden den Namen des Leucht=
thurms, il faro, erworben und viele Geologen angezogen,
da nirgens so gut die vulkanische Thätigkeit aus nächster
Nähe ohne besondere Gefahr beobachtet werden kann, als
an dem fast senkrecht nach innen abfallenden Kraterrande

dieses kleinen Vulkanes. Sehr schön beschreibt Fr. Hoff=
mann*) dieses Schauspiel: „Die Lava selbst zeigte sich hell=
glänzend, wie ein geschmolzenes Metall, wie das Eisen,
welches aus dem Hochofen zum Gießen hervorströmt. In
dem gewöhnlichen Zustande auf= und niederwogend, mochte
diese glühend flüssige Lavasäule mit ihrer Oberfläche wohl
noch 20—30 Fuß tief unter der Mündung zurückbleiben.
Sie wurde offenbar in dieser Stellung durch die furchtbar
erhöhte Spannung im Innern eingeschlossener elastischer
Dampfmassen getragen und sehr deutlich war das nie auf=
hörende Spiel ihres von oben herabwirkenden Druckes und
des hinauftreibenden Gegendruckes zu sehen, welchen die
hinaufstrebenden Dampfmassen ausübten. Denn im ge=
wöhnlichen Zustande bewegte sich die Oberfläche sehr gleich=
mäßig und fast taktmäßig in secundenlangen Abständen um
eine nicht bedeutende Höhe auf und nieder. Man vernahm
dabei gleichzeitig ein eigenthümliches Geräusch, welches
wir versucht waren mit dem Puffen zu vergleichen, das
die eintretenden Luftströme an der Oeffnung von der
inneren Thüre eines Flammofens veranlassen. Jedem
Stoße, welcher die Lavasäule so ruckweis emporhob, folgte
das deutlich und nett begrenzte Austreten eines lichtweißen
Dampfballens aus der Oberfläche, und sobald dieser ent=
wischt war, sank die Lavasäule wieder nieder. So oft aber
diese Dampfballen austraten, rissen sie regelmäßig einzelne
rothglühende Stücke von der Oberfläche der Lava mit sich
herauf und diese tanzten, wie von unsichtbaren Kräften
getrieben, über den Rand der Oeffnung gleichsam takt=

---

*) Fr. Hoffmann, hinterlassene Werke II., p. 524.

mäßig heraus und machten den Anblick dieses so schön
sichtbaren Spieles ungemein malerisch. Von Zeit zu Zeit
aber, meist alle Viertelstunden und zuweilen selbst mehr=
mals kurz hinter einander, ward dieser regelmäßig fort=
setzende Rhythmus auf eine mehr tumultuarische Weise
unterbrochen.

Man sah nämlich plötzlich, nachdem die Lavasäule
einige Augenblicke lang sich stärker erhoben hatte, die dar=
über befindliche, aufwirbelnde Dampfmasse ruhend stehen
bleiben und eine schwach rückgängige Bewegung machen,
gleichsam als wolle sie in den Krater zurückschlagen.
Gleichzeitig durchzuckte uns oft schreckhaft eine mehr oder
minder heftige Erzitterung des Bodens, wobei die lockeren
Kraterwände oft in eine sichtbar schwankende Bewegung
kamen — ein deutliches Erdbeben.

Unmittelbar daran knüpfte sich ein dumpf polterndes
Geräusch in der Eruptionsöffnung und mit hell tönendem
Gepraffel stürzte eine große Dampfmasse aus dem Innern
hervor. — Sie riß gleichzeitig dann mit sich die obere
Lavamasse, zu Tausenden glühender Stücke zerkleinert,
aus dem Krater hervor; eine starke davon ausgehende
Erhitzung der Umgebung schlug uns lebhaft in das
Gesicht und ein garbenförmig sich hoch ausdehnender
Feuerregen stürzte prasselnd auf die Umgebung nieder.
Einige Stücke flogen bis 1200 Fuß hoch und gingen in
großen Bogen hoch über unsern Köpfen weg. Unmittelbar
darauf schien jedesmal dann die Lavasäule aus dem Krater
verschwunden; sie hatte sich tiefer in das Innere des
Schlotes zurückgezogen, es trat augenblickliche Ruhe ein.
Doch nicht lange, so begann wieder das Glühen in der

vor uns liegenden Oeffnung, die Lavasäule stieg langsam bis auf ihr altes Niveau wieder. Es begann nun von Neuem das oben geschilderte, taktmäßige Spiel."

Gehen wir nun auf das Festland von Italien, so finden wir hier die Umgegend von Neapel als einen Hauptsitz der vulkanischen Thätigkeit, die sich seit unserer Aera vorzugsweise in dem Vesuv äußert.

Fig. 6. Der Vesuv.

Weniger gewaltig als der Aetna seiner Größe nach, von einer Höhe von 3700 Fuß, bildet auch er in seinem unteren Theile einen sanft ansteigenden Kegel, der in seinem oberen Theile ebenfalls sehr steil wird. Der erstere wird ebenfalls als ein Erhebungskrater angesehen und die Erscheinung, daß die geschichteten oberflächlichen Massen des eigent=lichen Berges ganz ähnlich denen der Umgegend von Neapel zusammengesetzt sind, aus einem eigenthümlichen

2*

hie und da Reste von Seemuscheln einschließenden Tuff
bestehen, macht diese Annahme nicht unwahrscheinlich.

Westlich von Neapel finden sich als weitere Zeugen
der vulkanischen Thätigkeit jener Gegend die s. g. phle=
gräischen Felder.   Sie stellen eine Reihe von Hügeln
aus Bimsstein=Tuff auf einer 3 g. □.=M. großen Fläche

Fig. 7. Der Monte Nuovo.

dar, die 27 mehr oder weniger gut erhaltene Kratere er=
kennen lassen.   Unter ihnen ist einer, unter dem Namen
Solfatara, bekannt, der noch gegenwärtig heiße Dämpfe
ausstößt, aus deren Wasser sich Schwefel ausscheidet. Ein
anderer derselben hat den Namen Monte nuovo, der neue
Berg, erhalten, weil er erst im Jahre 1538 sich bildete
und im Verlauf von 2 Tagen zu einem 428 Fuß hohen
Berge heranwuchs.   Auf der Insel Ischia befindet sich der

2600 Fuß hohe Epomeo, der seit dem Jahre 1302 keine
Eruption mehr gehabt hat und von Vielen als ein er=
loschener Vulkan angesehen wird, ebenso wie die 2 mit
ihm und dem Vesuv in einer geraden Linie von 21 g. M.
Länge liegenden Berge d'Ansanto und Vultur, welche
zwar in historischer Zeit keinen Ausbruch mehr gehabt
haben, aber als Zeichen der noch nicht völlig erloschenen
vulkanischen Thätigkeit noch Gase aushauchen.

Geringer als in und bei Italien zeigen sich vulkanische
Erscheinungen auf den griechischen Inseln. Zwar
läßt eine größere Anzahl der unter dem Namen der Cy=
claden bezeichneten Inseln des Archipelagus aus der Be=
schaffenheit ihrer Gesteine ihre vulkanische Natur erkennen,
aber nur an einer derselben, der ziemlich am weitesten
nach Süden vorgeschobenen, Santorin, haben sich von Zeit
zu Zeit die vulkanischen Kräfte documentirt. Diese Insel
bildet mit zwei benachbarten, Theresia und Aspronisi,
zusammen einen unterbrochenen elliptischen Wall, einen
Krater, dessen Boden noch unter dem Meere liegt. Eigent=
liche vulkanische Ausbrüche sind in früheren Zeiten nur
zwei Mal vorgekommen, bis plötzlich im Jahre 1867
eine ziemlich mächtige Eruption auf's Neue den vulkani=
schen Charakter dieser Insel erwies.

Entschieden gewaltiger als im Süden Europa's zeigt
sich aber die vulkanische Thätigkeit im hohen Norden auf
der Insel Island, wenn auch die Zahl der Vulkanaus=
brüche nicht größer oder selbst geringer ist, als die des
italienischen Vulkanbezirkes. Vor allen andern ist hier
der Hekla zu erwähnen: im Süden der Insel, nicht sehr
weit vom Meeresufer gelegen, erhebt er sich 4800 Fuß

hoch über dasselbe, hoch genug, um auf seinem Gipfel
ewigen Schnee und Eismassen zu tragen, die bei seinen
heftigen Eruptionen schmelzend und mit den vulkanischen
Auswürflingen sich mischend, nicht wenig zur Verwüstung
dieser unglücklichen Insel beitragen. Seit dem Jahre 1000
sind ungefähr 50 große und heftige Eruptionen von islän=
dischen Vulkanen bekannt, die meisten kommen auf den
Hekla, die heftigsten und in ihrer Wirkung gewaltigsten
hat der Skaptar=Jökul geliefert, von denen wir später noch
Näheres zu berichten haben. Ja die ganze Insel scheint
ihren Ursprung vulkanischen Produkten zu verdanken, die
anfänglich auf dem Grunde des Meeres in abwechselnden
Lagen und Schichten von Laven und Tuffen sich ausbrei=
teten und durch die vulkanische Thätigkeit später in die
Höhe gehoben, zu Festland wurden, auf dem sich dann
dieselben Bildungen wiederholten. Nirgends kann man
daher diese vulkanischen Gesteine in so gewaltigen Massen
und in ihren oft wunderbaren Formen studiren, wie auf
jener Insel, auf der die geringe Vegetation kaum im
Stande ist, nur einigermaßen das Chaos zu verhüllen
und das Bild der Verwüstung zu verwischen, das diese
feurigen Massen rings um sich verbreiten. Eine der
mächtigsten Ablagerungen dieser Art findet sich im Innern
der Insel. Mit dem Namen des Thales von Thingvellir
wird der mittlere etwas eingesenkte Theil einer ungeheueren
Lavaablagerung bezeichnet, die mit fast senkrechten Wän=
den abfallend, von ungeheueren Spalten durchzogen sind,
in denen nicht selten brausende Bergwässer ihren Weg
verfolgen. Die größte unter ihnen, Almanagia, erstreckt
sich ungefähr $1\frac{1}{2}$ Meilen weit und erscheint von ferne wie

Fig. 8. Der Hetla.

eine ungeheuere Festungsmauer. Zwei dieser Spalten bil=
den in ihrer Vereinigung einen länglich runden, circus=
ähnlichen, nur von einer einzigen Seite durch einen
schmalen Gang erreichbaren Raum, den Parlamentssaal
der ältesten Bewohner. Jedes Jahr im Juli versammelte
sich hier die Landesversammlung, der Althing: hier war

Fig. 9. Almanaggia.

es auch, wo im Jahre 1000 der Beschluß auf Annahme
des Christenthums von der Majorität gefaßt wurde. In
demselben Thale, oder richtiger auf derselben Lavaablager=
ung findet sich, den Fuß derselben Berge kühlend, welche
einst der glühenden Masse Halt geboten, der tief grüne
See von Thingvellir. „Ungeheuere Massen von Felsen und
Laven, aufgethürmt wie die Ruinen der Welt, lagern
rings um ihn her, bespült von einem Wasser so glänzend

und so grün wie polirter Malachit. Darüber reihen sich
die fernen Berge, durch die eigenthümliche Durchsichtigkeit
der Luft in Farben gekleidet, wie man sie in Europa sonst
nicht sieht, einer über den andern sein Haupt erhebend aus
dem Silberspiegel zu seinen Füßen, während in weiten
Zwischenräumen aus dem Schooße ihres purpurfarbenen
Leibes weiße Dampfsäulen sich erheben wie der Weihrauch
von einem Altare zum stillen blauen Himmel." (Lord
Dufferin.)

Fig. 10. Der See von Thingvellir.

Die Mehrzahl der Vulkane Islands liegt in einer
Linie, die von SSW. nach NNO. sich hinzieht. Verfolgen
wir diese Richtung über die Insel hinaus, so stoßen wir
fast unter 71° nördlicher Breite auf die Insel Jan
Mayen, bis jetzt der am nördlichsten gelegene Punkt, an

Fig. 11. Jon Maven.

dem sich noch gegenwärtig die vulkanische Thätigkeit äußert.
So klein diese Insel ist, so hat sie doch drei Vulkane; den
ersten entdeckte Scoresby im Jahre 1817 und nannte ihn
nach seinem Schiffe Esk; er ist 1500 Fuß hoch; südwest=
lich von diesem befindet sich ein anderer, bei derselben
Expedition entdeckt; der letztere warf im April 1818 be=
deutende Massen vulkanischer Asche aus, während gleich=
zeitig dichte Dampfwolken aus dem erstgenannten sich er=
hoben. Der höchste Berg der Insel, 6648 Fuß hoch,
heißt der Beerenberg. Ob derselbe ein Vulkan sei, ist
nicht sicher ausgemacht, die Natur der ganzen Insel, so=
wie seine Form machen es jedoch höchst wahrscheinlich.
So vielfach auch schon die Nord=Polarländer, namentlich
die über Amerika gelegenen, besucht worden sind, so hat
man bis jetzt doch dort nirgends einen Vulkan entdeckt.
Erst im Nordwesten dieses Continentes werden wir sie
wieder, aber nicht höher als bis 60⁰ nördlicher Breite
reichend, antreffen.

Vulkane Afrika's.

Wie Europa, so ist auch Afrika arm an Vulkanen;
sicher als noch jetzt thätig ist auf dem ganzen großen Erd=
theile nur einer nachgewiesen worden, der kleine Vulkan
von Aid an der Küste von Danakil, der im Jahre 1861
zwei heftige Eruptionen hatte, wenn schon in Schoa und
an der Küste von Mozambique das Vorhandensein weiterer
durch die großen Lavamassen bezeugt wird, welche dort sich
finden. Dasselbe gilt auch für Abyssinien und einen Theil
von Guinea. Dagegen treffen wir auf den Inseln um
Afrika eine nicht unbeträchtliche Anzahl zum Teil sehr
gewaltiger Vulkane.

Die Inselgruppe der Azoren ist als eine doppelte Reihe von Vulkanen zu betrachten. Auf der ziemlich in der Mitte der Inselreihe liegenden, nach S. Miguel größten derselben, der Insel Pico, findet sich der höchste Vulkan, der 7300 Fuß hohe Pico Alto. Von sämmtlichen Inseln sind Zeichen vulkanischer Thätigkeit bis in unsere Zeiten bekannt.

Eine zweite ähnliche Inselreihe bilden die Canarischen Inseln. Hier erhebt sich auf der Insel Teneriffa der schon öfter erwähnte, spitz kegelförmig zulaufende Pico de Teyde, 11,400 Fuß hoch, der höchste Berg der ganzen Inselgruppe. Ausgezeichnet sind auf dieser Insel, wie auf Canaria und Palma, die merkwürdigen, als Erhebungskratere bezeichneten, fast senkrecht abfallenden, tiefen Kratere. Auf der Insel Teneriffa fanden in dem ganzen vorigen Jahrhundert nur zwei Eruptionen statt. Im Jahre 1704 verwüstete ein Ausbruch des Pics das Städtchen Guarrachico vollständig, indem es theils von den Lava- und Aschenmassen, ähnlich wie Herculanum beim ersten Ausbruche des Vesuvs, verschüttet wurde, theils aber auch in mächtige Spalten hinabsank, welche bei den heftigen Erderschütterungen sich bildeten, von denen die Eruption des Pics begleitet war. Der bei weitem größte Theil der Einwohner des Städtchens verlor dabei sein Leben, einige wurden von der Erde verschlungen, andere von den schädlichen Dämpfen, die der Vulkan ausstieß, erstickt, wieder andere von dem Steinhagel erschlagen, der weithin um den Berg sich verbreitet. Fast ein Jahrhundert wurde die Ruhe dieser Insel nicht gestört, bis im Jahre 1798 von einem Nachbarn des Pics, der sich mit

Fig. 12. Der Pico de Teyde.

ihm auf einer gemeinschaftlichen Basis erhebt, dem Cha=
horra, dieselbe durch einen ebenfalls sehr heftigen Aus=
bruch getrübt wurde, jedoch ohne so schlimme Folgen,
wie bei demjenigen des Pics im Jahre 1704.

Die Capverdischen Inseln scheinen sämmtlich
vulkanischen Ursprungs. Eine dieser Inseln, Fuego, ent=
hält einen 8600 Fuß hohen Vulkan, Pic de Fuego, der in
den Jahren 1785 und 1799 seine letzten Eruptionen ge=
zeigt hat; weite Kratere, Aschenkegel und Lavaströme fin=
den sich auch auf den anderen Inseln dieser Gruppe. Noch
weiter von dem afrikanischen Festlande entfernt liegt schon
südlich vom Aequator die Insel Ascension; bis zu
2700 Fuß sich erhebend, ist sie angefüllt von Lavaströmen
und den gewöhnlichen Auswurfstoffen der Vulkane. Noch
weiter südlich treffen wir auf die Insel St. Helena, ein
ausgestorbener Vulkan, bekannt durch das Aussterben
eines anderen Vulkanes auf ihr. Nach Darwin stellen die
Felsen und Zacken dieser Insel den Rand eines ungeheue=
ren Kraters dar, theilweise 1800 Fuß hoch, der auf seiner
südlichen Seite zerstört ist, in dessen Mitte sich ein neuerer
Vulkan erhoben hat, dessen Erzeugnisse den älteren Krater
fast ganz ausgefüllt haben. Am weitesten vom Festlande
entfernt, 350 g. M. westlich vom Cap der guten Hoffnung,
liegt die Insel Tristan da Cunha mit einem 7800 Fuß
hohen Vulkane. Wie auf der Westseite, so treffen wir
auch auf der Ostseite von Afrika vulkanische Inseln. Am
stärksten zeigt sich die vulkanische Thätigkeit auf der Insel
Bourbon, die als ein großer Vulkan mit verschiedenen
Krateren anzusehen ist, der bis zu 7800 Fuß Höhe empor=
ragt. Einer dieser Kratere ist in ununterbrochener Thätig=

keit. Die ganze Insel scheint durch die vulkanischen Mas=
sen nach und nach entstanden zu sein, die in verschiedenen
Zeiten aus verschiedenen Oeffnungen hervorbrachen und
noch fortwährend die Insel vergrößern, die in ihrem Inne=
ren eine ungeheuere Masse von Lavazacken, tiefen Schlünden
und Krateren erkennen läßt. In der bezeichnendsten Weise
zeigt diese Beschaffenheit die unter dem Namen Grand=
Brûlé bekannte Strecke der Insel; eine wüste, jeder Spur
von Vegetation ermangelnde, geneigte Ebene, übersät mit
spitzen und scharfen Erhöhungen, zieht sie sich meilenweit
hin, jedes Jahr von Neuem verändert von neuen über
sie hinströmenden Lavaergüssen, die bald hierhin, bald da=
hin fließen und nichts Lebendiges aufkommen lassen.

Auch die zweite größere Insel aus der Gruppe der
Mascarenen, die Insel Mauritius, ist vulkanischer Bil=
dung. Sie stellt nach Darwin einen elliptischen gewal=
tigen, im kleineren Durchmesser 3 g. M. zeigenden
basaltischen Erhebungskrater dar, in dessen Mitte sich
noch Reste neuerer Kratere finden, aus denen gewaltige
Lavaströme sich ergossen und ihren Weg zum Theil in
das Meer genommen haben. Ausgezeichnet durch seine
ungemein spitze Form ist die unter dem Namen Piton
bekannte größte Erhebung der vulkanischen Massen.

Wie auf diesen kleineren Inseln, so finden sich auch
auf der Insel Madagascar einige vulkanische Berge, und
auch die Comoro=Insel, zwischen dem Nordende von Ma=
dagascar und dem Festlande von Afrika, wird als eine
vulkanische bezeichnet. Im Osten Afrika's, im südlichen
Theile des rothen Meeres, finden sich ebenfalls noch
einige Vulkane auf Inseln, deren südlichste die Perim=

Fig. 18. Bulkanische Felsen von St. Helena.

Insel, die nördlichste Zeir (15$\frac{1}{2}$° nördl. Br.) ist. Auf einer der zwischen diesen beiden liegenden Inseln ist ein 840 Fuß hoher, beständig dampfender Vulkan; 1846 fand auf einer andern Insel dieser Gruppe noch eine heftige Eruption statt.

Fig. 14. Vulkan der Insel Bourbon.

Vulkane Asien's.

Wie Afrika, so ist auch das feste Land von Asien arm an noch jetzt thätigen Vulkanen, wenn schon an vielen Punkten die sichersten Zeichen einer zum Theil außerordentlich gesteigerten vulkanischen Thätigkeit, wie auch ungewöhnlich große Lavaströme und Kratere zu beobachten sind. So ist Kleinasien, Arabien, Persien, Armenien und

die Länder des Kaukasus sehr reich an solchen s. g. erloschenen Vulkanen. Der einzige unter ihnen, von dem
eine Eruption bekannt ist, wurde schon erwähnt, als von
der Mißlichkeit des Urtheils, daß ein Vulkan erloschen
sei, die Rede war, es ist dies der 16,230 Fuß hohe
große Ararat. Auf dem östlichen Ufer des kaspischen
Meeres soll auch ein noch thätiger, beständig dampfender
Vulkan, Abischtscha, sich befinden.

Nach japanesischen und chinesischen Nachrichten befinden sich tief im Innern Asien's, fast genau in seiner
Mitte, zwei Vulkane, der eine Namens Peschan, der
andere als Hotscheou bezeichnet. Keiner ist bis jetzt von
einem Europäer gesehen worden, so daß ihre Existenz oder
ihre vulkanische Natur nicht sicher festgestellt ist. In der
nordwestlichen Mandschurei befindet sich auch ein Vulkan,
der erst im Jahre 1721 sich gebildet haben soll und
neben lockeren Massen auch mehrere Lavaströme lieferte.

Außerordentlich stark entwickelt zeigt sich aber die
vulkanische Thätigkeit auf der Halbinsel Kamtschatka, wo
eine ganze Reihe von hohen, noch gegenwärtig thätigen
Vulkanen sich findet. Dieselben gehören offenbar zu der
Vulkanenreihe, welche den großen Ocean umsäumt, die
wir sogleich näher betrachten werden, und zwar zunächst
in ihrem westlichen Theile, der zum Theil auf dem Festlande, größeren Theils aber auf den ostasiatischen Inseln
seinen Sitz hat.

Vulkane Kamtschatka's. Auf der Ostseite dieser
150 Meilen langen Halbinsel kennt man nicht weniger als
21 Vulkane, alle mehr oder weniger thätig, während sich
westlich von ihnen in der Mitte der Insel eine zweite

Reihe längst erloschener Vulkane hinzieht, eingehüllt von
einer großen Masse lockerer, ihren Krateren entstammen=
der loser Auswürflinge. Der höchste von ihnen ist der
Kliutschewskaja=Sopka, 14,790 Fuß hoch, unter 56°, 8'
nördl. Br. liegend, in beständiger Thätigkeit, die sich hie
und da zu furchtbaren Ausbrüchen steigert. Die Höhe der
übrigen, so weit sie bekannt ist, schwankt zwischen 6830
und 11,000 Fuß. Als ein ebenfalls ununterbrochen dam=
pfender Vulkan erscheint der Awatschinskaja=Sopka, der
seltener stärkere Eruptionen zeigt, jedoch in den Jahren
1737 und 1827 ungewöhnlich heftige, von starken Erd=
beben begleitet hatte. Von der Südspitze Kamtschatka's
aus setzt nun dieser ungeheuere Vulkanengürtel über die
Inseln Ostasiens hin nach Süden in eigenthümlichen
Krümmungen bis auf die Sundainseln fort, wo er, einen
Ausläufer nach Westen sendend, sich nach Osten wendet
und nun in einem weiten Bogen, Neuholland umfassend,
bis nach Neu=Seeland sich verfolgen läßt. Als eine un=
mittelbare Fortsetzung der Kamtschatkischen Vulkanenreihe
ist die der Kurilischen Inseln anzusehen, indem beide
zusammen eine einzige sanft nach Osten bogenförmig ge=
krümmte Linie von 230 Meilen Länge bilden. Auch die
Zahl der Vulkane ist gleich; es werden auch auf den
Kurilen 20 Vulkane erwähnt. Die thätigsten, noch jetzt
beständig dampfenden finden sich auf den Inseln Rankoko,
Mataua und auf der größten der ganzen Inselgruppe,
auf Iturup. Einige werden als „sehr hoch" bezeichnet,
doch fehlen genauere Angaben für alle.

    Sehr wenig bekannt ist nun die weitere Fortsetzung
der Vulkanenreihe im Japanischen Inselreiche.

Auf der Insel Jeso erheben sich 17 Kegelberge, die man
für erloschene Vulkane hält; auf Nipon sollen 6, auf der
südlichsten der größeren Inseln, Kiusiu, 5 thätige Vul=
kane sich finden; von einigen derselben sind Eruptionen
bekannt.   Der höchste ist der mit Schnee bedeckte Fusi=
Yama, von 12,000 Fuß Höhe, im Golf von Yeddo, der

Fig. 15. Fusi=Yama im Golf von Yeddo.

nach den Nachrichten der Japanesen erst im Jahre 286
v. Chr. sich gebildet haben soll. Nördlich von ihm be=
findet sich der Asama=Yama, der im Jahre 1783 eine ge=
waltige Eruption hatte und sich seitdem noch nicht völlig
beruhigt hat. Bei Yeddo zweigt sich nun von dem großen
Vulkanengürtel ein kleinerer direct nach Süden sich wen=
dender Ast ab, der mit den drei vulkanischen Inseln Vries,
Rokisima und Fatsisio beginnend, nach weiteren Unter=

brechungen sich in den Bonin-Inseln, den weiter südlich
gelegenen Volcanos fortgesetzt und in den Marianen sein
Ende erreicht. Die Hauptreihe dagegen wendet sich mehr
südwestlich nach der Insel Formosa, von wo sie wieder
fast genau in nordsüdlicher Richtung über die Philippinen
und Molukken über 30 Breitegrade sich erstreckt bis zur
Insel Nila unter 7° s. Br. Die Vulkane dieser Insel-
gruppen sind uns auch nur unvollkommen bekannt, doch
ist ihre Zahl eine nicht unbeträchtliche; 4 werden auf der
Insel Formosa erwähnt, 2 auf den kleineren, zwischen ihr
und Luzon oder Manila gelegenen Inselchen. Auf dieser
letzteren ist nun die vulkanische Thätigkeit außerordentlich
stark entwickelt. In dem kleineren südlichen halbinselartig
sich abzweigenden Theile derselben finden sich längs eines
Küstenstriches von 30 M. Länge 10 Vulkane, deren be-
deutendster den Namen Psarog führt, nördlich wie südlich
von der Hauptstadt Manila werden noch je 2 Vulkane
aufgeführt; außer einigen kleineren auf den kleineren Inseln gelegenen werden auf den größeren eine beträchtlichere
Anzahl erwähnt, 3 auf der südlich von Manila gelegenen
Insel Mindanao, dann setzt sich die Reihe der Vulkane auf
die Insel Sangir, Celebes und die Molukken fort. In dem
nördlichsten und östlichsten Ausläufer dieser merkwürdig
zerrissenen Insel werden nicht weniger als 11 Vulkane genannt, die zwischen 4500 und 6000 Fuß hoch sind. Weiter östlich finden sowohl auf der größten der Molukken,
Dschilolo, wie auf den kleineren sie umgebenden Inseln
mehrere Vulkane, die zum Theil noch in diesem Jahrhundert Eruptionen gezeigt haben. Auch auf der westlich-
sten Spitze von Neu-Guinea wurde ein Vulkan entdeckt.

Die Reihe der Molukken läßt sich noch weiter südwärts
verfolgen und zeigt sich in den Bulkanen, die auf der
Insel Amboina, auf der kleineren Insel Banda, welche
einen 1800 Fuß hohen beständig dampfenden Bulkan Api
besitzt, und auf Serua sich finden, sowie in der Solfatara,
welche auf der kleinen Insel Nila vorhanden ist. Hier
stößt diese lange Bulkanenreihe zusammen mit einer anderen, welche westwärts und später nordwestlich über die
Sundainseln bis in den Meerbusen von Bengalen sich
erstreckt und ostwärts um Australien herum bis nach
Neuseeland verfolgt werden kann, deren beide Theile wir
als die Bulkanenreihe der Sundainseln und als
australische Reihe näher betrachten wollen.

Bulkanenreihe der Sundainseln.

Westlich und etwas südlich zugleich von der zuletzt
genannten Bulkaneninsel Nila finden wir die Insel
Damme, auf der ebenfalls ein beständig dampfender
kleiner Bulkan sich befindet; ein erloschener liegt auf dem
nordöstlichsten Theile von Timor. Weiter westlich folgen
dann 2 Bulkane auf der Insel Lomblem und der nördlich von ihr liegenden noch kleineren Insel Komba; beide
waren im Jahre 1849 thätig, der letztere hatte sogar in
diesem, wie in den folgenden Jahren bedeutende Eruptionen. Auf der Insel Flores kennt man 6 Bulkane, einen
auf der kleinen Gunung-Api (malayisch: brennender Berg)
nördlich von Sumbawa. Auf dieser Insel ist der durch
seine furchtbaren Verheerungen im Jahre 1815 berüchtigt
gewordene Tomboru oder Tambora, welcher eine Höhe
von 8490 Fuß hat, vor dieser Eruption aber um 4000

Fuß höher gewesen sein soll. Auf der Insel Lombok ist einer der größten Vulkane des indischen Inselgebietes der Gunung-Rabjani, 11,600 Fuß hoch, und noch 2 Vulkane finden wir, einen östlich von der Insel Bali, einen auf ihr, ehe wir zu der Insel gelangen, auf welcher die vulkanische

Fig. 16.   Gunung-Tengger.

Thätigkeit großartiger und intensiver sich zeigt, als an irgend einem anderen Punkte, der Insel Java. Junghuhn, der eine vortreffliche Schilderung dieser Insel gegeben, führt 44 Vulkane auf derselben auf, und es ist wohl mög- lich, daß auch er nicht alle kennen lernte. Der höchste ist der in der östlichen Hälfte der Insel liegende Gunung- Semeru, 11,480 Fuß hoch, mit einem 3000 Fuß hohen, aus ganz feinen sandartigen Massen bestehenden Aus-

wurfskegel. Eine ziemliche Anzahl gibt es noch, welche
über 10,000 Fuß hoch emporragen, die niedrigsten haben
zwischen 4500 und 6000 Fuß Höhe. Die meisten sind
ausgezeichnet durch ihre gewaltig weiten Kratere, wie der
Gunung=Tengger, dessen Krater einen Durchmesser von
1 g. M. hat.

Unter seinem Gipfel hat sich von 1838—1842 ein
kleiner See von heißem und saurem Wasser gebildet. Als
die thätigsten und gefürchtetsten gelten der Gun. Lamon=
gang, G. Guntur und G. Merapi. Die heftigste Eruption,
welche übrigens von den javanischen Vulkanen bekannt ist,
zeigte 1772 der G. Pepandajan, durch welche ein Land=
strich mit 40 Dörfern vollständig verschüttet wurde.

Nun folgt, wenn auch beträchtlich weniger reich an
Vulkanen, als die Insel Java, doch immer noch stark
entwickelt, der allmählich rein süd=nördlich verlaufende, im
Meerbusen von Bengalen unter 15° nördlich. Br. endende
Theil der indischen Reihe der asiatischen Vulkane. Mit
den 2 kleineren Vulkanen=Inseln Pulu=besi. und Pulu=
tuboan in der Sundastraße beginnend, zieht sie sich zu=
nächst durch die große Insel Sumatra, auf der 19 Vul=
kane bekannt sind. Einer der höchsten ist der im Süden
der Insel gelegene G. Dempo, 10,000 Fuß; noch höher,
aber bis jetzt nicht genau gemessen, ist der in der letzten Zeit
wiederholt Rauchsäulen ausstoßende G. Indrapura. Nörd=
lich von Sumatra zeigt sich die vulkanische Thätigkeit mit
weiten Zwischenräumen auf einigen kleineren Inseln,
nämlich auf der schon oben pag. 8 beschriebenen Barren=
Island, dann nördlich davon an der Küste von Arracan
auf den Inseln Narcondam und Reguain.

Australische Reihe.

Noch schwächer als im westlichen Theile der Vulkanen=
reihe der Sundainseln zeigt sich der Vulkanismus um den
Kontinent von Australien herum. Auf der Insel Neu=
Guinea sind bis jetzt, und zwar auf ihrem Nordrande,
3 Vulkane bekannt: ebenso 2 an der Westspitze und auf
der Ostseite von Neu=Britannien. Sonst finden sie sich
nur noch auf der Inselgruppe von Sta=Cruz, den Neu=
Hebriden; zwischen diesen und Neuseeland liegt noch der
Vulkan Mathew und unmittelbar an Neuseeland der
Vulkan von White=Island. Auf Neuseeland gibt sich,
wie auf Island, die vulkanische Thätigkeit in den mäch=
tigen heißen Quellen zu erkennen, die, wie auf Island,
durch ihre schneeweißen gewaltigen Absätze von Kiesel=
massen ausgezeichnet sind; von thätigen Vulkanen ist bis
jetzt nur einer, der 5630 Fuß hohe Tongeriro, gefunden
worden.

Vulkane Amerika's.

Wir haben schon erwähnt, daß ein ungeheuerer
Vulkanengürtel gleichsam wie ein feuriger Kreis sich um
den großen Ocean herumlege und haben den westlichen
Theil derselben in dem Vorhergehenden näher betrachtet.
Die östliche Hälfte desselben verhält sich ganz anders, als
die westliche; während nämlich auf dieser fast alle Vulkane
auf Inseln sich finden, zeigen sie sich auf der östlichen mit
wenig Ausnahmen auf dem Festlande von Amerika, von
seiner südlichsten Spitze bis hinauf zu dem hohen Norden,
nicht weit von der Küste sich entfernend. Auch diese Reihe
ist uns nur unvollkommen bekannt; ein großer Theil der

Länder, die sie durchzieht, ist noch so wenig erforscht, daß
wir über das Vorhandensein oder Fehlen von Vulkanen
in ihnen wenig zuverlässige Nachrichten besitzen, dies gilt
namentlich für den Anfang und das Ende dieser Reihe im
Süden und im Norden. Zwar hat man an den Patago-
nischen Küsten große Lavaströme gesehen, aber die Kratere
sind unbekannt, denen sie entsprungen; erst mit Chili beginnt eine nähere Kenntniß der Vulkane und zwar zunächst mit dem unter $43^{1}/_{2}{}^{0}$ südl. Br. gelegenen Vulkan
Janteles. Von diesem an zieht sich in gerader Linie fast
genau von Süden nach Norden die Reihe der Chilenischen
Vulkane bis zum Vulkan von Coquimbo hin; manche von
ihnen erheben sich nicht höher als 6—7000 Fuß, doch
findet sich unter ihnen auch der 21,770, nach anderer
Messung sogar 22,434 Fuß hohe Aconcauga; als der
thätigste, beständig dampfende wird der 8620 Fuß hohe
sehr spitz kegelförmige Vulkan von Antuco bezeichnet.
Sind die Nachrichten zuverlässig, so würden 32 Vulkane
in diesem 300 Meilen langen Theile der amerikanischen
Reihe vorhanden sein. Nun folgt eine von Vulkanen freie
Strecke von etwa 90 g. M., in welche die durch ihren
Reichthum an Kupfererzen berühmte Wüste Atakama fällt.
Wo die bisher von Süden nach Norden laufende Kette der
Anden sich nach Nordwesten richtet, treten die Feuerberge
von Neuem auf; Bolivia und Peru durchziehend, finden
wir auf einer Linie von 140 Meilen 15 Vulkane. Im
Süden Bolivias erhebt sich der noch thätige Vulkan Gua-
latieri, am nächsten beisammen stehen sie in der Gegend
von Arequiba, das 6 solche schlimme Nachbarn hat, deren
einer, Ubinas, im 16. Jahrhundert die Stadt unter einer

ungeheueren Menge vulkanischer Asche begrub. Nun kommt
abermals eine von Vulkanen leere Strecke des Gebirges
von 225 Meilen Länge, aber dann zeigt sich zu beiden
Seiten des Aequators ein Reichthum von Vulkanen, wie
er nirgends sonst in den Anden beobachtet wird, 18 liegen
allein um Quito herum, 10 von ihnen sind noch gegenwärtig in Thätigkeit. Die Stadt selbst ist am Fuße eines
derselben erbaut, des Pichincha, ausgezeichnet durch seinen
merkwürdig zerrissenen Krater und berühmt durch die Be-
steigung und Beschreibung A. v. Humbold's. Ein ungeheuerer Krater nimmt die Spitze des mittelsten Hornes
des in 3 höhere Spitzen auslaufenden, 14,946 Fuß hohen
Berges ein, „unzugänglich durch ungeheuere Tiefe und
durch senkrechten Absturz der Ränder nach innen, blickt
man von ihnen auf die Gipfel der Berge hinab, die aus
dem theilweise mit Schwefeldampf gefüllten Kesselthal
emporragen. Einen wunderbareren und großartigeren
Naturanblick habe ich nie genossen." Im 16. Jahrhundert
erfolgten mehrere heftige Eruptionen aus demselben. Die
Vulkane dieses Theiles der südamerikanischen Reihe liegen
zum Theil auf 2 einander parallel laufenden Linien, bilden
also, wie dies öfter beobachtet wird, eine Doppelreihe von
feuerspeienden Bergen; die östliche beginnt im Süden mit
dem gleich Stromboli immer thätigen 16,080 Fuß hohen
Sangay. Weiter nach Norden folgen dann der nach indianischer Tradition einst höher als der Chimborasso auf-
ragende, aber durch einen Einsturz seines Gipfels auf
16,380 Fuß Höhe erniedrigte Capac-Uru, der Cotopaxi-
Antisana (18,000 Fuß hoch) und andere von fast gleicher
Höhe. Die westliche Reihe eröffnet der 20,100 Fuß hohe

Chimborasso; wir erwähnen aus ihr nur noch den schon
genannten Pinchincha und an ihrem nördlichen Ende den
Vulkan von Pasto. Es sind jedoch nicht alle Vulkane
des Hochlandes von Quito in diesen Reihen enthalten,
zwischen ihnen finden sich auch noch einige Vulkane nach=

Fig. 17. Der Sangay.

barlich neben einigen der genannten liegend. Von Pasto
aus vereinigen sich die beiden Vulkanenreihen wieder zu
einer einzigen, die rechts und links von 2 nicht vulkani=
schen Bergketten begleitet ist. Sechs paarweise einander
nahe liegende Vulkane sind es, mit welchen in dem
Paramo de Ruiz die südamerikanische Vulkanenreihe unter
5° nördl. Br. endigen.

Vulkane Nordamerika's.

Während die riesigen Vulkane Südamerika's seit langer Zeit bekannt sind, haben wir die des südlichen Theils von Nordamerika erst in den letzten Jahrzehnten vorzugsweise durch die Reisen M. Wagner's, C. Scherzer's und des Nordamerikaners Squier etwas genauer kennen gelernt; weniger bekannt sind uns die nördlich von Mexico gelegenen. Die uns besser bekannten südlicheren bilden 2 Reihen. Die eine folgt in ihrer Richtung derjenigen des Gebirges; es ist dies die in Centralamerika sehr mächtig entwickelte Vulkanenreihe, die andere, die mexicanische, durchkreuzt erstere fast unter einem rechten Winkel. Eine sehr große Anzahl von Vulkanen zeigt sich in jener ungemein reichen Reihe; gegen 50 sind jetzt schon bekannt, die sich vorzugsweise um den See von Nicaragua und westlich von der Stadt Guatemala zusammenschaaren. Sie sind sämmtlich niedriger als die südamerikanischen. In der Republik Costarica erheben sie sich noch bis zu 11,700 Fuß Höhe, während sie um den Nicaragua-See in der Republik Salvador sich zwischen 2000 und 7000 Fuß hoch zeigen, um dann in Guatemala wieder bis zu einer Höhe von 12,700 Fuß anzusteigen. Am bekanntesten haben sich gemacht der am Meere unter 70^0 westl. L. liegende Cosiguina durch seine furchtbare Eruption 1835 und der erst im Jahre 1770 entstandene, fortwährend thätige und wachsende Isalco, der sich an der Küste Salvadors bereits zu einer Höhe von 2500 Fuß erhoben hat. Der nördlichste Vulkan dieser Reihe ist der Vulcan von Soconusco, unter $75^1/_2{}^0$ westl. L., nördlich von der Bay gleichen Namens, der durch einen 85 Meilen vulkanfreien Zwischenraum

getrennt ist von einem der Vulkane der zweiten vorhin-
genannten Reihe, der mexicanischen.

Diese durchkreuzt die eben geschilderte bogenförmig
von SSO. nach NNW. laufende centralamerikanische,
indem sie fast genau von Westen nach Osten von den
Ufern des großen Oceans bis an die Küsten des mexicanischen Meerbusens sich hinzieht. 12 größere Vulkane
sind auf dieser 140 Meilen langen Reihe vorhanden.
Der westlichste ist der Kolima, 11,260 Fuß hoch, der
östlichste der Turtla, 5118 Fuß hoch; ziemlich in der
Mitte liegt der 16,626 Fuß hohe Popocatapetl, südöstlich
von der Stadt Mexico. Weit über die Schneeregion
emporragend und wenn er nicht gerade einen Ausbruch
hat, selbst in einen glänzenden Schneemantel eingehüllt,
ist er weithin sichtbar und erscheint an allen Punkten des
mexicanischen Hochlandes hoch über dem Horizonte. Oft
äußerst lange Pausen in seiner Thätigkeit machend, war
er gerade zur Zeit der Eroberung Mexico's durch Cortez
in großer Thätigkeit. Gerade in diese Zeit fällt auch seine
erste Ersteigung durch einige Edelleute aus dem Gefolge
des Cortez. Dieser ermunterte sie selbst in ihrem Vor-
haben, um den Eingeborenen zu zeigen, daß nichts im
Stande sei, den Spaniern unüberwindliche Hindernisse
entgegenzusetzen; es lag ihm um so mehr daran, als die
Mexicaner glaubten, der Berg sei eine Gottheit und
bringe jedem den Tod, der ihn zu besteigen wage. Die
kühnen Besteiger kamen auch nahe dem Krater, mußten
aber dann umkehren, wenn sie nicht der Gefahr unter-
liegen wollten, von den erstickenden Dämpfen und dem
glühenden Aschenregen getödtet zu werden. Als Trophäen

brachten sie einige Klumpen Eis mit, allerdings eine sel=
tene Erscheinung für die Bewohner jener Länder, und für
die Mexicaner eine gesteigerte Furcht vor den kühnen
Fremden, die mächtiger erschienen als ihre Götter. Ein
Bericht über dieses Unternehmen wurde an Karl V. ge=
schickt, und der Anführer der Expedition, ein Hauptmann
Ortaz, erhielt die Erlaubniß, zum Andenken an dieselbe
einen brennenden Berg in seinem Wappen zu führen.

Seitdem ist derselbe noch öfter bestiegen worden.
Sein Krater stellt ein weites, kreisrundes Becken dar,
von senkrechten Wänden gebildet, die theils aus röth=
lichen, theils schwarzen Lagen gebildet sind. Ueber den=
selben erheben sich 2 mit Schnee bedeckte Spitzen.

Näher an der östlichen Küste des Landes liegt der
regelmäßig kegelförmig geformte, mit einem stark abge=
stumpften Gipfel versehene Citlaltepetl oder Vulkan von
Orizaba, dessen Höhe nach A. v. Humboldt 16,500, nach
anderen selbst 18,000 Fuß beträgt. In der neueren Zeit
ist er von Baron Müller bestiegen worden, auch sein
Krater ist von jäh abfallenden Wänden gebildet, auf seinem
Boden erheben sich verschiedene kleine Kegel. Als ihn
Baron Müller sah, war der ganze Kraterboden mit Schnee
bedeckt, zum sicheren Zeichen, daß in seiner Thätigkeit eine
Pause eingetreten war.

Wenig ist uns von den Vulkanen des am stillen
Ocean nördlich von Mexico sich hinziehenden Theiles von
Nordamerika bekannt, wie ja überhaupt diese weiten Län=
dermassen noch wenig erforscht sind. 2 Vulkane werden
auf der Halbinsel von Kalifornien angegeben; 7 sollen auf
der Kaskadenkette im Oregongebiete liegen. Auch der nach

4*

einigen 14,000, nach anderen 16,000 Fuß hohe Elias=
berg ist vulkanischer Natur, obwohl eine Eruption nicht
bekannt ist.   Dagegen zeigt eine bedeutende Thätigkeit der
unter 62° nördl. Br. gegen 40 Meilen vom Meere ent=
fernte Wrangell.   Noch einmal werden die Vulkane sehr
zahlreich auf der Halbinsel Aläska und der Inselreihe der

Fig. 18. Krater des Orizaba.

Aleuten, die uns unmittelbar zu der asiatischen Vulkanen=
reihe hinüberführt.   5 Vulkane liegen auf jener Halbinsel,
31 dagegen auf den Inseln, unter denen eine, St. Johann
Bogoslaw, erst 1796 durch eine Eruption gebildet wurde.
1819 hatte sie einen Umfang von fast 4 g. M. bei einer
Höhe von 2100 Fuß.   Eine neue Messung 1832 ergab
eine Verkleinerung derselben bis zu 2 Meilen und 1400
Fuß Höhe.

Außer den bis jetzt näher betrachteten, meist in Reihen gelegenen Vulkanen finden wir auch hie und da solche, welche vereinzelt liegen. Dahin gehören die

Vulkane des großen Oceans und des südlichen Eismeeres.

Sehr thätige Vulkane finden wir auf den Sandwich= inseln, 3 allein auf der größten derselben, der Insel Hawai. Wir haben von dieser Insel und den vulkanischen Erscheinungen derselben sehr genaue Schilderung, beson= ders von dem Amerikaner Brigham.

„Es sind vorzugsweise zwei Punkte, an welchen sich die= selben concentriren, der Mauna=Loa, der höchste Berg der Insel, 12,900 Fuß hoch, und der Kilauea, der eigent= lich nur als ein niedriger Seitenkegel des ersteren anzu= sehen ist. Letzterer zeigte im Jahre 1789 die erste Erup= tion, durch welche eine Menge Einwohner umkamen, und blieb seitdem in ungemein lebhafter Thätigkeit. Die erste Schilderung davon verdanken wir Ellis, der ihn im Jahre 1823 besuchte und also schildert: Unmittelbar vor uns gähnte ein furchtbarer Schlund in Halbmondform von über 2 engl. Meilen Länge, 1 Meile Breite und 800 Fuß Tiefe. Der Grund war mit Lava angefüllt und der süd= westliche und nördliche Theil waren eine ausgedehnte Fluth flüssigen Feuers im Zustand erschrecklichen Wallens. 51 Krater ragten wie Inseln von verschiedener Form und Größe aus dem Feuersee hervor; 22 derselben stießen fortwährend Säulen grauen Rauches aus oder Pyramiden leuchtenden Feuers und viele derselben spieen gleichzeitig aus ihrem feurigen Munde Massen flüssiger Lava, welche in schäumenden Strömen an den schwarzen Abhängen hin=

floß und sich mit der siedenden Masse an ihrem Fuße ver=
einigte. Die Wände vor uns fielen senkrecht 400 Fuß tief
ab bis auf ein horizontales Lager von fester schwarzer
Lava, unter welcher die Wände dann wieder der Schätzung
nach 400 Fuß tief abfielen. Das obere Lavabeet hatte sich
offenbar durch Kanäle in die Tiefe entleert. Der Anblick
bei Nacht, nachdem sich die Nebel und dunklen Wolken
verzogen hatten, war wunderbar. Die bewegte Masse
flüssiger Lava, wie ein See von geschmolzenem Metall,
tobte wüthend. Die lebendige Flamme, die über die Ober=
fläche hintanzte, leuchtete in Schwefelblau oder Strontian=
roth und warf ein magisches Licht auf die Krater, welche
zeitweise unter heftigen Detonationen kugelige Massen
geschmolzener Lava und hellglühende Steine emporschleu=
derten." Auch die Thätigkeit des Mauna Loa ist erst
neueren Datums; die erste bekannte Eruption fand im
Jahre 1832 statt, seitdem ist eine ziemliche Anzahl sehr
heftiger erfolgt, die letzte begann Ende März 1868.

Vulkanischer Natur sind ein Theil der Freundschafts=
und der Marquesasinseln. Auf Otaheiti ist nach Forster
der 11,500 Fuß hohe Tobreonu, ein wenn auch ruhender
Vulkan, und die ganz vereinzelt liegende Osterinsel zeigt
einen deutlichen 1100 Fuß hohen Krater. Näher dem
Kontinente Amerika's liegen die Galopagos, alle mit
deutlichen Krateren besetzt, deren Zahl nach Darwin auf
2000 sich belaufen mag. In einer Linie mit der mexicani=
schen Vulkanreihe finden wir westwärts vom Festlande
zwischen diesem und den Sandwichinseln die ebenfalls vul=
kanische Inselgruppe der Revilla=Gigedos, wie die Ver=
längerung dieser Linie ostwärts auf die kleinen Antillen

Fig. 19. Der Kileauea.

trifft, auf denen eine kurze bogenförmig gekrümmte Vul=
kanenreihe sich findet.

Trotzdem daß die im südlichen Eismeere befindlichen
Länder= und Inselmassen viel weniger häufig besucht wur=
den und werden, als die nördlichen Polargegenden, sind
uns doch aus jenen eisstarrenden Ländern eine Anzahl
Vulkane bekannt. Ein Begleiter von Kapitän Roß auf
seiner Expedition nach diesen Gegenden (Mac Cornick) be=
schreibt kurz die Entdeckung zweier derselben. „Den 11.
Januar 1841 unter 71° südl. Br. und 171 östl. L. (von
Greenwich) wurde der antarktische Kontinent zum ersten
Male wahrgenommen. Eine Bergkette mit unzähligen
Gipfeln, gruppenweise vereinigt und mit ewigem Schnee
bedeckt, erschien über dem Meere, wunderbar in der
Sonne glänzend. Ein spitzer Berg, ähnlich einem unge=
heueren Bergkrystall, erhob sich bis zu einer Höhe von
7600 Fuß, ein anderer bis 8800 und ein dritter bis zu
9200 Fuß. An seiner Seite stiegen über Schichten von
Eis Ströme von Lava und Basalt bis an die Küste herab,
wo sie in steilen Vorgebirgen sich endigten. Am 28. ent=
deckte man unter 77° südl. Br. und 167 östl. L. den Berg
Erebus, einen brennenden Vulkan, eingehüllt in Eis und
Schnee vom Fuße bis zum Gipfel, von dem eine Rauch=
säule sich erstreckte über eine große Zahl anderer Kegel,
mit denen diese merkwürdige Gegend angefüllt ist. Die
Höhe dieses Vulkanes ist 12,300 Fuß, während der
Terror, ein erloschener Krater, eine Höhe von 11,000 Fuß
erreicht. In etwas niedrigerer Breite hat Bellinghausen
an der Küste von Alexandersland unter 69° und Balleny
unter 66° auf der Youngsinsel einen Vulkan gefunden.

Auch eine der Inseln von Südshetland zeigt einen
mit dem Meere in Verbindung stehenden Krater, ebenso
hat die nordöstlich davon liegende Insel Sawadoski einen
noch dampfenden Vulkan, so daß also wohl auch in diesen
so wenig bekannten Ländern eine ziemlich große Anzahl
von Vulkanen angenommen werden darf.

Ebenso isolirt sind die auf den kleinen Antillen
liegenden niedrigen Vulkane, von denen 3 oder 4 noch als
thätig angenommen werden. Im Süden beginnen sie mit
dem Vulkane der Insel St. Vincent, der 4700 Fuß Höhe
hat; nach fast einhundertjähriger Ruhe hatte derselbe eine
sehr heftige Eruption 1812. Nie so heftig zeigt sich die
vulkanische Thätigkeit noch auf den Inseln St. Lucia,
Martinique und Guadeloupe.

Zahl, Lage und Gruppirung der noch thätigen Vulkane.

Bei der noch so unvollkommenen Kenntniß, die wir
von großen Strecken der Erde bis jetzt haben, ist es
außerordentlich schwer, die Zahl der noch gegenwärtig
thätigen Vulkane näher zu bestimmen. Dazu kommt noch
der Umstand, daß, wie schon früher erwähnt wurde, die
Unterscheidung zwischen einem erloschenen und thätigen
Vulkane eine höchst unsichere Sache ist. A. v. Humboldt
hat im 4. Bande seines Kosmos (1858) eine Zusammen=
stellung der Art vorgenommen, daß er neben die Zahl der
als thätig ausgegebenen Vulkane der verschiedenen Länder
diejenige setzte, welche angibt, wie viele derselben in
neuerer Zeit Zeichen von Thätigkeit gegeben haben. Von
ersteren findet er 407, von letzteren 225. Beide Zahlen=

Fig. 20. Der Vulkan Erebus.

reihen sind natürlich fortwährenden Aenderungen unter=
worfen; so führt Humboldt in Centralamerika in der ersten
Reihe 29 auf, während jetzt nach den neueren Reisen 50
nicht zu hoch gegriffen sein dürfte. Wir können daher die
von manchen angenommene Zahl von 500 Bulkanen auf der
Erde als eine der Wahrheit wohl nahe kommende betrachten.
Ein flüchtiger Rückblick auf die vorhergehende Ueberficht
der geographischen Verbreitung der Bulkane zeigt ihre
außerordentlich ungleiche Vertheilung über die Oberfläche
der Erde. Der alte Kontinent, Europa, Afien und Afrika,
sind äußerst arm an thätigen Bulkanen. Am großartigſten
zeigt sie sich in einem großen Bogen, der den ſtillen Ocean
rings umgibt und einen einzigen Bulkanengürtel darſtellt,
welcher sich von der Insel Feuerland längs der Westküſte
Süd= und Nordamerika's über die Aleuten auf die Halb=
insel Kamtſchatka fortsetzt und von da auf die oſtaſiatiſchen
Inseln überſetzend, sich bis nach Neuseeland verfolgen
läßt. Die Zahl der auf diesem Gürtel und in dem großen
Ocean selbst in neuerer Zeit noch thätigen Bulkane be=
trägt nach A. v. Humboldt $^7/_8$ von der Gesammtzahl der=
selben.

Noch eine andere Thatsache ergibt sich bei diesem
Rückblicke, nämlich die, daß mit höchſt geringen Aus=
nahmen alle Bulkane auf Inseln oder auf den Küſten der
Feſtländer nahe dem Meere liegen. 30—40 g. M. Abstand
ist das Maximum, was beobachtet wird. Als ein ganz
„abnormes Phänomen" sind die inneraſiatiſchen Bulkane
zu betrachten. Die beiden in der Gebirgskette des
Tian=ſchan (zwischen Altai und Kuenlün) liegenden thä=
tigen Bulkane Peſchan und Hotſcheu sind fast gleich weit

vom nördlichen Eismeer wie vom indischen Ocean 370 bis
380 g. M.   Freilich liegen auch nicht weiter als das Meer
von den Küstenvulkanen große Binnenseen, sowie eine
beträchtliche Anzahl kleinerer.   Ebenso befindet sich der
Demavend, und zwar noch näher, nämlich nur 10 g. M.,
vom kaspischen Meere entfernt.   Der Ararat hat südlich
den großen Vansee in einer Entfernung von 15 g. M.
und das schwarze Meer liegt ebenfalls nicht weiter als
40 g. M. von ihm entfernt.   Ob das Wasser des Meeres
es sei, welches für das Entstehen von Vulkanen nöthig sei,
oder ob es andere Verhältnisse sind, welche auf den Küsten
die Vulkane beschränken, diese Frage müssen wir uns zu
beantworten vorbehalten, bis wir überhaupt von den
Ursachen der vulkanischen Thätigkeit zu sprechen haben.

Noch ein anderer Unterschied in der Vertheilung der
Vulkane ergibt sich aus der Betrachtung ihrer geographi=
schen Lage.   Wir haben öfter schon den Ausdruck Vul=
kanenreihe gebraucht, und in der That zeigt uns auch
ein Blick auf die Karte, daß die größte Zahl derselben auf
Linien, die bald ganz gerade, bald bogenförmig verlaufen
und auf dem Festlande den Umrissen der Küste folgen,
vertheilt sind.   Meist sind es einfache Reihen, d. h. es
liegt auf diesen Linien ein Vulkan hinter dem andern,
manchmal auch doppelte, indem, wie in Quito, 2 Reihen,
durch einen verhältnißmäßig schmalen Raum von ein=
ander getrennt, einander parallel laufen.   Die Länge
einer solchen Reihe ist außerordentlich verschieden; die
längste ist wohl die auch durch ihre gerade Richtung aus=
gezeichnete von Chili, die sich über 200 Meilen erstreckt
und durchschnittlich auf 6 Meilen 1 Vulkan aufweist.

Nicht selten findet man beim weiteren Verfolgen der Rich=
tung einer Vulkanenreihe, daß sich einzelne Vulkane oder
wieder eine Reihe in derselben verlängerten Linie zeigen,
wie dieses in Südamerika zu beobachten ist. Es läßt sich
dann annehmen, daß in diesem Falle nur eine große,
stellenweise unterbrochene Vulkanenreihe vorhanden sei;
auch diese Annahme steht im engsten Zusammenhang mit
den Vorstellungen, welche man sich über die Ursache der
vulkanischen Erscheinungen macht; doch ist es im Ganzen
ziemlich gleichgültig, ob man solche Reihen vereinigen
oder jede als eine für sich bestehende betrachten will, um
so mehr, als es doch nicht möglich ist, alle Vulkane zu
Reihen geordnet anzunehmen.   Wir sehen nämlich sehr
deutlich bei der Betrachtung ihrer geographischen Lage,
daß manche so unregelmäßig neben= und umeinander
liegen, oder so ganz vereinzelt, daß man darnach auch
neben den Reihenvulkanen Vulkangruppen oder Einzel=
vulkane, von L. v. Buch auch als Centralvulkane be=
zeichnet, seit längerer Zeit unterschieden hat.   Zu diesen
gehören wohl die meisten im großen Ocean zerstreuten
Inselvulkane, wie die der Sandwichinseln, der Galopagos
und andere.   Es lassen sich zwar auch für diese gewisse
Richtungen nachweisen, in welchen die vulkanische Thätig=
keit sich besonders äußerte, doch ist man deswegen wohl
noch nicht berechtigt, sie alle auf bestimmte, durch große
Zwischenräume unterbrochene Reihen zurückzuführen.

Welche Ansicht man auch über die Grundursache der
vulkanischen Erscheinungen haben möge, soviel geht un=
zweifelhaft hervor, daß wir ihren Sitz nicht in der Erd=
rinde, sondern in größerer Tiefe zu suchen haben, in

welche aus den Kratern der Vulkane ein Kanal hinab=
führt, und daraus ergibt sich wohl fast mit Nothwendig=
keit, daß wir es in den Vulkanreihen mit langen, die
Erdrinde durchsetzenden Spalten zu thun haben, auf
denen die Vulkane aufgesetzt erscheinen. Eine nähere
Betrachtung der Thätigkeit dieser Berge wird uns diese
Annahme noch wahrscheinlicher machen.

<hr>

Drittes Kapitel.

Die Thätigkeit der Vulkane.

Stadium der Ruhe und der Ausbrüche.

Wir haben schon bei der Eintheilung der Vulkane in
s. g. erloschene und thätige darauf hingewiesen, wie miß=
lich es sei, einen solchen Unterschied zu machen. Manche
Vulkane, deren Ausbrüche in einer früheren geologischen
Periode erfolgten, die, seit das Menschengeschlecht die Erde
bewohnt, keine Eruption gehabt haben, zeigen doch noch
gewisse Spuren von Thätigkeit, sie hauchen noch schädliche
Gase, namentlich Kohlensäure, aus, die auch bei den jetzt
thätigen Vulkanen in großen Mengen am Ende eines
Ausbruches aus dem Boden hervorbringt. Von diesen
letzten, oft kaum nachweisbaren Spuren vulkanischer
Thätigkeit an finden wir aber auch alle übrigen Aeußer=
ungen einer solchen an verschiedenen Vulkanen, ohne daß
wir gerade von einem Ausbruche derselben sprechen können.
Wir können daher die gewöhnliche Unterscheidung zweier

Arten von Thätigkeit eines Bulkanes, einer solchen im
Zustande der Ruhe und der während eines Ausbruches
nicht in allen Fällen machen; es ist eben nur ein grad=
weiser, kein wesentlicher Unterschied in der Thätigkeit der
Bulkane im s. g. Zustande der Ruhe und im Stadium
der Eruption, ja bei manchen Bulkanen, die fortwährend
sehr thätig sind, finden keine eigentlichen Eruptionen,
aber auch keine eigentliche Ruhe statt. Bei den meisten
Bulkanen ist allerdings der Unterschied zwischen der im
höchsten Grade auf verhältnißmäßig kurze Zeit gesteiger=
ten Thätigkeit und der scheinbar ganz erloschenen im Ruhe=
stadium ein so bedeutender, daß man die erstere ganz wohl
als s. g. Ausbruch von dem oft Jahrzehnte, ja Jahr=
hunderte dauernden Ruhestand unterscheiden kann.

Von jeher haben auch diese Ausbrüche ebenso durch
ihre wunderbare Pracht, wie durch ihre furchtbaren Ver=
wüstungen Staunen und Entsetzen unter den Menschen,
die sie beobachten konnten, erregt und vor allen anderen
vulkanischen Erscheinungen die Aufmerksamkeit auf sich ge=
zogen. Dennoch haben wir erst aus verhältnißmäßig später
Zeit etwas genauere Beschreibungen davon. Die erste
ausführliche Schilderung, die wir von einer solchen haben,
finden wir in zwei Briefen des jüngeren Plinius an Ta=
citus. Sie beschreiben die erste bekannte und zugleich
furchtbarste Eruption des Vesuv vom Jahre 79 n. Chr.
Geb. und wir theilen des großen Interesses wegen, das
in mancherlei Beziehung diese Briefe haben, sie hier näher
mit, mit Hinweglassung des Einganges, aus dem wir er=
fahren, daß Tacitus von Plinius die näheren Umstände
des Todes seines Oheims durch diese Eruption zu verneh=

men gewünscht habe. „Er war, so fährt Plinius fort, zu
Misenum*) als Befehlshaber der Flotte. Am 23. August,
beiläufig um die 7. Tagesstunde (Mittag 1 Uhr), meldete
ihm meine Mutter, es zeige sich eine Wolke von ungewöhnlicher Größe und Ansehen. Er lag, nachdem er sich gesonnt,
kalt gebadet und im Liegen gefrühstückt hatte, und studirte;
sofort verlangt er seine Schuhe und besteigt einen Ort,
von wo man diese Wundererscheinung am besten sehen
konnte. Die Wolke (den aus der Ferne sie sehenden blieb
es ungewiß, aus welchem Berge, später erkannte man,
daß es der Vesuv war) erhob sich in einer Form, deren
Ansehen und Gestalt kein anderer Baum besser als eine
Pinie bezeichnen dürfte. Denn wie auf einem sehr hohen
Stamm sich erhebend, breitete sie sich oben in einzelne
Zweige aus. Ich glaube, weil sie durch einen frischen
Wind emporgehoben durch seine Abnahme von der hebenden Kraft verlassen oder auch von ihrem eigenen Gewichte
in die Breite sich ausdehnte, zuweilen glänzend weiß, zuweilen schmutzig und fleckig erscheinend, je nachdem sie
Staub und Asche weit emporgehoben hatte. Diese Erscheinung erschien dem so unterrichteten Manne merkwürdig
und einer näheren Untersuchung werth. Er gab den Befehl ein leichtes Fahrzeug fertig zu machen und erlaubte
mir mitzugehen, wenn ich wollte. Ich antwortete, ich
wollte lieber studiren, zufällig hatte er mir auch selbst
etwas zu schreiben gegeben. Als er aus dem Hause ging,
brachte man ihm einen Brief. In Retina waren die See-

---

*) Misenum am Golf von Bajae liegt 4 g. M. vom Vesuv
entfernt, etwas weiter westlich das später erwähnte Retina.

soldaten durch die drohende Gefahr erschreckt, die Stadt
lag nahe bei Misenum und es war keine Flucht als auf
der See möglich, und flehten ihn an, er möge sie aus der
so furchtbaren Lage befreien. Er änderte aber seinen Plan
nicht, sondern was er mit Eifer begonnen, führte er mit
dem größten aus. Er ließ nun die Quadriremen (Schiffe
mit 4 Ruderreihen) vorführen und bestieg eines derselben,
nicht nur Retina, sondern vielen Hülfe zu bringen, da die
Küste wegen ihrer Anmuth vielfach bewohnt war. Er eilte
dahin, von wo die anderen fliehen, und geraden Laufes
steuerte er auf die Gefahr los, so ohne alle Furcht, daß er
alle Bewegungen jener Unheilswolke, alle Gestaltungen
derselben, wie er sie beobachtet hatte, dictirte und auf=
zeichnete. Schon fiel Asche auf die Schiffe, dichter und
heißer, je mehr sie sich näherten, dann auch Bimssteine,
schwarze vom Feuer gebrannte und gesprengte Steine;
schon wurde das Meer plötzlich seicht, das Ufer unnahbar
durch die von dem Berge ausgeschleuderten Massen. Einen
Augenblick zauderte er, ob er nicht umkehren sollte, dann
sagte er zu dem Steuermanne, der ihm auch dazu rieth:
„die Tapferen unterstützt das Glück, steuere nach Pompo=
nianus'*) Hause!" Dies war zu Stabiä auf der anderen
Seite des Busens, denn das Meer greift allmählich in
einem sanften Bogen in das Land hinein. Dort hatte
dieser schon wegen der zwar noch nicht nahen, doch schon
sich zeigenden und, wenn sie wuchs, sehr nahen Gefahr,
seine Habseligkeiten zu Schiffe gebracht, zur Flucht bereit,

---

*) Pomponianus, ein Freund des Plinius, hatte ein Haus
in Stabiä, etwas südlich von Pompeji und dem Vesuv.

so wie sich der conträre Wind gelegt hätte, der, meinem
Onkel günstig, ihn hergebracht hatte. Er umarmte den
zitternden Freund, tröstet und beruhigt ihn, und um durch
seine Ruhe jenes Furcht zu mindern, läßt er sich ins Bad
bringen, nach demselben legt er sich nieder und speist und
zwar ganz heiter, oder was gleich groß erscheint, einem
Heiteren gleich. Unterdessen brachen aus dem Vesuv an
mehreren Stellen hellleuchtend breite Flammen und hohe
Feuersäulen hervor, deren blendender Glanz gehoben wurde
durch die sonst herrschende nächtliche Finsterniß. Um seine
Umgebung zu beruhigen, sagte er, es sei wohl das Feuer
von Häusern, welche aus Furcht von den Landleuten
plötzlich verlassen und in Brand gerathen seien; dann
überließ er sich der Ruhe und lag im tiefsten Schlafe;
wenigstens hörten die vor der Thüre stehenden das lautere
und tiefere Athmen, das bei ihm seiner Körpergröße wegen
noch stärker war. Aber der Hofraum, aus dem man sein
Gemach betrat, war schon so hoch mit Asche und Bims=
steinen angefüllt, daß, wenn er noch länger in demselben
geblieben wäre, der Ausgang unmöglich geworden wäre.
Man weckte ihn daher, und er begab sich wieder zu Pom=
ponianus und den Uebrigen, die gewacht hatten. Sie be=
riethen nun, ob sie im Hause bleiben oder in's Freie sich
begeben wollten. Denn unter den häufigen und heftigen
Erdstößen wankten die Mauern und wie von ihren Fun=
damenten losgelöst, schienen sie bald hierhin bald dorthin
bewegt zu werden. Im Freien dagegen waren die herab=
stürzenden Bimssteine, wenn sie auch leicht und ausge=
brannt waren, zu fürchten. Das Abwägen beider Ge=
fahren ließ das letztere wählen; bei ihm herrschte die

Vernunft in der Ueberlegung, bei den andern die eine
Furcht über die andere. Sie banden sich Kissen auf den
Kopf zum Schutz gegen die herabstürzenden Massen.
Schon begann anderswo der Tag, hier war es noch
Nacht, dunkler und dichter, als irgend eine zuvor, doch
einigermaßen erhellt von zahlreichen Fackeln und Lichtern.
Man beschloß ans Ufer zu gehen, um genau zu sehen, ob
das Meer die Flucht gestatte, das bisher noch wild und
tobend geblieben war. Hier legte er sich auf ein aus=
gebreitetes Tuch, verlangte und trank zweimal frisches
Wasser, da treiben Flammen und der Vorbote der Flam=
men, Schwefelgeruch, die übrigen zur Flucht, ihn bewegen
sie, sich zu erheben. Er erhebt sich, gestützt auf zwei Skla=
ven, sank aber sofort zusammen; wie ich vermuthe, indem
dickerer Rauch ihm den Athem benahm bei gleichzeitiger
Beengung durch den Magen, der bei ihm von Natur
schwach war und häufig Unregelmäßigkeit der Verdauung
bedingte. Als es wieder Tag war, der dritte nach seinem
Tode, fand man seine Leiche wohlerhalten und unversehrt,
mit den Gewändern, die er trug, bedeckt, in ihrem An=
sehen einem Schlafenden ähnlicher als einem Todten.
Unterdessen war ich und meine Mutter zu Misenum." —

In einem zweiten Briefe an Tacitus theilt Plinius
auf dessen Aufforderung noch die weiteren Ereignisse jener
Schreckenstage mit. Er lautet also: „Du sagst, durch
meinen Brief, den ich dir auf deinen Wunsch über den
Tod meines Onkels schrieb, sei das Verlangen in dir
rege geworden, zu erfahren, was ich in Misenum nicht
nur für Schrecken, sondern auch für Unfälle auszustehen
gehabt habe, denn dabei brach mein Schreiben ab. Ob=

wohl die Erinnerung daran mir noch Schauder erregt,
will ich doch beginnen. Als mein Onkel von uns gegangen
war, widmete ich die übrige Zeit den Studien, denn des=
wegen war ich ja zurückgeblieben; ich badete dann, speiste
und schlief, aber kurz und unruhig. Viele Tage vorher
schon waren Erdstöße verspürt worden, die weniger
Schrecken verursachten, weil sie in Kampanien eine ge=
wöhnliche Erscheinung sind, aber in jener Nacht traten sie
so heftig auf, daß man glaubte, es würde alles nicht nur
erschüttert, sondern umgekehrt. Meine Mutter stürzte in
mein Schlafzimmer, eben als ich mich erhob, um sie zu
wecken, wenn sie schliefe. Wir setzten uns in den Hof des
Hauses, der einen mäßigen Raum zwischen diesem und
dem Meere freiließ. Ich weiß nicht, war es Standhaftig=
keit oder Klugheit (ich bin ja erst im 22. Lebensjahre) ich
ließ mir ein Buch des Tit. Livius geben und wie in der
Ruhe lese ich und mache daraus, wie ich schon angefangen
hatte, Auszüge. Da trat ein Freund meines Onkels, der
neulich aus Spanien zu uns gekommen war, zu uns, und
wie er mich und meine Mutter dasitzen, mich sogar lesen
sieht, tadelt er sie wegen ihrer Gelassenheit und mich
wegen meiner Sorglosigkeit, nichtsdestoweniger blieb ich
bei meinem Buche. Schon war die erste Stunde des
Tages da (6 Uhr Morgens), aber der Tag selbst noch
zweifelhaft und zögernd; schon wankten die umliegenden
Gebäude und bedrohten uns auf dem zwar freien aber
engen Raum sicher und ernstlich mit ihrem Einsturz.
Jetzt erst erschien es gerathen, die Stadt zu verlassen.
Bestürzt folgte uns die Bevölkerung, indem sie, was in
der Furcht der Klugheit gleicht, fremdes Urtheil dem

eigenen vorzieht, in einem ungeheueren Haufen drängt
und schiebt sie uns beim Vorwärtsgehen. Als wir die
Häuser hinter uns hatten, blieben wir stehen. Viel
Wunderbares und viel Schreckliches machten wir hier
durch. Denn die Wagen, die wir hatten herausschaffen-
lassen, wurden nach den verschiedensten Seiten getrieben,
wiewohl sie auf ganz ebenem Boden standen und nicht
einmal als sie mit Steinen gestützt waren, blieben sie an
derselben Stelle. Außerdem schien es, als zöge sich das
Meer in sich selbst zurück und würde durch das Erdbeben
zurückgetrieben. Sicher sprang das Ufer viel weiter vor
und viele Seethiere blieben auf dem trockenen Sande
sitzen. Von der andern Seite brach aus der dunkeln
schrecklichen Wolke hie und da in gewundenen und zittern=
den Formen Feuerschein, langen Flammen ähnlich, gleich
Blitzen, aber größer als diese. Da drang jener Freund
aus Spanien heftiger und inständiger in uns mit den
Worten, wenn dein Bruder und dein Onkel lebt, wünscht
er euch gerettet, ist er umgekommen, so war es gewiß sein
Wille, daß ihr leben sollt, warum zaudert ihr, zu fliehen?
Wir antworteten, wir erlaubten uns nicht, an unsere
Rettung zu denken, so lange wir über die seinige ungewiß
seien. Da verweilte er nicht länger, ging weg und entzog
sich eilenden Laufes durch die Flucht, kurz darauf senkte
sich jene Wolke zur Erde nieder und bedeckte das Meer.
Kapri hatte sie umhüllt und unseren Blicken entzogen, die
Landzunge von Misenum uns verdeckt. Da bat, ermahnte,
befahl mir meine Mutter, auf jede Weise zu fliehen, ich ein
Jüngling könne es noch, sie von Alter schwerfällig, wolle
gerne sterben, wenn sie nicht die Ursache meines Todes

würde. Ich dagegen erwiderte ihr, ich wolle mich nicht
retten ohne sie, dann ergriff ich ihre Hand und zwinge sie
ihren Schritt zu beschleunigen. Sie willfahrt nur ungern
und klagte, daß sie mich aufhalte. Schon fiel Asche, doch
noch spärlich. Ich sah mich um, da kam von rückwärts
dichtes Dunkel heran, das, einem ausgebreiteten Strome
gleich, uns nacheilte. Gehen wir etwas abseits, sagte ich,
so lange wir noch etwas sehen, daß wir nicht, auf dem
Weg fallend, von den Schaaren der Fluchtgenossen, im
Dunkel zertreten werden. Kaum hatten wir uns nieder-
gesetzt, da brach das Dunkel herein, nicht wie in einer
mondlosen oder nebligen Nacht, sondern wie in einem
rings verschlossenen Raume ohne alles Licht. Nun hörte
man das Klagen der Frauen, das Schreien der Kinder,
das Rufen der Männer; diese riefen nach ihren Eltern,
jene nach ihren Kindern, andere nach ihren Gatten; sie
erkannten sich an ihren Stimmen. Diese bejammerten ihr
eigenes Unglück, jene das der Ihrigen, manche baten in
der Todesangst um den Tod. Viele flehten zu den Göt-
tern, mehrere meinten, es gebe keine Götter mehr und es
sei die letzte ewige Nacht für die Welt gekommen. Auch an
solchen fehlte es nicht, welche durch erdichtete und lügen-
hafte Schreckensnachrichten die wahren Gefahren vermehrten. So verkündigten einige, in Misenum brenne
dieses Haus, jenes sei eingestürzt, zwar fälschlich, doch
fanden sie Glauben. Nun wurde es etwas hell, aber nicht
als Tageslicht erschien es uns, sondern als ein Zeichen
des sich nahenden Feuers. Zwar blieb es in größerer
Ferne, und wieder bedeckte uns Dunkel, so wie viele und
dicke Asche, die wir sofort uns erhebend abschüttelten, sonst

wären wir bedeckt, ja von ihrem Gewichte selbst erdrückt
worden. Ich könnte mich rühmen, nicht einen Seufzer,
nicht ein Wort der Verzagtheit in solcher Gefahr aus=
gestoßen zu haben, wenn ich nicht geglaubt hätte, daß ich
mit Allem, Alles mit mir untergehe, ein elender, doch
großer Trost in der Aussicht des Todes.

Endlich verzog sich jenes Dunkel, nachdem es sich
zuerst wie zu einem Rauch oder Nebel verringert hatte,
bald erschien in Wahrheit der Tag, auch die Sonne leuch=
tete wieder, doch trübe, wie bei einer Sonnenfinsterniß.
Alles kam den noch zitternden Augen verändert vor, von
tiefer Asche wie von Schnee bedeckt. Wir kehrten nun nach
Misenum zurück und brachten, nachdem wir einigermaßen
für unseren Körper gesorgt, eine unruhige und angstvolle
Nacht, schwebend zwischen Furcht und Hoffnung, zu; doch
überwog die Furcht. Denn das Erdbeben dauerte fort und
sehr viele, wie sinnlos, vermehrten durch schreckliche Pro=
phezeiungen ihre und der Andern Leiden. Aber auch jetzt
dachten wir nicht daran, obwohl wir Gefahren durch=
gemacht hatten und sie noch erwarteten, fortzugehen, ehe
wir von meinem Onkel Kunde hätten." —

Wohl Allen wird diese einfache Schilderung ein
klares und lebendiges Bild von dem unerschütterlichen
Muthe des Mannes, dessen Tod sie veranlaßte, und des=
sen, der ihn erzählte, wie von den Schrecknissen erzeugen,
denen die Bewohner solcher Gegenden ausgesetzt sind.
Fügen wir hinzu, daß bis dahin nicht die geringste Kunde
über die wahre Natur des Vesuvs in jenen Gegenden vor=
handen war, daß der Ausbruch der heftigste, der je an
dem Vesuv vorgekommen, ganz unvermuthet in entsetz=

licher Stärke sich zeigte, so muß es im höchsten Grade
unsere Bewunderung erregen, einen Mann so ruhig und
furchtlos der furchtbaren Erscheinung entgegengehen zu
sehen, wie es uns von Plinius berichtet wird. Noch heute
hat dieser Ausbruch noch ein ganz besonderes Interesse für
uns; durch ihn wurden die beiden Städte Herculanum
und Pompeji verschüttet, von denen die letztere jetzt, nach
1800 Jahren, aus ihrem Grabe wieder ans Licht kom=
mend, uns so wichtige Kunde von dem Leben der Alten
wie von dem Schicksale brachte, das jene Gegenden be=
troffen. Seit jener Zeit blieb der Vesuv ein thätiger Vul=
kan, ohne besonders lange Pausen zu machen. Mit dem
Ende des 14. Jahrhunderts versank derselbe wieder in
einen 300jährigen Schlummer, so daß auch jetzt wieder
im Munde des Volkes kaum die Sage mehr lebte von der
tückischen Natur des damals fast bis zur Spitze, nament=
lich auch auf dem Boden des ganzen Kraters, mit üppi=
gem Grün und Weingärten bedeckten Berges. Auch aus
diesem Schlummer fuhr er wie ein Riese plötzlich zu einem
furchtbaren Wuthausbruche empor, den nur jener erste
Ausbruch an Heftigkeit überragte. Hören wir auch dar=
über den Bericht von Augenzeugen, gleichzeitigen Schrift=
stellern jener Zeit entnommen.*)

    „Schon einige Monate vor der Eruption wurden leichte
Erderschütterungen wahrgenommen, sie wurden aber nicht
weiter beachtet; vom 10. Dezember an hörten die Be=
wohner Torre del Grecos, Resinas und anderer am Fuße

---

*) Das Folgende ist der höchst interessanten Schrift: Histoire
complète de la grande eruption du Vésuve de 1631 par H.
Le Hon entnommen.

Fig. 21. Die Zerstörung Pompeji's

des Vesuvs gelegenen Orte ein eigenthümliches unter=
irdisches Murmeln, das während der Stille der Nacht
stark genug war, ihren Schlaf zu stören. Die wunder=
lichsten Erklärungen, theils physikalischer, theils noch
mythologischer Natur, wurden dafür gesucht. 14 Tage
vor dem Ausbruche besuchte ein Bewohner Ottojanos den
Vesuv und wahr überrascht von dem veränderten Aussehen
des alten Kraters, dessen Boden offenbar beträchtlich ge=
hoben war. Die Bewohner Torre del Grecos, denen es
erzählt wurde, wollten sich von der Wahrheit dieser Aus=
sage überzeugen und 5 Tage vor dem Beginn des Aus=
bruchs bestiegen einige den Berg. Mit Erstaunen sahen
sie die Veränderung, die hier oben eingetreten. Die kessel=
förmige Vertiefung war fast ganz verschwunden, die
üppige, selbst mit alten Bäumen untermischte Vegetation,
die sie bedeckt hatte, war zerstört und hie und da an ihrer
Stelle bituminöse Schlammmassen, die einen Schwefel=
geruch verbreiteten. Diese, sowie auch andere beunruhi=
gende Zeichen, namentlich wird auch erwähnt, daß die
Thiere Zeichen großer Unruhe gegeben, ließen die Um=
wohner des Berges doch noch nichts Schlimmes befürch=
ten, die allermeisten hatten ja nie gehört, daß der Vesuv
einmal ein feuerspeiender Berg gewesen sei. In der Nacht
vom 15. auf den 16. Dezember 1631 wurden jedoch von
10 Uhr an die Erdstöße so häufig, daß sie ernstliche Un=
ruhe erregten. An einigen Orten zählte man deren 50 von
zunehmender Heftigkeit. So brach der verhängnißvolle
Morgen an. Landleute, die bei Tagesanbruch zum
Markte nach Neapel gingen, sahen plötzlich eine mächtige
Rauchsäule aus dem Vesuv hervorbrechen und in die Höhe

steigen. In Neapel lag noch Alles im Schlafe, aber die
Kunde von diesem seltsamen Ereignisse verbreitete sich mit
Blitzesschnelle und in Kurzem waren alle Dächer und
Plätze, welche einen Anblick des Berges gewährten, mit
Menschen besetzt. Ein wunderbares Schauspiel bot sich
dar. Die Sonne ging eben auf und vor dem strahlenden
Himmel erhob sich eine ungeheuere Masse dichten Rauches,
theils weiß, theils schwärzlich, in der Mitte düsterroth
erscheinend, majestätisch bis in die Region der Wolken,
breitete sich hier aus und nahm so die Form einer
Pinie an, gerade wie es Plinius auch beschrieben hatte.
Immer mächtiger, immer breiter und drohender wurde
diese Wolke, die phantastischsten Formen annehmend,
welche die nachfolgenden Rauchmassen erzeugten. Blitz
auf Blitz fuhr aus derselben herab, ungeheuere Flammen
schlugen aus ihr empor, wie wenn Himmel und Erde mit
einander kriegten, und der Donner rollte mit einer Stärke
wie bei dem heftigsten Gewitter. Das Volk ahnte, daß
die Drohungen der Wolke keine leeren seien. In demselben
Augenblicke schleuderte der Berg unter furchtbarem Krachen
glühende Felsblöcke empor, die in weiten Bögen herab=
stürzten, zugleich eine gewaltige Masse schwarzen Sandes
und Asche. Die unheimliche Wolke hatte sich so aus=
gebreitet, daß sie Land und Meer bedeckte und den Tag
verdüsterte. Von allen Seiten erhoben sich Schreckens=
rufe, Wehklagen und Gebete. Der Cardinal Buoncampagno,
der Leiter der geistlichen Angelegenheiten, war eben seiner
Gesundheit wegen in Torre del Greco, er begab sich so=
fort beim Beginne der Gefahr nach der Stadt und ordnete,
um Gottes Zorn zu versöhnen, die Ausstellung des Aller=

heiligsten in allen Kirchen an und eine allgemeine Pro=
cession, zu der die Bekenner aller Religionen eingeladen
wurden.

Um 11 Uhr vermehrten sich die Dämpfe, der Rauch
und die Flammen des Berges in einem solchen Grade, daß
man vermuthete, es hätten sich mehrere Krater gebildet, was
auch in der That der Fall war. Schon vom Morgen an ver=
nahmen die an dem Berge Wohnenden furchtbare Deto=
nationen, ähnlich Artilleriesalven; sie wurden erzeugt von
dem Aufbrechen neuer Mündungen auf der Westseite des
Berges, am Fuße des Kegels, nahe dem s. g. Atrium (der
Einsenkung zwischen der Somma und dem Kegel des
Vesuvs). Anfangs von geringerem Umfange, wurden sie
immer weiter und weiter und bildeten zuletzt einen unge=
heueren Schlund, der glühende Asche und Steine in die
höchsten Höhen emporschleuderte. Der Aschenregen hatte
in dieser Zeit schon die Provinz Basilicata überzogen, wo
die Einwohner mit dem größten Erstaunen diese unerklär=
liche Erscheinung bemerkten, Nachmittag um 3 Uhr hatte
sie schon Tarent, 32 g. M. vom Vesuv entfernt, erreicht.
Der Vicekönig hatte unterdessen Mitglieder der Kommis=
sion für Gesundheitspflege, größtentheils Aerzte, nach dem
Vesuv geschickt, um die Eruption aus größerer Nähe zu
beobachten und zu untersuchen, ob der Rauch nicht schäd=
liche Stoffe der Stadt zuführen könnte, die sich auch so=
fort auf den Weg machten. In der Stadt begann indessen
die große Procession um 1 Uhr, sie zog zur Kirche Nostra
Sennora del Carmine, der Hauptkirche der nach dem
Vesuv gerichteten Stadtseite, die sie um 2 Uhr erreichte.
Gerade da begannen die wellenförmigen Bewegungen des

Bodens, die bis 6 Uhr Abends ununterbrochen anhielten. Die Bewegungen des Bodens erregten das Gefühl, als wenn man sich bei unruhiger See auf einem Schiffe befände. Gleichzeitig vernahm man ein eigenthümliches Geräusch, das alles vor Schrecken erstarren machte, ein unheimliches Schwirren und Brausen, wie aus hunderten von brennenden Oefen. Unabhängig von diesem den ganzen Tag anhaltenden Geräusche erschallten immer noch dazwischen die heftigen Detonationen, die in weiter Entfernung gehört und in manchen Küstenorten die Meinung erregten, es fände eine Seeschlacht statt.

Unterdessen war die erwähnte Kommission muthig vorwärts geschritten. Die Straße nach Portici, die sie einschlugen, war bedeckt mit Flüchtlingen, die Neapel zueilten, mit Mühe bahnen sie sich ihren Weg durch dieselben bis nach Resina, da begegnete ihnen Antonio di Luna, der Gouverneur von Torre del Greco, mit einem Trupp Gefangener in Ketten, von Soldaten bewacht, die er vor Allem in Sicherheit nach Neapel bringen zu müssen glaubte. Eine Masse Menschen, Todesangst auf den Gesichtern, bildete das Gefolge. Von diesen erfuhren sie, daß die ausgeschleuderten glühenden Steine, die immerwährend rund um den Berg herabstürzten, schon eine ziemliche Anzahl von Menschen und Thieren getödtet hätten. Trotz dieser Nachricht setzten sie ihren Weg fort, geraden Weges auf den Berg los, an der Kirche N. S. de Pugliano vorbei. Alles umher war menschenleer, nur in der Kirche fanden sie 6 Frauen, mehr todt als lebend, vor dem Altar knieend und einen Mann, der vor Schrecken ganz sinnlos schien. Außer diesen 7 Personen war keine

Seele im Orte, alles war geflohen. Als die Kommissäre
die Kirche verließen, ungewiß, ob sie noch weiter dem
Berge sich nähern sollten, hörten sie Schmerzensrufe; sie
kamen von einem Unglücklichen, töbtlich verwundet von
einem herabfallenden Steine, in Haft auf einem Tische
von zwei Männern davon getragen.

In diesem Augenblicke wurde der Boden so heftig
erschüttert, der Anblick des Vesuvs ein so furchtbarer, die
Menge der herabstürzenden Asche und glühenden Steine
so groß, daß die Kommissäre einsahen, weiteres Vor=
gehen sei sicheres Verderben und zwecklose Aufopferung.
Es war 4 Uhr Nachmittag, als sie, abwärts sich wendend,
den Weg nach Torre del Greco einschlugen; bald trafen
sie einige Personen, die von dorther geflüchtet waren und
ihnen abriethen, weiter zu gehen, wenn sie nicht einem
unausbleiblichen Tode entgegeneilen wollten. Der herein=
brechende Abend vermehrte noch die herrschende Dunkel=
heit und so kehrten sie auf ihrem alten Wege nach Portici
zurück. Dort fanden sie zu ihrem großen Erstaunen einen
großen Menschenhaufen, im Zustand der höchsten Ver=
zweiflung und Rathlosigkeit. Die Thorwache hatte sie
vor Neapel zurückgewiesen, weil sie kein Gesundheits=
zeugniß hätten, das damals von den Ankömmlingen ver=
langt wurde, aus Furcht vor der Pest, die in Venedig
und der Lombardei herrschte. Ein kalter, heftiger Regen,
der mit Anbruch der Nacht fiel, erhöhte das Elend dieser
Unglücklichen. Viele von ihnen, von Torre del Greco
geflohen, kehrten in ihrer Rathlosigkeit dorthin zurück. Es
war für alle der Gang zum Tode. Sobald übrigens der
Vicekönig von dieser Zurückweisung Kunde erhielt, traf er

sofort Maßregeln, daß Alles ohne Weiteres eingelassen
würde, was in die Stadt wollte. Sofort strömten auch
die Flüchtlinge schaarenweise herein, ihre Zahl stieg in
dieser Nacht und während des folgenden Tages auf nicht
weniger als 40,000.

In Neapel hatte in der Zwischenzeit die Procession
ihren Fortgang genommen und um 5 Uhr ihr Ende er=
reicht. Gerade jetzt steigerten sich die vulkanischen Erschei=
nungen in einer solchen Weise, daß jeder für sein Leben
besorgt war. Die Mauern bewegten und spalteten sich,
Thüren und Fenster öffneten und schlossen sich, sie schlu=
gen dabei unaufhörlich hin und her, ohne daß man den
geringsten Wind oder Zug verspürte, dazwischen bewegte
sich der Boden, als ob er Alles verschlingen wollte, eine
Menge Häuser stürzten ein. Der Aschenregen, der bisher
von einem günstigen Winde nach einer andern Seite ge=
trieben wurde, fing nun an, auf die Stadt zu fallen, unter
starkem Geruch nach Schwefel und Erdpech, und Feuer=
kugeln durchfuhren sausend die Luft. Diese furchtbaren
Erscheinungen hielten 3 Stunden mit solcher Heftigkeit
an, daß das Volk sich einem sicheren Tode geweiht wähnte
und den Anfang des jüngsten Tages gekommen glaubte.

Sämmtliche Kirchen, die der Kardinal geöffnet zu
halten befohlen hatte, waren überfüllt von Menschen,
die erklärten, sie wollten an heiliger Stätte sterben, und
stürmisch zu beichten begehrten. Ungeachtet der großen
Menge von Priestern, welche in der Stadt waren, reichte
die Zahl derselben durchaus nicht hin für die Masse derer,
die zu beichten verlangten, so daß sich der Kardinal ver=
anlaßt sah, viele durch ihre Bildung und Frömmigkeit

bekannte Laien zu ermächtigen, als Beichtiger zu fun=
giren. Man beichtete auch nicht blos in der Kirche,
sondern auf Märkten und Straßen, und viele Menschen,
welche glaubten, sie hätten keine Zeit mehr, einen Beich=
tiger zu finden, legten öffentlich mit lauter Stimme ihr
Sündenbekenntniß ab. So hatte der Schrecken die Ge=
müther ergriffen und verwirrt.

Um 8 Uhr kehrten endlich die ausgesendeten Kom=
missäre wieder nach Neapel zurück und begaben sich so=
fort zum Vicekönig. Ueber den eigentlichen Zweck ihrer
Sendung, die Beschaffenheit des Rauches, seine verderb=
liche oder unschädliche Natur, konnten sie nichts berichten,
sie waren nur darin einig, was ohnedies Jedes wußte,
daß die Heftigkeit des Ausbruches mit den größten Ge=
fahren drohe. Darauf sandte dieser nochmals 3 spanische
Offiziere aus, einen nach Nordosten nach Kapua, den
andern nach Westen nach Puzzuoli, den dritten dem
Vesuve zu, sie sollten berichten, was sie sähen. Dem
Gouverneur von Torre del Greco, von dessen Ankunft
er gehört hatte, ließ er den Befehl zukommen, er sollte
sofort auf seinen Posten zurückkehren und denselben nur
in der allerbringendsten Noth verlassen.

Das Alles änderte natürlich an der Lage nichts.
Von oben wüthete der Vulkan fort, von unten bebte der
Boden mit nur kurzen Unterbrechungen. Hundert Erd=
stöße zählte man in dieser Schreckensnacht, in der kein
Auge sich schloß, keiner sein Haus betrat, aus Furcht,
unter seinen Trümmern begraben zu werden. Alles blieb
auf den Plätzen und breiteren Straßen, die Augen nach
dem Berge gerichtet, der fort und fort seinen Steinhagel

in die Lüfte sendete und das von der Nacht und der Rauchwolke zwiefach umdunkelte, von seiner glühenden Asche überschüttete Neapel mit rother Gluth unheimlich erhellte. Um 1 Uhr verdoppelte sich die Wuth des Berges, das Krachen wurde so furchtbar, daß man meinte, der ganze Kegel würde in die Luft gesprengt. Es war die entsetzlichste Nacht, die Neapel je erlebt, und doch stand das weit zurück hinter dem, was die unglück= lichen Bewohner der kleineren Ortschaften unmittelbar am Fuße des Vesuv, von denen viele nicht geflohen waren, durchzumachen hatten, denn das Schrecklichste war noch nicht gekommen, es war bisher nur das Vorspiel zu den Verheerungen, die nun begannen und den neuen so ersehnten Tag mit neuen Schrecknissen erfüllten.

Gegen 9 Uhr Morgens stürzten sich plötzlich drei gewaltige Ströme schlammigen, kochenden Wassers nach verschiedenen Seiten den Berg herab und überdeckten die ganze Gegend westlich, nördlich und nordöstlich vom Vesuv, sie wälzten eine ungeheuere Masse von Asche, Bäu= men, die sie in ihrem wüthenden Laufe entwurzelt hatten, mit sich herab, ja selbst große Felsen und Häusertrümmer, die sie umgerissen hatten. Die Ebene von Nola war es besonders, die unter diesen Schlammfluthen litt, sie ström= ten so rasch, daß sie viele Menschen, die mit der Kraft der Verzweiflung ihnen zu entlaufen suchten, einholten und be= gruben, in einigen Ortschaften, wie z. B. Marigliano, Cicciano, erreichten sie eine Dicke von 6—10 Fuß. Neue Ströme derselben Art brachen nun auch gegen das Meer zu herab und wälzten ungeheuere Massen von Schlamm und Schutt über Portici, Resina und die benachbarten

Orte bis ins Meer. Auf dieser Seite des Berges war ihre Gewalt so groß, daß eine Masse Häuser weggerissen, ja von ihren Fundamenten losgelöst auf dem Strome fortschwammen. So trieb ein ganzes Kloster mit allen seinen Bewohnern, Menschen und Thieren ins Meer hinab, wo sie durch die Masse des herbeigeschwemmten Materials Halbinseln bildeten von 3000 Fuß Länge.

Auch das Meer nahm Theil an diesem furchtbaren Aufruhre der Natur, dreimal zog es sich gegen 9 Uhr des Morgens auf der ganzen Küste von Neapel bis Castellamare bis auf $^1/_2$ Meile vom Ufer zurück und brach dann wieder mit Ungestüm über das Land herein, Schiffe wurden losgerissen und mit einem Male gegen den Molo geschleudert und das Wasser wurde so heiß, daß die Fische davon abstarben. Aehnliche Erscheinungen wurden auch zu Sorrent, Ischia und Nisida beobachtet.

Es war nach 10 Uhr, als in Neapel endlich der Aschenregen etwas nachließ, die Finsterniß etwas geringer wurde, aber nur um das furchtbarste Schauspiel deutlicher den entsetzten Blicken zu enthüllen. Ein wahres Meer von Feuer, das rasch alle Gewächse in Flammen setzte, zeigte sich, den ganzen Fuß des Kegels von Fosso Grande bis über Bosco tre Case nach der Meerseite zu umringend, mit einer einzigen Unterbrechung in der Mitte diesseits von Fosso Bianco, als wenn der ganze Berg geschmolzen wäre. Diese ungeheuere Masse glühender Lava, der weder vorher noch nachher je eine an Menge gleichkam, stürzte nun in zahllosen Strömen, deren einzelne mehrere tausend Fuß breit waren, mit rasender Eile den steilen Abhang hinab: weiter unten war ihre Schnelligkeit

ähnlich der eines Flusses. Zu gleicher Zeit drehte sich
wieder der Wind, und Regengüsse, als sollte eine Sünd=
fluth erzeugt werden, mit Sand und Asche gemischt,
stürzten unter heftigem Donner und Blitz in Strömen
herab, alles mit Schmutz bedeckend, was er traf.

Von den vielen kleinen Zweigen abgesehen, theilte
sich die Lava in zwei Hauptströme; der eine, westlichere,
nahm die Gegend von Portici bis Torre del Greco ein,
die Hauptmasse des anderen überfluthete die Gegend vom
Kamaldulenserkloster bis Torre dell' Annunziata. Deut=
lich konnte man von Neapel aus sehen, wie sie ihre
Wogen dem Meere zuwälzten, Alles in Flammen setzend
und versengend, was sie erreichten, Bäume, Häuser,
Thiere, auch Menschen, und leider nicht in geringer An=
zahl, besonders aus dem Städtchen Torre del Greco.

Wir haben schon erwähnt, daß der Gouverneur
dieses blühenden Städtchens in der furchtbaren Aufreg=
ung, die sich aller bemächtigt hatte, nichts besseres zu
thun wußte, als persönlich einen Trupp Gefangener nach
Neapel zu geleiten. Von dort war er auf Befehl des Vice=
königs eilig zurückgekehrt und fand die Stadt, die dem
Ausbruchsherde viel näher liegt, als Neapel, wie begreif=
lich, in einer grenzenlosen, alle Schilderung übertreffenden
Rathlosigkeit und Verwirrung. Die noch vorhandene Be=
völkerung hatte sich endlich ebenfalls zur Flucht entschlos=
sen, aber sie wußten nicht wohin, nach Westen oder nach
Osten, nach Neapel oder Castellamare. Wer konnte, suchte
noch etwas von seinen Habseligkeiten zu retten; so stopften
sich die Straßen durch Menschen, Thiere und Wagen.
Der Unordnung einigermaßen zu steuern, war die erste

Sorge des Gouverneurs. Ueber seine Befehle weichen die Nachrichten ab; manche behaupten, um etwas die Ruhe herzustellen, habe er ein Verbot ergehen lassen, die Stadt zu verlassen. Eine kostbare Zeit ging nutzlos verloren, die Versäumniß kostete dem größten Theil der Zurückgebliebenen das Leben. Plötzlich nach 11 Uhr verbreitete sich die Schreckenskunde, ein breiter Feuerstrom wälze sich eilenden Laufes gerade der Stadt zu, deutlich erkannte man auch bei der Dunkelheit, in die auch hier Alles gehüllt war, den Feuerschein der glühenden Lava.

Nun ließ der Gouverneur in aller Hast etwa 1000 Menschen um sich versammeln und ordnen; ein verhängnißvoller Zeitverlust.

„Das Feuer, das Feuer!" war der allgemeine Schreckensruf, unter dem sich nun alles eiligst in Bewegung setzte; ein ehrwürdiger Geistlicher zog an der Spitze, der Gouverneur zu Pferde mit vielen Edelleuten schloß den Zug. Kaum war derselbe an dem Thore gegen Neapel angelangt, als plötzlich ein eigenthümliches, seltsames Geräusch vernommen wurde und in demselben Augenblicke aus einer Seitenstraße ein glühender Lavastrom auf den Haufen der Unglücklichen loseilte, der sich sofort in zwei Theile trennte. Der eine, vor dem Lavastrom sich befindende, stürzte sich in die Franziskanerkirche Madonna della Grazia. Der Gouverneur und mit ihm 500 Personen, die hinter ihm sich befanden, suchten nun wieder zurückzukehren und ihr Heil auf der entgegengesetzten Seite nach Torre dell' Annunziata zu, aber es war zu spät. Von allen Seiten, aus allen Straßen stürzte die Lava herab, nicht eine Seele entrann. Ebenso fanden denselben

schrecklichen Tod noch 1500 andere Bewohner der unglück=
lichen Stadt, die meisten in den beiden Kirchen S. M. del
Carmine und della Virgine Rosario, die übrigen theils
in ihren Häusern, theils in den Straßen, die sie zu spät
für die Flucht betraten. Gerettet wurden nur die in die
Franziskanerkirche geflüchteten, aber auch ihr Loos war
noch schrecklich genug. Noch zwei entsetzlich qualvolle Tage
und Nächte mußten sie in der Kirche, von beständiger
Todesangst gequält, zubringen, denn das Wüthen des
Berges hörte noch nicht auf und sie durften stets ge=
wärtig sein, daß auch zu ihnen das Feuer den Weg fände.
Zu der Todesangst gesellten sich auch noch die Qualen des
Hungers und Durstes, so daß manche dazu kamen, das
halbverkohlte Fleisch von der Lava versengter Thiere zu
essen.

Während dieser Schreckensscenen in Torre del Greco
setzte der Feuerstrom seinen Weg unter Sengen und Bren=
nen bis in das Meer hinein fort, Portici und Resina theil=
weise zerstörend.

Der andere Hauptstrom, der weiter östlich, jenseits
des Kamaldulenserklosters herabkam, war von solcher
Mächtigkeit, daß er weiter unten zwei Arme von fast einer
halben Meile Breite bildete, die sich 600 Fuß weit in das
Meer ergossen. Dieser Zweig war es, welcher den größ=
ten Theil von Bosco tre Kase und Torre Annunziata
gänzlich zerstörte. Noch heute kann man sich überzeugen,
daß auch die Tiefe dieser Feuerströme entsprechend ihrer
Ausdehnung gewesen; an vielen Stellen beträgt die Lava=
ablagerung noch jetzt 50—60 Fuß. In weniger als
zwei Stunden hatten die Lavaströme das Meer erreicht und

eine blühende, lachende, volkreiche Gegend, der schönsten
eine, welche die Erde aufzuweisen hat, in eine schauerliche
Wüste des Todes verwandelt. Einzelne Fälle wunder-
barer Errettung und blitzschnellen Verderbens sind uns
von Augenzeugen aufbewahrt. Einem Manne, der zwei Kinder mit sich zog, riß die Lava beide hinweg, ihn berührte
sie nicht. Ein anderer eilte neben 2 Wagen vorbei, gefüllt
und umgeben von Menschen, die, gleich ihm, auf der
Straße nach Neapel flüchteten. Unmittelbar nachdem er
sie überholt, sah er sich um; auf der ganzen Straße war
nichts mehr zu sehen, als ein sie kreuzender mächtiger
Feuerstrom.

Trotz des Feuerscheines des Berges und der Lava
war in Neapel die Dunkelheit um Mittag noch so groß,
wie um Mitternacht, um so greller und unheimlicher
zeichnete sich der Lauf des verderblichen Gluthstromes ab,
im Meere noch flammten Bäume auf, die er nahe demselben mit sich gerissen hatte, und zwar so heftig, daß
kurze Zeit die Furcht Platz ergriff, es hätten sich neue
Kratere in der See selbst geöffnet.

Da das Unheil, statt sich zu verringern, so sich vermehrt hatte, ordnete der Cardinal um 1 Uhr eine neue
Procession an, an der er, trotz seines Unwohlseins, nun
selbst Theil nahm. Aber die furchtbaren Regengüsse ließen
sie erst um 3 Uhr vor sich gehen. Sie begab sich zuerst
nach der Hauptkirche, wo man das Gefäß mit dem Blute
des heiligen Januarius abholte, dann ging es gegen die
zunächst bedrohten Stadttheile zu. Nahe an dem Thore
gegen Kapua sah man eine ungeheure Aschenwolke, welche
den Vesuv verhüllte und gegen die Stadt heranzog. Da

erhob der Cardinal dreimal das Blut des Heiligen gegen
den Berg zu, und sofort, so berichten mehrere Geschicht=
schreiber, sah man die Wolke dem Meere sich zuwenden.
Während dieses Tages hatte der Aschenregen sich über
ungeheuere Strecken verbreitet, und überall, wo er fiel,
je nach seiner Stärke Entsetzen oder Verwunderung er=
zeugt. Besonders weit erstreckte sie sich, vom Winde be=
günstigt, nach Osten zu. Jenseits des Adriatischen Meeres
fiel sie noch an einzelnen Punkten der Küste 4 Zoll dick,
sie erreichte selbst Konstantinopel, wo dieses wunderbare
Ereigniß noch großen Schrecken erregte und wurde bis
nach Euböa und über die südlichsten griechischen Inseln
getragen.

Auch diese Procession hatte nicht den gewünschten
Erfolg. Den Rest des 17. und die Nacht auf den 18.
trat keine Veränderung der Lage ein, der Berg rastete
nicht und warf mit gleicher Heftigkeit Rauch, Asche und
glühende Steine empor, die Feuer= und Rauchsäule schien
sich nur noch höher zu erheben; Braccini, der als Augen=
zeuge das Erreigniß schilderte, schätzte ihre Höhe auf 9 g.
M. Auch dieser Tag wurde unter Todesangst mit allge=
meinen Gebeten und Processionen hingebracht. Die Kir=
chen waren noch immer so belagert und überfüllt von
Menschen, daß die in der Mitte sich befindlichen die Kirche
nimmer verlassen konnten. Die Luft in diesen Räumen
wurde zu einem solchen Grade verpestet, daß die Priester
nicht mehr ihres Amtes darin walten konnten.

Endlich nach drei furchtbaren Tagen ließ das Wüthen
des Berges etwas nach, so daß der Vicekönig nun auch an
die mehr bedrohten Orte der Küste Hülfe zu bringen für

möglich hielt. Er sandte zwei Galeeren mit einer großen
Zahl kleinerer Fahrzeuge ab, um zu helfen, wo noch zu
helfen war. Die eine Galeere mit den kleineren Schiffen
war nach Torre del Greco, die andere nach Torre dell'
Annunziata bestimmt. Die letztere konnte nur zu schnell
wieder mit den anderen sich vereinigen. Sie fanden von
der Stadt und ihren Bewohnern nichts mehr, als einen
Trümmerhaufen und drei Menschen, zwei Kapuziner und
einen Diener des Prinzen von Botera, beschäftigt, einiges
von den werthvollsten Gegenständen seines Herrn einzu-
schiffen. Es bot einen entsetzlichen Anblick und Scenen des
Jammers dar, die unbeschreiblich sind. Eben trug man
eine Menge Unglücklicher zu den Schiffen, welche die Lava
nicht ganz begraben, aber doch erreicht hatte. Diesem
fehlten die Füße, jenem die Hände, andere lagen über
und über mit Brandwunden bedeckt, Aeußerungen leib-
lichen und geistigen Schmerzes in allen Graden erfüllten
die Luft. Zweitausend Opfer waren hier unter der Lava,
der Asche und den Trümmern der Häuser begraben. An
diesem einen Tage nahm man von den verschiedenen
Punkten der Küste noch 1000 Menschen auf, welche
jedes Obdachs entbehrten; sie fanden in Neapel die
freundlichste Aufnahme; wer nur konnte, nahm die armen
Flüchtigen auf. Erst nach einigen Tagen, als die Ausbrüche des Berges nachließen, verließen dieselben nach
und nach die Stadt, doch blieben 2200 bis Ende Januar
in derselben.

Gleichzeitig mit den beiden Hülfesendungen auf dem
Meere suchte man auch von der Landseite her den Orten
der größten Verwüstung nahe zu kommen, um die Leben-

ben zu erhalten und die Todten zu bestatten, da man
das Ausbrechen von Seuchen befürchtete, wenn die vielen
Leichen von Menschen und Tieren unbedeckt liegen blie=
ben. Unter den Ausgesandten waren 150 Erdarbeiter
und 600 Gerber, die durch ihre Stärke und ihren Muth
bekannt waren; diese sollten zugleich so viel als möglich
die Straße wieder herstellen. $^1/_4$ Meile vor Portici, an
der Kirche Madonna del Socorso, begann schon die
Ueberfluthung der Straße durch die Schlammströme.
Man arbeitete aber so eifrig mit Hacke und Schaufel,
daß man schon am Abend mit Wagen bis Resina ge=
langen konnte. Die Lavamasse bei Granatello war zwar
außen erstarrt, aber im Innern noch glühend. Man
durchbrach die rauhe Oberfläche und stellte durch Erde
und zwei Dämme einen einigermaßen fahrbaren Weg
über den hügelartig emporragenden Strom her.

Während diese Arbeiten vor sich gingen, wurden
noch 115 Leichen beerdigt, die dabei theils im Freien,
theils in 12 mehr oder weniger zerstörten Häusern ge=
funden wurden. Als sich die Erscheinungen des Aus=
bruches noch mehr verminderten und die Spitze des
Berges wieder sichtbar wurde, sah man mit Erstaunen,
daß der große Kegel bedeutend an Höhe abgenommen,
während der obere Krater eine ungeheuere Ausdehnung
gewonnen hatte.

Am 20. Dezember wurden die Arbeiten auf der
Straße fortgesetzt und nach zwei Richtungen hin weiter=
geführt, ein Theil der Arbeiter suchte nach Torre del
Greco zu kommen, die anderen arbeiteten auf der West=
seite des Berges nach Norden zu. Die erste Abtheilung

hatte zwischen Resina und Torre del Greco über vier
Lavaströme eine Bahn zu schaffen. Auf der kurzen
Strecke einer halben Meile hatten sie wieder 100 Leichen
zu bestatten. Auch ihrer wartete in Torre del Greco,
als sie es endlich erreicht hatten, noch der schrecklichste
Anblick. Zwar fanden sie nicht mehr viel Leichen zu
bestatten, bei den meisten hatte Asche und Lava dieses
Geschäft besorgt, aber die wenigen, die nicht ganz bedeckt
waren, boten einen schauderhaften, herzerstarrenden An=
blick dar, in der Stellung, in welcher sie der qualvollste
Tod ereilt, von der erkalteten Lava festgehalten, ragten
sie bald mehr, bald weniger aus derselben hervor; nur
mit der größten Mühe gelang es, sie loszumachen, um
sie zu bestatten. In vielen Fällen war es nicht möglich,
dem grimmen Feinde seine Beute ganz zu entreißen, wie
viel Schreckliches mochte von ihm unter der bereits starren
Oberfläche verborgen sein! Wir wollen nicht weiter an
diese Schrecknisse erinnern. Mit dem Aufhören der Lava=
ergüsse war eine entschiedene Abnahme der Thätigkeit des
Berges eingetreten, doch dauerte es noch mehrere Wochen,
bis mit dem Berge auch die Gemüther der Menschen
einigermaßen zur Ruhe gelangten. Erst nach dem 1. Ja=
nuar hörten die Feuerausbrüche auf, die Erdstöße, wenn
auch noch so sehr heftig, machten sich nur noch selten
fühlbar, der Aschenfall verschwand, die Dampfmassen ver=
minderten sich, so daß im Monat März der Vulkan nur
noch geringe und unschädliche Zeichen seiner Thätigkeit
gab. Eine genaue Messung des großen Kegels ergab
nun, daß derselbe um 168 Meter niedriger geworden
war und unter den Wall des Monte Somma, den er

früher um 60 Meter überragt hatte, um 108 Meter
herabgesunken war. Der Umfang des Kraters dagegen,
der vorher nur 2000 Meter betrug, hatte sich auf etwas
mehr als 5000 Meter erweitert. Erst jetzt war es auch
möglich, genau die Verheerung zu übersehen, welche so=
wohl in der nächsten Umgebung des Berges, wie auch
in weiteren Kreisen der Ausbruch desselben angerichtet
hatte. Am weitesten hin hatte die Asche die Verwüstung
getragen; bis nach Ariano, östlich vom Vesuv, in einer
Entfernung von 8 g. M., bildet sie eine Decke von
9—18 Fuß, ja nach einem Augenzeugen erreichte sie die
Dächer der Häuser. Ganz Kampanien war aus einem
lachenden, üppigen Lande plötzlich in eine aller Vegetation
beraubte Wüste verwandelt, denn wo auch noch Bäume
standen, waren sie abgestorben und mit Asche überdeckt,
auf dem schwärzlichen Grunde lagen da und dort die
Leichen von Thieren, welche der Tod hier ereilt. Auf der
Nordseite des Vesuvs bot die Gegend bis auf 3 Meilen
Entfernung den Anblick eines schwarzen Meeres dar.

Wie es mit den Ortschaften am Fuße des Vesuvs aus=
sah, hat die Schilderung des Ausbruches schon zum Theil
vermuthen lassen. Vor derselben waren sie alle schöne,
blühende, reiche Gemeindewesen, Torre del Greco eine
Stadt von 2000 Feuerstellen. Von diesem stand noch
kaum der dritte Theil und auch dieser in einem ruinen=
haften Zustande. Sechs Kirchen waren völlig zerstört, von
zweien, der Kirche del Carmine und Rosario, wohin sich
viele Bewohner geflüchtet hatten, konnte man nicht einmal
die Stelle mehr finden, wo sie gestanden, so völlig über=
deckt war Alles von Asche und Lava. Außerdem waren

die Ländereien und Aecker in Steinwüsten verwandelt, der
Hafen für immer verschüttet. Von Torre Annunziata
standen noch zwei Paläste der Familien Kolonna und Botera
und 15 Häuser, das Uebrige war verschüttet, in gleicher
Weise das Dörfchen Bosco tre Kase. Das Flüßchen, das
daran vorbeifloß und eine Menge Mühlen trieb, war
vollständig ausgefüllt, seine Wasser versiegt. Selbst der
weiter südlich fließende größere Sarno war aus seinem
Bette verdrängt. Ein großer Theil von Resina war
von der Lava verschlungen, das benachbarte Granatello,
berühmt durch seine zauberischen Gärten und prachtvollen
Granatenbäume, die ihm seinen Namen verschafften, war
völlig verschwunden. Von Portici war ein Drittel von
den Schlammströmen zerstört. Dasselbe Schicksal theilten
mehr oder minder alle die Dörfer, welche den Vesuv um=
lagerten, besonders wurden die nach Nordosten gelegenen
von den Wasserströmen, der Asche und den ausgeworfenen
Felsen heimgesucht. Man kann sich eine Vorstellung von
der furchtbaren Gewalt machen, welche in den Vulkanen
wirkt, wenn man hört, daß die ausgeschleuderten Steine
bis nach Malfi, 16 g. M. östlich vom Vesuv, flogen,
daß bei Somma am nördlichen Fuße des Vulkan ein
solcher Block niederfiel, der 500 Centner wog. Wie
groß die Aschenmenge in der nächsten Umgebung des
Berges gewesen sein muß, davon gibt der Umstand einen
Begriff, daß längs der ganzen Küste dieselbe das Meer
um 2700 Fuß verdrängte. Im Ganzen waren es mehr
als 110 Städte und Dörfer, welche durch diesen Aus=
bruch verwüstet waren.

Viele in Stein gehauene Inschriften geben noch jetzt

Nachricht von dem furchtbaren Ereignisse und alljährlich
wird in Neapel am 16. Dezember die Erinnerung an
dasselbe und die Dienste, welche das Blut des heil. Januarius der Stadt Neapel dabei geleistet, gefeiert. —

So furchtbar, wie diese beiden Eruptionen vom
Jahre 79 und 1631, hat sich keine mehr seitdem gezeigt,
freilich sind auch nie mehr so lange Pausen zwischen
zwei Ausbrüchen beobachtet worden. Sie rechtfertigen
die Annahme, die auch anderweitige Beobachtungen bestätigen, daß je längere Zwischenräume zwischen zwei
Eruptionen sind, desto heftiger dieselben sich zeigen.

An keinem Vulkane sind so genau und so häufig die
vulkanischen Erscheinungen beobachtet worden, als an
dem Vesuve, in dessen Nähe sich ein Observatorium befindet, welches denselben stets zu überwachen die Aufgabe
hat; auch an dem Aetna hat man nur zu häufig Gelegenheit, dieselben in ihrem Verlaufe zu verfolgen.

Nicht immer, was wohl auch kaum der Erwähnung
verdient, sind die Eruptionen von großer Heftigkeit und
zum Glücke bringen sie auch nur selten so großen Schaden. Aber wenn sie auch dem Grade nach sehr verschieden sind, so bieten sie doch immer ein ähnliches Bild
dar, das freilich auch für jeden Vulkan seine originellen,
an anderen nicht so bemerkbaren Züge aufweist.

Nachdem wir durch die beiden vorangehenden Schilderungen schon eine klare Anschauung von dem Gesammt-
bilde einer Eruption bekommen, wollen wir, ohne solche
ausführliche Beschreibungen von Ausbrüchen anderer Vulkane noch anzufügen, etwas näher die einzelnen Phasen
eines solchen Vorganges betrachten und dieselben noch

einmal so kurz an uns vorübergehen lassen, wie sie ge=
wöhnlich nach einander auftreten.

Meist gehen den Ausbrüchen mehr oder weniger auf=
fallende Erscheinungen voraus, die als Vorboten des
nahenden Sturmes von den Bewohnern vulkanischer Ge=
genden wohl beachtet und in ihrer Bedeutung erkannt
werden. Leichte Erderschütterungen mit unterirdischen Ge=
räuschen, Veränderungen des Kraters, Spaltenbildungen
im Berge werden als die gewöhnlichsten Vorboten be=
trachtet. Häufig bemerkt man auch, daß Quellen und
Brunnen versiegen, an hohen mit Schnee bedeckten Bergen
schmilzt oft sehr rasch derselbe an dem Gipfel hinweg,
namentlich an dem Cotopaxi hat man diese Erscheinung
sehr oft beobachtet. Aus dem Krater steigen nun immer
dichter und dunkler Dampf und Rauchwolken empor, sie
reißen immer mehr Sand, Steinchen und größere Trüm=
mer mit sich in die Höhe, wohl größtentheils herstammend
von den alten, den Kanal in der Tiefe verstopfenden Massen.
Auch jetzt dauern die Erschütterungen begleitet von furcht=
barem Getöse fort, meist steigt dann nach einem besonders
gewaltigen Stoße, der oft von lautem Gekrache begleitet
ist, zugleich mit einer ungeheueren Anzahl von Steinen
eine riesige, unbewegt über dem Krater stehende Feuer=
säule empor. Wie eine feurige Garbe breiten sich die aus=
geschleuderten Massen aus, stürzen theils in den Krater,
unter lautem Geprassel auf die nachkommenden stoßend,
wieder zurück, theils fallen sie, in großem Bogen über den
Kraterrand fliegend, am Fuße oder in noch größeren Ent=
fernungen von dem Vulkane zur Erde nieder. Dichte
Dampfwolken steigen in gewaltige Höhen und geben Ver=

anlaſſung zu den heftigſten Gewittern und wolkenbruch=
artigen Regengüſſen, die, mit der Aſche ſich vereinigend,
jene verheerenden Schlammſtröme bilden, die oft mehr
Schaden anrichten, als die eigentlichen Lavamaſſen. End=
lich, aber nicht bei jeder Eruption aller Vulkane haben die
glühenden flüſſ.gen Maſſen, die unter dem gemeinſchaft=
lichen Namen Lava bekannt ſind, den Rand des Kraters
erreicht oder an einer andern Stelle des durch die heftigen
Erſchütterungen zerriſſenen Berges ſich Bahn gebrochen
und ſchießen nun anfangs mit Windeseile den Abhang des
Berges hinab, alles entzündend und verſengend, was ſich
ihrem Laufe entgegenſetzt, langſam unter einer Schlacken=
kruſte ſich fortwälzend und noch immer heiße Dämpfe aus=
ſtoßend, wenn ſie am Fuße auf weniger geneigtem Boden
ſich bewegt. Mit dem Lavaerguß iſt gewöhnlich die Erup=
tion auf ihrem Höhepunkte angelangt, die Erſcheinungen
verlieren ſich allmählich in umgekehrter Ordnung, wie ſie
gekommen. Die Lavaergüſſe hören zuerſt auf, der Stein=
regen läßt nach, der Feuerſchein verliert ſich, die Rauch=
wolke wird weniger dicht und dunkel, zuletzt ſieht man nur
noch eine leichte, dünne Rauchwolke ſich erheben, auch dieſe
verliert ſich und der Vulkan verſinkt nun wieder in tiefere
oder weniger tiefe Ruhe von längerer oder kürzerer Dauer.

Wir wollen die wichtigſten dieſer einzelnen Vorgänge
nun etwas näher betrachten.

Unter den Vorboten und Anfängen der Eruption
ſind es die Erſchütterungen des Bodens, welche
wir als die wichtigſten zu betrachten haben, ſie zeigen,
daß die unterirdiſchen Kräfte ihr Spiel gegen die Ober=
fläche bereits begannen. Oft in leichten Stößen unter

Fig. 22. Eruption des Vesuvs von 1737.

7*

eigenthümlichen Geräusche, wie es vor Beginn der Erup=
tion von 1631 bemerkt wurde, oft aber auch in eigent=
lichen Erdbeben kündigen sie sich an. Sie werden in vielen
Fällen nur in der Umgebung des Berges selbst verspürt,
manchmal breiten sie sich aber auch über große Länder=
strecken aus, zuweilen sind sie nur am Anfange einer
Eruption bemerklich, öfters begleiten sie dieselbe ihre ganze
Dauer hindurch und steigern sich zu den heftigsten Beweg=
ungen des Bodens, so daß Häuser und Mauern nieder=
stürzen. Welche Gewalt dieselben haben, das zeigte unter
andern die Eruption des Aetna vom Jahre 1669, bei
welcher durch dieselben der Berg vom Gipfel gegen den
Fuß zu förmlich gespalten wurde. Es bildete sich eine
Kluft von 6 Fuß Breite und 3 Meilen Länge und mit
einer Verschiebung der beiden Theile gegen einander. Auch
bei einer Eruption im Jahre 1832 hat man eine ähnliche
Verrückung der beiden Seitenwände einer Spalte und zwar
um 3 Fuß beobachtet. Nun erheben sich aus den Spalten
des Kraters Dampf= und Rauchmassen, bald be=
gleitet von gröberen Stoffen. Die Dampfmassen sind un=
zweifelhaft Wasserdampf, dem mancherlei Gase bei=
gemengt sind, das dunkle Aussehen dieser Massen wird
vorzugsweise durch die s. g. Asche bedingt, die im feinsten
staubartigen Zustande aschgrau erscheint, aber sonst keine
Aehnlichkeit mit der Asche hat. Sie wird von den Däm=
pfen mit in die Höhe gerissen und, wie wir bereits oben
angegeben haben, oft auf ungeheure Entfernungen von
den Winden fortgeführt. Die Dampfwolken verdichten sich
nun, da in der Höhe, bis zu welcher sie sich erheben, die
von Manchen zu 10,000 Fuß über dem Gipfel angegeben

wird, eine sehr niedrige Temperatur herrscht und erzeugen
so die furchtbaren Regengüsse, die auf und um den Berg
herum fallen und beim Herabstürzen von den steilen Ab=
hängen des Berges mit der Asche sich zu den so gefürchteten
Schlammströmen vereinigen. Diese Wassermassen ver=
mehren sich noch im hohen Grade, wenn die Gipfel der
Vulkane mit Schnee und Eis bedeckt sind, wie dieses bei
den sehr hoch emporsteigenden amerikanischen oder bei den
in hohen geographischen Breiten liegenden, z. B. bei denen
der Insel Island, der Fall ist. Auch an dem Aetna sind
öfters schon Eruptionen beobachtet worden, bei welchen
Lavaströme plötzlich ungeheuere Eis= und Schneemassen
zum Schmelzen gebracht und dadurch so gewaltige Wasser=
ströme erzeugt haben, daß man selbst glaubte, der Berg
hätte das Wasser ausgespieen. Am entsetzlichsten sind diese
Fluthen bei den Vulkanen der Insel Island, wo sie die
großartigsten und verheerendsten Ueberschwemmungen er=
zeugen. Bei der furchtbaren Eruption des Katlegiaa im
October 1755 schmolz gleich beim Beginne derselben eine
so ungeheure Masse Schnee und Eis, daß Eisblöcke von
den Gletschern, welche den Berg umlagern, bis zu Haus=
größe mit hinabgetragen, Sand und Steine in unglaub=
licher Menge mit fortgerissen und eine 10 Meilen lange
und 5 Meilen breite Fläche vollständig verschüttet wurde.
Vom Jahre 1721 an wiederholten sich die Ausbrüche und
diese Ueberschwemmungen in einem solchen Grade, daß
die Eismassen einen 3 Meilen weit in das Meer hinein=
ragenden Wall um die Küste bildeten.

Man hat oft über den Ursprung der Wassermassen,
welche bei vulkanischen Eruptionen von den Bergen sich

herabwälzen, die verschiedenartigsten Vermuthungen aus=
gesprochen. Bei vielen derselben hat eine genauere Unter=
suchung ergeben, daß außer dem Regen nur noch die von
ihm geschmolzenen Schnee= und Eismassen die Fluthen
erzeugten. Doch sind auch namentlich an den amerikani=
schen Vulkanen schon häufig Wassermassen geliefert wor=
den, die, zum Theile wenigstens, aus unterirdischen Höh=
lungen und mit Wasser gefüllten Spalten herrühren muß=
ten. Sie enthielten nämlich schon oft kleine Fische in
größerer Menge, die nur in solchen Wasseransammlungen
unter der Oberfläche leben. Wen man sich vergegenwär=
tigt, wie durch die Eruption eines Vulkanes derselbe nach
allen Seiten von Klüften und Spalten durchzogen wird,
die jedenfalls in große Tiefen hinabführen, wie im Berge
selbst und unter ihm ungeheuere Hohlräume vorhanden
sein müssen, da dabei stets von seinem eigenen Körper
Theile mit in die Höhe geschleudert werden, so leuchtet
sofort auch ein, daß es an Hohlräumen in ihm nicht fehlt,
in denen sich das atmosphärische Wasser ansammeln kann.
„Vulkane, welche, wie die der Andeskette, ihren Gipfel
hoch über die Grenze des ewigen Schnees erheben, bieten
eigenthümliche Erscheinungen dar. Die Schneemassen er=
regen nicht blos durch plötzliches Schmelzen während der
Eruption furchtbare Ueberschwemmungen, Wasserströme,
in denen dampfende Schlacken auf dicken Eismassen schwim=
men; sie wirken auch ununterbrochen, während der Vulkan
in Ruhe ist, durch Infiltration in die Spalten des Trachyt=
gesteins. Höhlungen, welche sich an dem Abhange oder
am Fuße der Feuerberge finden, werden so allmählich in
unterirdische Wasserbehälter verwandelt, die mit den

Alpenbächen des Hochlandes von Quito durch enge Oeff=
nungen vielfach communiciren. Die Fische dieser Alpen=
bäche vermehren sich vorzugsweise im Dunkel der Höhlen:
und wenn dann Erdstöße, die allen Eruptionen der Andes=
kette vorhergehen, die ganze Masse des Vulkans mächtig
erschüttern, so öffnen sich auf einmal die unterirdischen
Gewölbe und es entsteigen ihnen gleichzeitig Wasser, Fische
und tuffartiger Schlamm. Dies ist die sonderbare Er=
scheinung, welche der kleine Wels der Cyclopen*), die
Prennadilla der Bewohner der Hochebene von Quito ge=
währt. Als in der Nacht vom 19. zum 20. Junius 1698
der Gipfel des 18,000 Fuß hohen Berges Carguairazo
zusammenstürzte, so daß vom Kraterrande nur zwei unge=
heuere Felshörner stehen blieben, da bedeckten flüssiger
Tuff und Unfruchtbarkeit verbreitender Lettenschlamm
(Lodazales), todte Fische einhüllend, auf fast 2 Quadrat=
meilen die Felder umher. Ebenso wurden 7 Jahre früher
die Faulfieber in der Gebirgsstadt Ibarra, nördlich von
Quito, einem Fischauswurfe des Vulkans Imbaburu zu=
geschrieben." (A. v. Humboldt. Kosmos I.)

Für niedrigere und dem Meere sehr nahe Vulkane
hat man selbst eine unmittelbare, wenn auch nur vorüber=
gehende Verbindung mit dem Meere in der Tiefe ange=
nommen. Bei den heftigen Erschütterungen des Bodens
während einer Eruption und den Zerreißungen und Spal=
tungen derselben ist die Möglichkeit der Herstellung einer
solchen wohl denkbar, wenn auch schwer erweisbar. Doch
möchten wohl alle Geologen zugestehen, daß die unge=

---

*) Pimelodes Cyclopum, eine Welsart.

heueren Massen von Wasserdampf, welche einem Bulkane
während einer Eruption entströmen, wohl kaum atmo=
sphärischem Wasser allein ihren Ursprung verdanken und
die Beobachtung, daß alle Bulkane an Meeren oder in
der Nähe großer Wasseransammlungen sich befinden, macht
es mehr als wahrscheinlich, daß in der Tiefe Wasser in
den Bulkan eintreten kann und muß. Wenn wir die
Frage nach der Ursache der vulkanischen Erscheinungen
besprechen, werden wir noch einmal auf diesen Gegen=
stand zurückkommen.

Nächst der Wolke und ihren Regengüssen ist es die
Asche, welche von jeher die Aufmerksamkeit in besonderem
Grade erregt hat. Daß sie nicht der Rest einer verbrenn=
lichen Substanz ist, braucht wohl kaum erwähnt zu wer=
den, sie verdankt ihren Namen nur dem Umstande, daß
sie ein der Asche ähnliches, meist graues Pulver darstellt,
doch hat sie auch manchmal eine schwarze, braune oder
gelbe Farbe. Die chemische Untersuchung ergiebt, daß sie
aus denselben Bestandtheilen zusammengesetzt ist, wie die
Lava, also als höchst fein vertheilte Lava zu betrachten ist.
Weniger einig sind die Ansichten darüber, wodurch sie in
den feinpulverigen Zustand versetzt wird. Daß bei dem
furchtbaren Aufeinanderstoßen der tausende von Fußen in
die Höhe geschleuderten Steine, wenn sie herabfallen und
sich mit den eben im Aufsteigen begriffenen treffen, ein
großartiger Zertrümmerungs= und Zerstäubungsproceß
stattfinden muß, ist wohl außer allem Zweifel, bei der
ungeheueren Menge der Asche dürfte jedoch diese Ent=
stehungsart derselben allein kaum eine ausreichend ergie=
bige Quelle für dieselbe liefern und man hat deswegen

auch andere Bildungsweisen für diefelbe angenommen.
Die Beobachtung, daß dem Durchmeffer des Kraters ent=
fprechende gewaltige Dampfblafen fort und fort während
der Eruption aus demfelben auffteigen und fofort fchon
Afche mit fich in die Höhe führen, macht die Annahme
fehr wahrfcheinlich, daß durch diefe heftig hervorbrechen=
den Dampfmaffen ein Theil der Lava in feine an der Luft
rafch erhärtende Tröpfchen zerftiebe, wie wenn aus einer
Sprite Luft mit Waffer gemifcht ausgetrieben wird.

Die Menge der Afche, welche den Vulkanen ent=
fteigt, ift eine ganz unglaublich große, ebenfo die Entfer=
nung, bis zu welcher fie getragen wird. Wir haben bei
der Schilderung des Ausbruches des Vefuves vom Jahre
1631 fchon erwähnt, daß fie bis nach Konftantinopel,
d. i. 157 g. M., weit getragen wurde. Daßfelbe be=
richtet Procopius von dem Ausbruche 472 n. Chr. Geb.
Es find aber Beifpiele bekannt, daß felbft auf noch größere
Entfernungen hin diefelbe getragen wurde. Bei der
furchtbaren Eruption des kleinen Vulkanes Cofiguina auf
der Landenge von Panama 1835 fiel die Afche desfelben
in Kingfton auf der Infel Jamaica, alfo in einer Ent=
fernung von 170 g. M., noch fo reichlich, daß fich der
Himmel vollftändig verdunkelte, und bei einem Ausbruche
des Tomburu auf der Infel Sumbava im Jahre 1815
wurde die Afche bis nach Benkulen auf der Weftküfte von
Sumatra, alfo bis auf 240 g. M., getragen. Daß die
Menge derfelben in folchen Fällen eine ganz ungeheuere
fein müffe, ergibt eben eine einfache Betrachtung des
Flächenraumes, über den fie fich ausbreitet. Doch ift es
fehr fchwer, wegen der fehr wechfelnden Dicke, die ihre

Lager an den verschiedenen Stellen erreichen, eine genaue Schätzung derselben vorzunehmen. Wo man aber eine solche versucht, zeigt sich, daß die Menge der Asche oft viel beträchtlicher ist, als die des ganzen Berges. Es sind nicht die größeren Vulkane, welche die verheerendsten Aschenauswürfe zeigen, die stärksten sind gerade von niedrigeren Vulkanen geliefert worden. Bei der erwähnten Eruption des kleinen Cosiguina war der Aschenauswurf ein so bedeutender, daß eine vollständige Finsterniß in einem Umkreise von 35 Meilen um den Vulkan stattfand. Noch mächtiger war der Aschenfall bei dem Ausbruche des Tomburu auf der Insel Sumbava im April 1815. Er verwüstete nicht nur diese Insel vollständig, so daß alle Vegetation erstickte, sondern erstreckte sich in nördlicher Richtung bis nach Celebes, 40 M. weit, und über Java westlich, 70 M. weit, in solcher Stärke, daß über diesen ganzen Raum der Tag in dunkle Nacht verwandelt wurde. An der Ostküste Java's lag dieselbe noch 9 Zoll tief, am Fuße des Berges 4 Fuß. Nach Zollinger's Berechnungen bedeckte die Asche einen Flächenraum von 46,000 g. O.=M., der ungefähr viermal so viel als Deutschland umfaßt, und ihre Menge betrug $2\frac{1}{2}$ g. K.=M. Vergleichen wir dieselbe mit der Masse eines ganzen Berges, so finden wir sofort, welche gewaltigen Mengen fester Substanz in der feinen Asche und den kleinen Sandkörnchen, als welche die gröberen Theile derselben erscheinen, aus dem Innern der Erde hervorkommen. Der Vesuv z. B. hat bei einem Durchmesser seiner Basis von $1\frac{1}{2}$ g. M. ca. $\frac{1}{7}$ g. M. Höhe einen Kubikinhalt von $\frac{1}{12}$ g. M. Die Asche des Tomburu würde daher hinreichen, 30 Berge von dem Umfange des Vesuvs aufzuschütten. Bedenkt man nun, wie oft sich an einem und demselben Vulkane diese Ausbrüche wiederholen; daß jeder solche Massen, wenn auch nicht immer in gleich hohem Betrage, zu Tage fördert, daß neben der Asche auch noch andere Producte mit heraufkommen, besonders als Lava, so kann man sich denken, welche ungeheuere Höhlungen unter dem Berge im weiten Umkreise in der Tiefe sich bilden müssen, und erkennt daraus sofort, daß man in den vulkanischen Eruptionen nicht ein rein ört= liches, nur auf den Berg und seine nächste Umgebung beschränktes Phänomen vor sich habe.

Bei der Schilderung der beiden Ausbrüche des Vesuvs wurde der heftigen Gewitter schon Erwähnung gethan, welche ein nie fehlender Begleiter derselben sind. Wie bei den schwersten Gewittern zucken die Blitze unaufhör= lich aus der dunkeln über dem Berge sich ausbreitenden Wolke und in schauerlicher Weise antwortet dem Brüllen der Erde der Donner vom Himmel. Es ist schon öfter vorgekommen, daß von diesen Blitzen Menschen erschlagen wurden. Bei der gewaltigen Eruption des Katlegiaa auf Island im Jahre 1755 wurden von einem solchen Strahle zwei Landleute nnd elf Pferde getödtet. Die Entstehung dieser so heftigen, aber nur auf die Gegend um den Berg beschränkten Gewitter hat durch eine zufällige Endeckung vor wenigen Jahren eine befriedigende Aufklärung gefun= den. An einem Dampfkessel einer Maschine war ein Riß entstanden, aus dem sehr heftig Dampf ausströmte. Zu= fällig berührte Jemand den Kessel und bemerkte eine starke electrische Entladung, wie von einer kräftigen Electrisir=

maſchine. Nähere Unterſuchungen führten nun zu der
Entdeckung, daß aus einer verhältnißmäßig engen Oeff=
nung ſehr raſch ausſtrömender Waſſerdampf eine beträcht=
liche Menge Electricität erzeuge und man hat darauf ge=
ſtützt förmliche Dampfelectriſirmaſchinen conſtruirt. Eine
ſolche Dampfelectriſirmaſchine im großartigſten Maßſtabe
ſtellt nun ein Vulkan im Zuſtande der Eruption dar.
Wenn man den oft mehrere tauſend Fuß betragenden
Durchmeſſer eines Kraters und die ungeheueren mit
raſender Schnelligkeit aus demſelben hervorbrechenden
Dampfmaſſen ſich vergegenwärtigt, wird man das Ent=
ſtehen dieſer Gewitter wohl begreiflich finden.

Neben dem Rollen des Donners in den Wolken wirkt
aber in gleicher Weiſe betäubend das entſetzliche Ge=
töſe, welches der Berg während ſeiner Thätigkeit ver=
urſacht. Bald als ein furchtbares Krachen und Praſ=
ſeln, bald als ein wüthendes Gebrülle, bald wie eine
Salve aus grobem Geſchütz, wird derſelbe von Augen=
zeugen geſchildert. Mancherlei Vorgänge erzeugen dieſen
wahrhaft infernaliſchen Lärm. Das Aufeinanderpraſſeln
der eben im Fallen begriffenen Steine mit den eben aus=
geſchleuderten, das Auffallen der zahlloſen größeren, fuß=
ja hie und da klaftergroßen Blöcke auf den Berg, das
Ziſchen der hervorbrechenden Dampfmaſſen, vor Allem
aber die uns unſichtbaren Vorgänge im Innern des Berges,
die offenbar einen exploſionsartigen Charakter an ſich tra=
gen, erzeugen dieſelben. Kein Donner, kein irdiſches anderes
Getöſe kommt demſelben an Heftigkeit nur im Geringſten
nahe, keines wird auch nur auf den zehnten Theil der
Entfernung vernommen, wie die gewaltige Stimme der

Vulkane. So hörte man bei der großen Eruption des
Kotopaxi im Jahre 1744 noch in der Stadt Honda
am Magdalenenflusse, 109 g. M. nördlich von demselben, sein Toben wie unterirdischen Kanonendonner.
Die eigenthümlichen, momentan auftretenden, furchtbaren
Detonationen, welche bei allen heftigeren Eruptionen angegeben werden, waren bei dem schon erwähnten Ausbruche des Cosiguina in Central-Amerika so gewaltig, daß
sie noch bei Sta. Fè de Bogota in Süd-Amerika, 230
Meilen davon, deutlich wie das ferne Rollen des Donners
vernommen wurden. Aber auch diese Leistung war nicht
die stärkste, die man in dieser Beziehung kennt. Als der
Tomburu auf Sumatra bei derselben Eruption, welche
auch durch ihren furchtbaren Aschenregen so ausgezeichnet
war, seine Stimme erhob, wurde dieselbe auf der Insel
Java in der Stadt Joghakerta, 95 Meilen vom Vulkane
entfernt, so entschieden für Kanonendonner genommen,
daß eine Truppenabtheilung aufbrach in der Absicht, dem
vermeintlich angegriffenen benachbarten Militärposten zu
Hülfe kommen zu müssen. Bis auf die Insel Sumatra,
in einer Entfernung von 260 g. M., also so weit wie
vom Aetna nach der Insel Rügen, wurde das Brüllen des
Berges deutlich vernommen. Auch das spricht dafür, daß
der Ursprung dieser heftigen Getöse im Innern der Erde
seinen Sitz haben muß und unmittelbar im Boden selbst
auf so große Entfernungen fortgeleitet werde.

Mitten in diesem Aufruhre und Toben des Berges
erhebt sich meist nach einer heftigen Erschütterung und
lautem Krachen in Riesengröße eine gewaltige Feuersäule. „Selbst Sturmwinde vermögen sie nicht zu beugen,

und während Wolken und Rauch, Asche und Steine durch
die Winde über das Land fortgeführt werden, so steht die
hohe Feuersäule immer senkrecht auf dem Vulkane und
Asche und Steine fliegen horizontal an ihr vorbei."
(L. v. Buch.) Schon das läßt erkennen, daß wir es hier
nicht mit hoch emporlobernden Flammen zu thun haben,
denn die würde der Sturmwind beugen, sondern mit
einem Feuerscheine. Es sind die aus dem Krater aus=
geschleuderten Massen, Steine, Asche und emporgewirbelte
Lavafragmente, welche theils selbst glühend sind, theils
von der wie geschmolzenes Eisen ein intensives blendendes
Licht ausstrahlenden Lava grell beleuchtet, diese scheinbare
Feuersäule erzeugen. Sie erreicht deswegen dieselbe Höhe
und dieselbe Breite, wie die ausgeworfenen Massen. Die
feuerspeienden Berge speien also kein Feuer; nur hie und
da, aber mehr, wenn die Vulkane im Zustande der Ruhe
sind, zeigen sich aufzuckende Flämmchen, von brennendem
Gase oder Schwefel herrührend. Namentlich bei einigen
Vulkanen der Sandwichinseln ist dieses beobachtet worden,
doch sieht man sie nur, wenn man dem Krater sich nähert,
und sie tragen nichts zur Feuersäule bei, welche den
Vulkanen den Namen feuerspeiende Berge verschafft haben.
So beschreibt Ellis den mit Lava gefüllten Krater von
Kilauea auf Hawai, den er 1823 besuchte, folgender=
maßen: „Unmittelbar vor uns gähnte ein ungeheurer
Schlund in der Form des Halbmondes, etwa 2 engl.
Meilen lang, 1 breit und anscheinend 800 Fuß tief. Der
Grund war mit Lava gefüllt und der südwestliche und
nördliche Theil desselben war eine breite Fluth flüssigen
Feuers in einem Zustande furchtbarem Aufwallens, hin

und herrollend ihre feurigen Wogen und flammenden
Wellen.   51 Kratere von verschiedener Form und Größe
erhoben sich wie Inseln aus der Fläche des brennenden
Sees.   22 stießen fortwährend Säulen grauen Rauches
oder Pyramiden glänzender Flammen aus, manche von
ihnen ergossen aus ihren feurigen Mündungen Ströme
glühender Lava, welche in flammenden Strömen die
schwarzen zackigen Seiten hinab in die kochende Masse an
ihrem Fuße sich stürzten. — Zwischen 9 und 10 Uhr
Abends verzogen sich allmählich die dunkeln Wolken und
der dichte Nebel, die seit Sonnenuntergang über dem
Vulkane hingen.   Die bewegte Masse der flüssigen Lava
wie eine Fluth geschmolzenen Metalles tobte in wilden
Wirbeln.   Die lebhafte Flamme, welche über ihre wogende
Fläche hintanzte, in bläulicher Farbe des Schwefels oder
glühend in Roth, warf einen hellen Glanz von wechseln=
dem Licht auf die zackigen Seiten der Inselkratere, die
brüllend aus ihren Oeffnungen unter lobernden Flammen
stoßweise unter den heftigsten Detonationen kugelige Mas=
sen geschmolzener Lava oder lebhaft glühende Steine aus=
warfen." Es ist also an dem Vorkommen von Flammen
bei einigen vulkanischen Eruptionen nicht zu zweifeln.
Das häufige Vorkommen von Schwefel in den Spalten
derselben läßt vermuthen, daß Schwefel und auch Schwefel=
wasserstoff diese erzeugen.   Andere brennbare Substanzen
finden sich in den Vulkanen nicht, das Vorkommen von
Wasserstoff ist zwar auch schon für einige nachgewiesen
worden, auch Dämpfe von Bergöl wollen manche Beob=
achter wahrgenommen haben.   Nirgends sind diese brenn=
baren Stoffe aber in solcher Menge angetroffen worden,

daß ihr Brennen etwas zu der Erscheinung der kolossalen über dem Krater stehenden Feuersäule beitragen könnte, um so weniger, als die beiden erstgenannten eine unge= mein schwach leuchtende Flamme geben.

Schon als wir die Entstehung der Asche besprachen, haben wir der andern Auswurfsstoffe, Steine, Blöcke und Lavabrocken Erwähnung gethan, welche in die Höhe geworfen werden, und wollen auch diese noch etwas näher betrachten. Ihrer mineralogischen Beschaffen= heit nach zeigen sie sich sehr verschieden zusammengesetzt, auch ihre Größe ist eine sehr ungleiche. Alle Gesteine, aus welchen der Berg zusammengesetzt ist, finden sich unter ihnen, doch bestehen sie vorwiegend aus den Schmelz= ungsprodukten verschiedener Eruptionen, namentlich im Anfange sind es vorzugsweise die Massen, welche die Kommunikation mit dem Innern durch den vom Krater hinabreichenden Kanal aufgehoben hatten, also alte, erkal= tete Lava. Aber auch von der neuen flüssigen Lava wer= den Theile von den Dämpfen mit in die Höhe gerissen und je nach dem Grade ihrer Flüssigkeit in die wunder= lichsten Formen gebracht. Wie gewundene Taustücke er= scheinen sie oft; erhalten sie eine drehende Bewegung und einen etwas seitlich gerichteten Stoß, so nehmen sie bei ihrem Fluge durch die Luft Kugelform an, die sie beibe= halten, wenn sie fest geworden sind, ehe sie den Boden erreichen. Es sind dieses die s. g. vulkanischen Bom= ben. Kommen sie noch etwas erweicht zur Erde nieder, so platten sie sich durch das Aufstoßen zu breiten Scheiben ab. Alle diese Auswürflinge zeigen die verschiedenste Größe, von der einer Staub= und Sandkornes finden sich

alle Zwischenstufen bis zu der klaftergroßer Blöcke. Die
Größe der vulkanischen Bomben schwankt in der Regel
zwischen der einer Faust und eines Kopfes, doch hat man
auch schon solche von 50—60 Pfund Gewicht gefunden,
ja im Jahre 1832 warf der Vesuv, auch seinerseits den
neueren Fortschritten der Artillerie nachahmend, solche
Vollkugeln von 250 Pfund aus.

Die größeren Blöcke sind seltener, doch finden wir
von den meisten Vulkanen, deren Ausbrüche genauer
beobachtet wurden, Beispiele von sehr großen Auswürf=
lingen erwähnt. Der Vesuv hat im Jahre 1822 Blöcke
von 8 Fuß Durchmesser ausgeworfen, ja Dufrenoy fand
an demselben Vulkane solche von 12 und 15 Fuß Durch=
messer. Eine ähnliche Größe hatten die von den beiden
niedrigen Vulkanen Central = Amerika's Cosiguina und
Isalco ausgeschleuderten Trachytblöcke, die nach Wagner
mehr als 1000 Centner wogen, also ungefähr 660 Kubik=
fuß enthielten.

Auch von diesen gröberen Auswürflingen liefert eine
einzige Eruption oft ganz erstaunliche Massen. So warf
im Jahre 1772 der Papandajang auf Java fort und
fort eine solche Menge dieser Trümmer aus, daß 40 im
oberen Garutthale gelegene Dörfer verschüttet und ganze
Hügel aufgethürmt wurden. Die damals überschüttete
Fläche bildet ein großes Trümmerfeld von 2 Meilen
Länge und ist durchschnittlich 40 Fuß dick überlagert,
eine Menge von Blockhügeln ragen bis 100 Fuß empor.

Wie das große Gewicht dieser Auswürflinge, so be=
zeugt uns auch die bedeutende Höhe, zu welcher sie empor=
geschleudert werden, die furchtbare Gewalt, welche in den

Vulkanen sich einen Ausweg sucht. Theils durch Schätz=
ungen, zu welcher die Höhe des Berges selbst den nahe=
liegenden Maßstab liefert, theils durch Messungen hat
man gefunden, daß dieselben in senkrechter Richtung 6 bis
10,000 Fuß hoch emporgetrieben wurden, in schräger
Richtung hat der Kotopaxi schon Blöcke $1^3/_4$ Meilen weit
hinausgeworfen.

Das bekannteste aller vulkanischen Produkte, zugleich
dasjenige, was man für das hält, welches für die vul=
kanische Thätigkeit am bezeichnendsten sei, sind die Lava=
ströme.

Wenn dieselben an der Mehrzahl der Vulkane bei
jeder eigentlichen Eruption auch nie ganz fehlen, so gibt
es doch auch viele Feuerberge, namentlich unter den hohen
der Anden, welche häufig auch nicht den kleinsten Lava=
erguß zeigen. Auch bei den Vulkanen, welche solche in
der Regel liefern, wird sie in ihrem Betrage meistens
überschätzt, obschon hie und da, wie wir weiter unten
sehen werden, Lavaströme von einem ganz erstaunlichen
Volumen aus einzelnen Bergen hervorgebrochen sind. Um
zunächst den Begriff des Wortes Lava genau festzusetzen,
so versteht man darunter alle die Massen, welche im ge=
schmolzenen heißflüssigen Zustande aus dem Vulkane her=
ausgefördert wurden, so verschiedenartig auch das Aus=
sehen und die chemische Zusammensetzung derselben sein
mag. Ueber diese, d. h. über die einzelnen Mineralien,
welche in ihr zusammengeschmolzen angetroffen werden,
ist man nicht in allen Fällen ganz im Reinen. Im
Ganzen untersucht, zeigt sie sich aus Kieselsäure mit
verschiedenen Erden und Metalloryden zusammengesetzt,

und von einzelnen Mineralien hat man vorzugsweise
Augit, Labradorfeldspath und Magneteisen als wesentliche
Gemengtheile erkannt, als deren Begleiter oder Vertreter
auch Hornblende, Leucit und andere angetroffen werden.
Ebenso mannigfach, wie die mineralogische Zusammen=
setzung, sind auch das Aussehen und die Formen der
Lava. Auf letztere ist von wesentlichem Einfluß die Art
des Fließens und des Erkaltens derselben, die wiederum
abhängig sind von der Neigung des Bodens über welchen,
und der Menge, in welcher sie sich ergoß.

In der Regel fließt die Lava, nachdem in der ersten
Zeit des Ausbruches die früheren erkalteten und den Kanal
nach unten verschließenden Gesteine beseitigt und aus=
geworfen worden sind und der Krater ganz mit flüssiger
Masse angefüllt ist, über den Rand desselben ab. Bei

Fig. 23.

sehr hohen Bulkanen kommt dieselbe aber auch häufig
schon aus irgend einer Spalte mehr oder weniger tief
unter dem Gipfel hervor, bald hier bald da sich einen
Ausweg verschaffend. Diese Seitenausbrüche zeigen oft
ein wunderbares Schauspiel, nämlich eine mehrere hun=
dert Fuß hoch aufsteigende Kaskade flüssiger Lava. Diese
Feuerspringbrunnen verdanken ihre Entstehung wahr=
scheinlich dem Drucke der dem Gipfel näheren Lavasäule.

Ist nämlich die Lavasäule im Berge durch den Haupt=
kanal bis a gelangt und öffnet sich bei b eine Spalte,
so muß nach den Gesetzen der Hydrostatik sofort die
flüssige Lava daselbst in die Höhe springen, und zwar um
so höher, je größer der Höhenunterschied zwischen a und b
ist. Der Umstand, daß noch nie eine solche Kaskade aus
den Gipfeln der Kratere hervorgequollen, daß sie oft von
sehr vorübergehender Dauer waren, macht es ebenfalls
höchst wahrscheinlich, daß in diesem mechanischen Verhält=
nisse allein der Grund für dieselben zu finden sei. Im
großartigsten Maßstabe zeigte sich diese Erscheinung bei
dem Ausbruche des Mana Loa auf Hawai. Aus einem
etwa 3000 Fuß unter dem 13,950 Fuß hohen Gipfel
liegenden Seitenkrater stieg die flüssige Lava wochenlang
empor. „Der Krater war ohngefähr 150 Fuß hoch und
hatte 200 Fuß im Durchmesser. Aus demselben spru=
delte flüssige Lava bis zu einer Höhe von 300—400 Fuß
über seinen Rand. In Form und Bewegung glich sie
einer mächtigen Fontäne oder Wasserstrahlen, obwohl sie
etwas weniger beständig ihre Gestalt behielt. Jetzt war
sie ungewöhnlich hoch und ganz schmal an der Spitze, im
nächsten Augenblicke weniger hoch, aber sehr breit. Bei
Nacht, und von einer passenden Stelle in der Nähe, war
der Anblick des Strahles nach Mr. Faudrey, dem ein=
zigen, welcher den Krater während des Springens er=
reichte, über alle Beschreibung großartig.“

Stürzt die Lava, nachdem sie den Kraterrand über=
stiegen oder durch eine Spalte hervorgekommen, über den
Abhang des Berges herab, so sieht man sie über die stei=
leren Stellen mit rasender Schnelligkeit hinabeilen. Sie

ist so dünnflüssig wie Wasser, so daß sie die jähen Ab=
hänge nicht mehr in zusammenhängenden Strömen, son=
dern in einzelnen Kaskaden hinabstürzt. Der Berichter=
statter über den oben erwähnten Ausbruch des Mauna
Loa gibt davon folgende Beschreibung*): Den nächsten Tag
besuchten wir die Stelle, wo der Strom zuerst an die
Oberfläche tritt. Hier fanden wir die Lava nach ihrem
unterirdischen Laufe (in Spalten und Höhlungen, die sich
vom Krater aus mehrere Meilen bergabwärts zogen)
hervorbrechen und in Katarakten und Stromschnellen so
dahinstürzen, daß man ihr mit den Augen kaum folgen
konnte. Die Lava war weißglühend und offenbar so flüssig
wie Wasser. Drei Tage nachher besuchte er denselben
Strom, der noch · mit gleicher Macht hervorbrach, und
sagt von demselben: „Dem Strome folgend, waren wir
im Stande, an seiner Südseite ihn zu begleiten, da ein
starker Wind von dieser Seite kam, so konnten wir gut
gehen und ruhig bis auf wenige Fuße uns seinem Bette
nähern. Seine Breite war 20—100 Fuß, aber seine
Schnelligkeit unglaublich groß. Einige unserer Gesellschaft
schätzten sie auf 100 (engl.) Meilen in der Stunde. Wir
konnten sie nicht genau berechnen, weil Stücke erkalteter
Lava, die wir hineinwarfen, augenblicklich untergesunken
und geschmolzen wären. Die Schnelligkeit erschien sicher
wie die eines Bahnzuges. 8 oder 10 Meilen weit bildete
der Strom eine ununterbrochene Reihe von Kaskaden,
Stromschnellen, Krümmungen und Wirbeln, dazwischen
einen größeren Fall. Einige dieser Erscheinungen ver=

---

*) Brigham, The Hawaian Islands.

anlaßte der Boden, andere die Lava selbst. Hier hatte er sich Ufer aufgebaut, dort durch Wegschmelzung des Grundes sein Beet vertieft. Der Strom selbst floß anmuthiger (more gracefully) als Wasser. In Folge seiner unge= heueren Schnelligkeit und der geringeren Beweglichkeit seiner kleinsten Theilchen nahm auch seine Oberfläche die= selbe Form an, wie sie der Boden hatte, über welchen sie floß. Er bot daher nicht nur Einbiegungen, sondern auch scharfe Rücken dar. An einigen Stellen schoß der Strom ein paar Fuß weit unter einem Winkel von 5—10 Grad, ja einmal von 25 Grad in die Höhe. Wo die Wendungen des Stromes sehr scharf waren, zeigte sich selbst die Außenseite höher als die innere, einige Male war dieses so stark, daß sich die äußere Seite spiralig über die innere umbog."

Je weiter nun die Lava bergabwärts vorrückt, desto mehr kommt sie auf einen weniger geneigten Boden, desto weniger dünnflüssig wird sie auch, indem sie durch die Abkühlung allmählich in einen zähflüssigen Zustand ver= setzt wird. Die Oberfläche eines Stromes überzieht sich dann auf allen Seiten mit erhärteten Lavastücken, wäh= rend im Innern dieselbe noch lange flüssig und beweglich bleibt. So schiebt sie sich dann immer langsamer in einem förmlichen Schlackensack fort. Wie sie an ihrem Ursprunge die schnellsten Flüsse hinter sich lassen würde, so bewegt sie sich in ihrem Unterlaufe am Fuße des Berges lang= samer, als der trägste Fluß. Nach den Beobachtungen Monticellis legt ein Lavastrom des Vesuvs bei Resina im Jahre 1822 nur noch 5—6 Fuß in einer Stunde zurück, ein anderer des Aetna bewegte sich im Jahre 1819 neun

Monate nach seinem Ausbruch in einer Stunde nur noch
3 Fuß vorwärts, und Dolomieu berichtet von einem,
welcher in zwei Jahren nur einen Weg von 3800 Meter
zurücklegte.

Ist nun der Strom erstarrt, so bietet die erkaltete
Lava an den verschiedenen Stellen desselben ein sehr verschiedenes Aussehen dar.

Nahe dem Krater hat dieselbe ein ungemein zer-
rissenes, zackiges Aussehen. Da nehmlich im Anfange ihres
Laufes fortwährend noch Dämpfe und Gase aus derselben
entweichen, welche sie aufblähen und zerreißen, so wird
dadurch ihre Oberfläche wie die eines gefrorenen gros-
blasigen Schlammes. Je weiter sie nun fließt, desto mehr
tritt diese Beschaffenheit zurück, doch sind auch unten am
Berge die Oberflächen der Ströme von sehr porösen
schlackigen Massen gebildet. In der Tiefe dagegen bildet
sie sich beim Erkalten zu einem compacten, festen, kryftal-
linischen Gesteine aus.

Man hat selbst in der neueren Zeit noch an der
Flüssigkeit der Lava gezweifelt und angenommen, daß sie
nicht eigentlich geschmolzen sei, sondern nur einen heißen
Schlamm darstelle. Diese vollständig aus der Luft ge-
griffene Meinung wird auf das entschiedenste widerlegt
durch die Beobachtungen, welche man nahe den Lavaströmen während ihres Fließens selbst gemacht hat. Besonders auf der Insel Hawai hatten einige kühne Amerikaner, bei den furchtbaren Ausbrüchen des Mauna Loa in
den Jahren 1852 und 1859 Gelegenheit, sich von dem
Verhalten und der ungeheueren Hitze der Lava zu überzeugen. Wohl nie sind größere vulkanische Eruptionen

aus solcher unmittelbaren Nähe beobachtet worden, was hier auch deswegen leichter möglich ist, weil die heftigen und häufigen Auswürfe von Steinen anderer Vulkane an denen Hawais nicht in dem Grade beobachtet werden, die Lava unter etwas weniger stürmischen Zeichen, aber auch in ganz gewaltigen Strömen hier hervorkommt. Ein vieljähriger Bewohner dieser Insel, Missionar Coan, schildert den ersten in folgender Weise in einem Briefe:

Mit Tagesanbruch am 20. Februar wurden wir abermals*) durch eine heftige Eruption erschreckt, welche auf der Seite des Berges Hilo zu hervorkam, ungefähr in der Mitte zwischen Basis und Gipfel des Berges. Dieser Seitenkrater war eben so thätig, als es der auf dem Gipfel gewesen, und bald sahen wir den geschmolzenen Strom aus seiner Mündung gerade auf Hilo zuströmen. Von Stunde zu Stunde wurde die Thätigkeit heftiger. Fluthen von Lava ergossen sich aus der Seite des Berges und der glühende Strom erreichte bald die Wälder am Fuße des Berges nach einem Wege von 20 Meilen.

Wolken von Rauch stiegen auf und hingen wie eine Decke über dem Berg oder flogen dahin auf den Schwingen des Windes. Diese Wolken nahmen mancherlei Farben an, sie erschienen dunkel, blau, weiß, purpurn oder scharlachroth, je nachdem sie mehr oder weniger stark von dem Feuerschlund unter ihnen beleuchtet waren. Zuweilen erschienen sie gleich einem umgekehrten brennenden Berge, der mit seiner Spitze auf die Schreckensöffnung hinwies, über

---

*) Am 17. Februar war eine kurze, nur 24 Stunden dauernde vorhergegangen.

ber er hing. Zuweilen schoß die Feuersäule senkrecht um
mehrere Grade in die Höhe und einen zierlichen Bogen
beschreibend, strich sie horizontal dahin wie ein Kometen=
schweif, weiter als das Auge sie verfolgen konnte. Dichter
und unheimlich wurde die Atmosphäre in Hilo und die
Sonnenstrahlen fielen wie durch ein mattes gelbes Glas
herab. Wolken von Rauch jagten über den Ocean, Asche,
Sand und verdorrte Blätter mit sich führend, die in dichten
Schauern auf die Schiffe fielen, die sich unserer Küste
nahten. Das Feuer des Berges wurde auf mehr als 100
Meilen auf dem Meere gesehen und zeitweise war die
Röthe so verbreitet, als stände der ganze Himmel in Feuer.
Asche und glasige Fäden, hier „Peles Haar" genannt, fiel
dicht auf unsere Straßen und Dächer. Und dieser Zustand
dauert noch fort; eben während ich dies schreibe*) ist die
Atmosphäre von derselben düstern gelben Beschaffenheit,
alle Gegenstände erscheinen bleich und düstere Schauer
von glasartigen Fäden fallen rings um uns und unsere
Kinder sammeln sie.

Sobald als die zweite Eruption begann, beschloß ich,
sie näher zu betrachten. Dr. Wetmore war einverstanden,
mich zu begleiten und wir verschafften uns sofort vier
Eingeborene, unser Gepäck zu tragen; einer derselben,
Kekai, sollte unser Führer sein. Montag den 23. Februar
brachen wir auf und übernachteten in dem Vorholze des
großen Waldes, der Hilo vom Gebirge trennt. Unser
Weg war nicht derselbe, wie der im Jahre 1843 in dem
Beete eines Flusses; wir versuchten das Dickicht an einer

*) Es war am 5. März.

andern Seite zu durchdringen, da unsere Bahn uns süd=
westlich führte. Vor Alters war ein indianischer Pfad in
dieser Richtung durchgeschlagen, aber er war jetzt so mit
Dschungeln verwachsen, daß er fast völlig verschlossen
war. Wir stürzten uns indessen mit langen Messern,
Beilen und Prügeln in den Wald und schnitten und
schlugen uns Bahn, so daß wir in einer Stunde $1\frac{1}{5}$ Meile
vorwärts kamen. Nachts schliefen wir im Gebüsch und
horchten auf das entfernte Tosen des Vulkans.

Mittwoch den 25. erreichten wir eine kleine Erhöh=
ung in dem Walde, von der wir den benachbarten Lava=
strom sehen konnten, der uns nun zur linken Seite gegen=
überlag in einer Entfernung von 6 Meilen. Diese
feuerige Fluth war nun halbwegs durch den Wald ge=
drungen und hatte mehr als $\frac{3}{4}$ des Raumes vom Berg
zur Küste zurückgelegt, Alles vor sich wegfegend. Da er
wahrnahm, daß in ein oder zwei Tagen der Strom die
Küste erreichen und die Frauen in große Unruhe versetzen
könnte, entschloß sich Dr. Wetmore umzukehren. Er nahm
einen der Eingeborenen mit sich und mir die drei andern
überlassend, ging er rückwärts, während ich meinen Weg
durch Dschungeln, Sümpfe und Gebüsch fortsetzte, Elle für
Elle den Weg aus diesem furchtbaren Dickicht heraus=
schlagend. Am 26. kamen wir aus dem Walde, geriethen
aber sofort in einen dichten Nebel, dunkler, als das
Dickicht selbst. Den Berg hinansteigend, campirten wir
die Nacht auf einem rauhen, buschigen Rücken. Etwas
vor Sonnenuntergang verzog sich der Nebel und Mauna
Kea und Mauna Loa standen da in großartigen Umrissen,
ersterer wie in einen Mantel von Wolle gehüllt vom

Scheitel bis zum Fuß, und der letztere Ströme von Feuer auswerfend aus seinen brennenden Eingeweiden. Die ganze Nacht konnten wir die Gluth des Feuers sehen und das furchtbare Getöse des Vulkans hören.

Wir waren nun vier Tage unterwegs und 20 Meilen vom Krater, mit dem langen, glänzenden Feuerstrom zu unserer Linken, als eine strahlende Lichtlinie über die Seite des Berges hinab erscheinend, die sich erst in dem Dunkel des Waldes verlor. Wir verließen unsern Berg= horst am 27. mit dem Entschlusse, wenn es irgendwie möglich sei, den Sitz des Ausbruches an diesem Tage zu erreichen. Die Feuersäule und die Wolke als Wegweiser und immer den Lavastrom zur Linken, drangen wir vor auf rauhem und fast unbetretbarem Wege, die Anziehungs= kraft wuchs mit der Abnahme der Entfernung. Unsere gespannte Begierde spottete aller Hindernisse. Nachmittags kamen wir an den Rand eines Zuges nackter Schlacken, die so unerträglich scharf und zackig waren, daß meine Gepäckträger sie nicht überschreiten konnten. Hier gebot ich Halt, ließ die zwei Träger stehen, versah meinen Führer mit einem Extrapaar starker Schuhe, gab ihm meinen Shawl und Decke, steckte ein paar Zwiebacke und gekochte Eier in die Tasche, nahm meinen Kompaß und Stock und sagte zu Mr. Salzsee (Kekai): „Nun vorwärts, wir wollen uns heute Nacht bei jenem Feuer dort wär= men." So ausgestattet, drangen wir den Berg hinan, über Lavafelder von unbeschreiblicher Rauhheit, jetzt einen scharfen und glasigen Schlackenrücken übersteigend, wo die Feuersäule in voller Größe vor uns stand, dann hinab= kletternd in eine fürchterliche Schlucht oder Höhle, aus der

wir langsam wieder auftauchten, kletternd auf allen Vieren.
Bald bemerkte ich jedoch, daß mein Führer eines Leiters
bedurfte. Er war zu langsam. Ich eilte daher voran, ihm
überlassend nachzukommen, so gut er konnte. Um $1/_2$4 Uhr
Nachmittags erreichte ich den furchtbaren Krater und stand
allein im Lichte seines Feuers. Es war ein Augenblick
unaussprechlicher Erregung. Es war mir, als stände ich
in der Nähe, ja vor dem Throne des ewigen Gottes, und
während alle anderen Stimmen verstummt wären, spräche
er allein. Ich war 10,000 Fuß über dem Meere an ein-
samer Stelle, noch nie betreten von dem Fuß eines Menschen oder Thieres, wo keine lebende Stimme ertönte,
umgeben von Bildern grauenhafter Verwüstung. Hier
stand ich fast geblendet von unerträglichem Glanze, fast
taub von dem schrecklichen Getöse, fast versteinert von dem
entsetzlichen Anblicke. Die Hitze war so gewaltig, daß ich
selbst auf der Windseite dem Krater nicht näher als 40—
50 Ellen kommen konnte, auf der entgegengesetzten hätte
man ihm wohl nicht bis auf 2 Meilen sich nähern können.
Der Ausbruch, wie ich oben erwähnte, begann auf dem
obersten Gipfel des Berges, aber offenbar war der Seiten-
druck der eingeschlossenen Lava so groß, daß sie sich einen
Ausweg an einer schwächeren Stelle des Berges weiter
unten schaffte, indem sie den Berg vom Gipfel bis zu
dem Punkte ihres Ausbruches zerriß und spaltete. Der
Berg schien im Innern ein Röhrensystem zu bilden, und
da die geschmolzene Flüssigkeit 2000—3000 Fuß über den
Seitenkrater gehoben war und durch eine geneigte unterirdische Röhre gepreßt wurde, so entwich sie dann durch
die Seitenöffnung unter einem Druck, welcher ihre bren-

nenden Maffen bis zu einer Höhe von 400—500 Fuß in
die Höhe trieb.   Die Eruption erfolgte zuerst in einer
Einsenkung des Berges, aber ein Rand von Schlacken
hatte sich in Form eines abgestumpften Kegels um die
Oeffnung bis zu einer Höhe von 200 Fuß aufgethürmt.
Dieser Schlackenkegel hatte an seiner Basis ungefähr
4000 Fuß im Umfang und die Mündung auf seiner
Spitze etwa 200 Fuß im Durchmesser. Ich näherte mich
so weit, als ich die Hitze ertragen konnte, und stand mitten
in Asche, Sand, Schlacken und Steinen, die weit umher=
gestreut waren. Aus dem furchtbaren Schlund dieses
Kegels wurden beständig große Maffen rothglühender, ja
auch weißglühender Lava unter einem wahrhaft betäuben=
den Getöse ausgeworfen und mit einer Gewalt, welche
die Felsenrippen des Berges zu zerreißen und seine dia=
mantenen Pfeiler zu zertrümmern drohte. Manchmal er=
schien das Getöse unterirdisch, tief und wahrhaft höllisch.
Zuerst war es ein Rumpeln, Murmeln, ein Zischen oder
ein tiefes, mahnendes Murren, dann folgte eine entsetz=
liche Explosion, wie das Donnern von Breitseiten in einer
Seeschlacht oder lebhafte Salven einer Batterie nach der
andern in einer Feldschlacht. Manchmal glich der Schall
dem von 10,000 Hochöfen in voller Gluth.   Dann war
es wieder wie das Knattern eines Gewehrfeuers eines
Regimentes, dazwischen wie das Tosen des Oceans ent=
lang einer felsigen Küste, manchmal wie das Dröhnen
fernen Donners. Die Detonationen wurden entlang der
ganzen Küste von Hilo gehört. Die Ausbrüche zeigten
keine Unterbrechungen, sondern waren anhaltend. Unge=
heuere Maffen des Geschmolzenen stiegen beständig auf=

wärts und fielen herab wie ein Wasserstrahl. Die Kraft, welche diese feurigen Säulen aus der Mündung hervor= trieb, zertrümmerte sie in Millionen von Bruchstücken verschiedener Größe, die einen stiegen empor,' während andere fielen, einige schossen seitlich empor, andere be= schrieben zierliche Bögen, einige bewegten sich geradlinig, manche fielen senkrecht wieder in den Krater zurück. Jedes Stückchen leuchtete so hell wie der Sirius, und alle mög= lichen Arten geometrischer Figuren zeigten sich und ver= schwanden wieder. Keine Zunge, keine Feder, kein Pinsel kann die Schönheit, die Größe, die erschreckliche Erhaben= heit dieses Schauspieles schildern. Um sie zu würdigen, mußte man sie sehen. Während der Nacht übertraf der Anblick Alles, was sich schildern läßt. Mächtige Säulen weißglühender Lava stiegen beständig in die Höhe in der ewig wechselnden Form von Pfeilern, Pyramiden, Kegeln, Burgen, Thürmen, Spitzen, Minarets und dergleichen, während die niedersteigenden Massen sich zu einem be= ständig strömenden Katarakte vereinigten, der sich in einem Feuerstrome über den Rand des Kraters ergoß und seine Umgebung überfluthete, und jede herabfallende Woge war mächtig genug, das stolzeste Schiff zu begraben. Eine weite Spalte, die sich im niedrigeren Theile des Krater= randes öffnete, verschaffte überdies der feurigen Fluth einen Ausweg, welche unaufhörlich aus der Mündung sich ergoß und den Berg als tiefer, breiter Strom mit einer beiläufigen Schnelligkeit von 10 Meilen in der Stunde hinabfloß. Diesen Feuerstrom konnten wir den ganzen Berg hinab verfolgen, bis sich seine Windungen in dem Walde in einer Entfernung von 30 Meilen unseren

Blicken entzogen.   Der Strom leuchtete mit großem
Glanze in der Nacht und ein langer horizontaler Licht=
streif hing wie ein Vorhang über ihm längs seines ganzen
Laufes. 'Doch zog der große Feuerofen des Berges unsere
ganze Aufmerksamkeit auf sich."

Ein neuer Ausbruch fand am 11. August 1855 statt.
Auch dieser war äußerst heftig und lieferte ebenfalls einen
ungeheueren Lavastrom, der über ein volles Jahr fort=
strömte, jedoch an seinem Ende so langsam, daß er nicht
mehr das Ufer erreichte.   Seine Länge betrug mehr als
60 engl. Meilen.   Auch diese Eruption wurde von Mr.
Coan aufs Genaueste verfolgt, er besuchte nicht weniger
als sieben Mal den Krater und den Strom in dieser Zeit.

Den größten Lavastrom lieferte jedoch der Ausbruch
vom Jahre 1859, bei dem die pag. 117 erwähnten
prachtvollen Feuerspringbrunnen sich zeigten. Am unteren
Ende zeigte sich bei allen diesen Strömen, wie bei denen
europäischer Vulkane, dieselbe Erscheinung, daß sie sich
allmählich mit einer dicken Schlackenkruste überzogen, über
die der genannte kühne Missionär öfters hinüberging.
Er sagt: wir konnten manchmal einen frischen Lavastrom
betreten schon eine Stunde, nachdem er aus seinem
kochenden Kessel sich ergossen hatte, so rasch erhärtet die
Lava in ihrer Berührung mit der Luft.   Der Strom von
1859 war einer der wenigen, die vom Mauna Loa bis
ins Meer sich erstreckten.   Seine Länge betrug nicht
weniger als 13 g. M.

Daß die Lava vollständig geschmolzen und höchst dünn=
flüssig sei, also nichts weniger als einen heißen Wasser=
brei mit steiniger Materie darstelle, dafür geben die Be=

obachtungen Coan's den besten Beweis.   Für den Grad
ihrer Flüssigkeit spricht eine Thatsache, die man auf
Hawai sowohl wie auf der Insel Bourbon machte.
Kommt die flüssige Lava mit Bäumen in Berührung, so
lodern dieselben in kurzer Zeit in hellen Flammen auf,
soweit sie aus dem Strome hervorragen und die Luft
Zutritt hat.   Wo sie aber von der Lava ganz umgeben
sind, verkohlen sie nur.   Man hat solche Stämme unter=
sucht und gefunden, daß die Lava in die feinsten Risse
eingedrungen, die sich in den Stämmen fanden und die=
selben wie Gyps abformten.

Auch über die große Hitze der Lava sprechen sich Alle,
die eine solche fließend zu beobachten Gelegenheit hatten,
übereinstimmend dahin aus, daß sie von der Art sei, um
Gesteine in Schmelzfluß zu versetzen.   Wir haben oben
mehrfach erwähnt, daß sie sich häufig im Zustande der
Weißglühhitze befindet.   Absichtlich zum Behufe der Be=
stimmung des Hitzegrades angestellte Versuche und von
der Lava in Häusern hinterlassene Spuren zeigen auf das
Entschiedenste eine ganz ungemein hohe Temperatur der=
selben.   Schon Humphry Davy hat derartige Versuche
angestellt, Drähte von Silber und Kupfer, die er durch
die Spalten eines äußerlich schon mit einer Schlackenkruste
überzogenen Stromes in die Tiefe steckte, schmolzen so=
fort.   Als 1737 die Lava in das Karmeliterkloster bei
Torre del Greco eindrang, schmolzen im Refectorium die
Gläser, ohne daß dieselben mit der Lava in unmittelbare
Berührung gekommen waren.   Die äußerst geringe Wärme=
leitung, die den porösen Schlacken auf der Oberfläche und
den Seiten eines Lavastromes zukommt, macht es einer=

seits möglich, daß man über die Fläche eines solchen Stro=
mes hin gehen kann, wenn er in seinem Innern noch
glühend und flüssig ist, und andererseits, daß selbst wenn
die Eruption aufgehört hat und von hinten keine neue
Lava nachbringt, der Strom noch lange sich fortwälzt.
Im Jahre 1614 bewegte sich ein Strom des Aetna nicht
weniger als 10 Jahre lang, wenn auch kaum merklich,
vorwärts. Dieser Umstand bewirkt es dann auch, daß
häufig lange weite Höhlungen sich bilden, indem unter
der erstarrten Rinde der flüssige Kern weiter vorwärts
sich bewegt und einen leeren Raum hinterläßt. So be=
richtet Brigham von dem großen Lavastrom des Mauna
Loa vom Jahre 1859 bei seinem Besuche desselben 1865:
„Die Rauhheit dieser Massen war größer als die irgend
einer andern, die wir zuvor angetroffen hatten, und wir
bedurften der rauhhäutigen Sandalen, mit denen wir uns
für solche Stellen vorgesehen hatten, ebenso gut als der
dicken bockledernen Handschuhe, um unsere Hände gegen
die scharfen, nadelförmigen Spitzen zu schützen. Oft war
der tiefe Kanal, den der feurige Strom für sich ausge=
brannt hatte, durch breite Risse in der Rindendecke sicht=
bar, und als ich mich einer solchen Oeffnung näherte,
fand ich mich an dem Rande eines Schlundes von 100
Fuß Tiefe, von unbestimmbarer Länge und, so viel ich
davon sehen konnte, von 200 Fuß Breite. Der Grund
war rauh und zerrissen und überdeckt mit Lavatrümmern,
die, nachdem der Strom aufgehört hatte zu fließen, von
der Decke und den Wänden herabgestürzt waren. Die
Rinde, auf welcher ich stand, war nur wenige Zoll dick,
und wiewohl ich sie vorher mit meinem Stocke untersucht

hatte, hielt ich es doch für geraten, mich hinzulegen und
zu kriechen, bis ich einige Klafter von dem Loche ent=
fernt war, und versuchte es nimmer, mich einem anderen
zu nähern."

Von der Seite her kann man solche Lavagrotten ohne
Mühe betreten. Berühmt durch ihre Größe und Schön=
heit ist die Höhle von Surtschellir in Island.

Fig. 24. Grotte von Surtschellir.

Sie gleicht einer Tropfsteinhöhle, nur sind hier die selt=
samen Auskleidungen der Wände und Decke von schwarzer
Lava gebildet, die nur hier und da theils mit Kryftallen,
theils mit Eisnadeln überzogen sind, was durch den Kon=
traft den wunderbaren Eindruck dieser Grotte nur erhöht.
Sie ist ungefähr 5000 Fuß lang und verzweigt sich ähn=
lich wie die Tropfsteinhöhlen der Kalkgebirge mannichfach.
Auch auf einer der Azoren, St. Miguel, sind solche be=
rühmte Grotten, welche noch dadurch merkwürdig sind,
daß sich hier mehrere Höhlen über einander befinden, die
durch schmale Klüfte unter sich in Verbindung stehen.

9*

Wir haben schon weiter oben erwähnt, daß die Menge der Lava doch nicht so bedeutend ist, wie die der ausgeworfenen Massen, wenn sie auch an manchen Vulkanen und bei manchen Ausbrüchen die der gleichzeitig ausgeschleuderten Asche und Steine übertreffen mag. Natürlich kommt es hierbei ganz auf die Dauer der Eruption an, und da wir in dieser Beziehung ungemein große Unterschiede bemerken, so werden wir es auch begreiflich finden, daß die Größe der Lavaströme eine so außerordentlich ungleiche ist. Mancher Lavaerguß dauert nur einige Stunden, andere halten Monate hindurch an, wie wir dies bei einem der Ausbrüche des Mauna Loa oben gesehen haben. Wenn wir nun nach dem Erkalten die Länge, Breite und Dicke eines Lavastromes an verschiedenen Stellen ausmessen, so können wir daraus leicht sein Volumen berechnen. Wir haben in der That auch für manche größere Ströme solche Angaben. In den meisten Fällen sind uns jedoch nicht genug solcher Maße zur Hand, um die Menge zu berechnen, indem uns meist nur die Länge des Stromes, als das augenfälligste, angegeben wird. Bei niedrigeren Vulkanen ist dieselbe meist eine geringere; auch die Beschaffenheit der Umgegend um den Berg ist auf dieselbe von großem Einfluß, je nachdem die Lava in einem schmalen Thale mit größerer Neigung des Bodens fortfließen kann oder in einer sehr ebenen Gegend auch seitwärts sich ausbreiten. Die Lavaströme des Vesuvs haben alle nur eine geringe Länge von kaum einer g. Meile. Länger sind schon die des Aetna. Der im Jahre 1832 nach Bronte zufließende war 32,000 Fuß (ca. 1½ g. M.) lang. An seinem Anfange sehr schmal, breitete er sich birnförmig nach unten hin aus, so daß er bis 3000 Fuß erreichte und bis 42 Fuß dick wurde. Der große Strom von 1669 soll 6 g. M. Länge und an der breite= sten Stelle 2¹/₂ g. M. Breite gehabt haben, doch scheint diese Angabe nach den Untersuchungen E. de Beaumonts übertrieben und dürften diese Zahlen auf 2 Meilen Länge und ³/₄ Meilen Breite zu verkleinern sein. Das Volumen der größeren vesuvischen Ströme ergibt sich zu 300—400 Millionen Kubikfuß. Der größte des Vesuvs war der vom Jahre 1631; nach genauen Untersuchungen des= selben glaubt Le Hon, daß das Volumen dieses Stromes das aller übrigen bis jetzt dem Vesuve entquollenen zu= sammengenommen übertreffen möge.

Wenn man erwägt, daß die Lava von 1631 nur in zwei Stunden ergossen wurde, so findet man die Be= hauptung des genannten Naturforschers vollkommen ge= rechtfertigt, daß von keinem Vulkane der Erde je eine gleich große Masse Lava in so kurzer Zeit geliefert wor= den sein dürfte. Nach den genauen Messungen hat Le Hon das Volumen desselben auf 2000 Millionen Kubikfuß berechnet. So gewaltig diese Massen auch erscheinen, so gering sind sie doch auch nur verglichen mit der Masse der Asche, welche schon bei einzelnen Eruptionen geliefert wurden oder gar verglichen mit der Masse eines Berges. Diese 2000 Millionen Kubikfuß entsprechen doch nur einem Würfel von 1260 Fuß im Durchmesser oder ¹/₅₀₀₀ Kubikmeile, während jener große Aschenregen des Tom= buru, wie wir S. 107 sahen, ein Volumen von 2¹/₂ g. Kubikmeilen hatte.

Zu den gewaltigsten Lavaströmen, die wir kennen,

gehört der des Mauna Loa vom Jahre 1859, der bei
einer Länge von 14 g. M. eine Fläche von 5 g. Meilen
bedeckte. Leider liegen nur wenige Angaben über die
Dicke dieses Stromes vor, stellenweise war er 10, 50,
ja über 100 Fuß dick. Nehmen wir als mittlere Dicke
40 Fuß an, so würde das Volumen desselben 20,864
Millionen Kubikfuß betragen, also mehr als zehnmal so
viel, als der größte aller vesuvischen Lavaergüsse.

Ströme von gleicher, ja wohl von noch etwas be=
trächtlicherer Größe kennt man nur noch von der Insel
Island. Die gewaltigsten, die wohl irgendwo in histori=
scher Zeit Vulkanen entströmten, lieferte der Skaptar=
Jökul im Jahre 1783. Nach einem starken Erdbeben er=
hoben sich am 3. Juni ungeheuere Rauchwolken aus dem
Berge, die bald die ganze Gegend südlich von ihm in
Dunkel hüllten, ein heftiger Aschenregen stellte sich ein
und am 10. Juli brachen aus den vergletscherten Abhän=
gen des Berges die Feuersäulen hervor. Der Skapta,
einer der größten Flüsse der Insel, führte zuerst eine un=
geheure Masse schlammigen, warmen, von der Asche fast
breiartig dicken Wassers daher, dann versiegte er plötzlich.
Zwei Tage darauf stürzte sich in das leere Bett desselben
ein ungeheuerer Lavastrom. In kurzer Zeit hatte er das
200 Fuß breite und 600 Fuß tiefe Rinnsal des Skapta
vollkommen ausgefüllt und nun ergoß sich der Feuerstrom
in wildem Laufe über die Niederungen von Medalland,
stürzte sich dann in einen See, dessen Wasser vor ihm
theils als Dampf in die Luft, theils über das Land hin
verdrängt wurden. Nach einigen Tagen war auch dieses
Hinderniß für ihn beseitigt und das Becken des Sees voll=

ständig mit Lava erfüllt. Von da setzte er seinen Lauf in zwei Armen fort. Der eine ergoß sich über die alten Lava=felder hin, der andere wählte wieder das Flußbett zu seinem Wege, indem er sich in einem ungeheueren Sturze über den Katarakt von Stapafoß hinabwälzte. Unterdessen hatte vom Berge her noch ein zweiter Lavastrom sich einen anderen Weg gesucht. Er verwüstete die beiden Ufer des Heversfisfliot und überfluthete die Ebene mit größerer Wuth, als der erste. Die Länge des ersten Stromes im Thale des Skapta beträgt 11 g. Meilen und in seinem unteren Ende 2—3 g. Meilen Breite, der zweite hatte bei gleicher Länge eine Breite von $1^1/_2$ g. Meilen. Im Thale des Skapta selbst war die Dicke dieser Lavamasse 500—600 Fuß und auf der Ebene erreichte sie noch eine solche von 100 Fuß. Bis in den August hinein dauerte dieser furchtbare Ausbruch fort. Nehmen wir die Ober=fläche dieser beiden Ströme zusammen zu 20 g. Q.=Meilen und ihre Dicke überall nur zu 100 Fuß an, so würden sie zusammen 1 Billion und 43,364 Millionen Kubikfuß geben. Auch diese Masse würde jedoch erst $1/_{11}$ Kubikmeile ausmachen, einem Würfel von 10,142 Fuß entsprechen.

In keinem Lande erreichen die Lavafelder eine so un=geheuere Ausdehnung, wie in Island, in keinem vermag auch die Vegetation so wenig wie hier den trüben, schauer=lichen Anblick der Verwüstung zu verdecken, wie auf dieser kalten, der Kultur des Bodens ohnedies so wenig fähigen Insel, wo eben aus diesem Mangel der Vegetation auf weite Strecken und durch die Unwegsamkeit durch die Laven das Reisen und die Communication aufs äußerste er=schwert ist.

„Im Allgemeinen zeigen die großen isländischen Lava=
ströme das grauenvolle Bild einer trostlosen Wüste, einer
unheimlichen Wildniß; ihre schwarzen Schollen thürmen
sich in phantastischen Gestalten übereinander: indem sie sich
gegen Felsen und den Fuß mancher Gebirge anstemmen,
gleichen sie in ihrer Wirkung dem Eisgang riesiger Ströme

Fig. 25. Ein Weg durch die Lava.

zur Frühlingszeit. So liegt nach dem Erlöschen der Erup=
tion dieses Chaos für Jahrtausende brach für alle Vegeta=
tion, und wenn sie endlich wieder Fuß zu fassen beginnt,
bemerkt das Auge nur Teppiche von Kryptogamen oder flach
am Boden hinkriechende wollige Weiden und Birken*).“

_____

    *) Sartorius von Waltershausen, Physisch=geograph. Skizze
von Island.

Bildung der Vulkane.

Die vorangehenden Schilderungen der einzelnen Vor=
gänge bei den vulkanischen Eruptionen zeigten uns, daß
eine sehr bedeutende Masse fester Bestandtheile theils als
Asche, Sand und Steine, theils im geschmolzenen Zu=
stande von dem Berge herausgeschleudert und in größter
Menge unmittelbar am Kraterrande aufgeschüttet werde.
Daß auf diese Weise nach und nach ein immer höher wach=
sender Kegel sich bilden müsse, bedarf weiter keiner Erläu=
terung, und es liegt gewiß die Frage nahe, ob nicht alle
Vulkane auf ähnliche Art im Laufe der Jahrtausende durch
die vielfach auf einander folgenden Ausbrüche sich auf=
gebaut haben, und ob nicht noch neue Vulkane entstehen,
die uns die Bildung der älteren erklären könnten, deren
frühere Geschichte uns ganz unbekannt und deren An=
fänge und tiefsten Schichten uns durch die späteren Erup=
tionen ganz verhüllt sind.

Es liegen uns in der That auch eine Reihe von That=
sachen vor, welche uns zeigen, daß plötzlich an Punkten,
wo man keine Spur früherer vulkanischer Thätigkeit ge=
funden hatte, ein förmlicher Ausbruch mit allen charakte=
ristischen Erscheinungen desselben stattfinden kann. Be=
sonders interessant sind in dieser Beziehung die auf dem
Meeresgrund erfolgenden s. g. submarinen Eruptionen,
weil wir von einer ziemlichen Anzahl von Vulkanen, selbst
einigen der höheren, wie z. B. dem Aetna, annehmen
müssen, daß die Entstehung des Berges als Vulkan ihren
Anfang unter dem Wasser nahm.

Derartige Erscheinungen wiederholten sich schon mehr=
mals in der Nähe der Azorischen Inseln, bei St. Michael.

Eine genauere Schilderung haben wir von der im Jahre
1811 erfolgten, die uns von einem englischen Schiffs=
capitän, Tillard, gegeben wurde, welcher sich gerade da=
mals in jener Gegend befand. Ein halbes Jahr vorher

Fig. 26. Unterseeische Eruption.

hatten sich von Zeit zu Zeit Erdbeben bemerklich gemacht,
die am 31. Januar von ganz ungewöhnlicher Heftigkeit
waren. Am 1. Februar nun brachten Fischer die Nach=
richt in die Stadt, daß bei dem Dorfe Ginetes, 2 engl.
Meilen von der Küste entfernt, im Meer Rauch und Feuer
aus dem Wasser aufsteige. Bald brachte auch der Wind
die Bestätigung dieser Nachricht, indem dicke Aschen=

wolken bis zu 18 engl. Meilen über die Insel getragen
wurden. Auf große Entfernung hin sah man die aus dem
Meere aufsteigende, bei Nacht mit feuerigem Scheine leuch=
tende Rauchwolke, um deren Ausbruchsstelle das Meer in
heftigem Wallen erschien. Nach acht Tagen hörte die
Eruption auf und als man die Gegend untersuchte, fand
man an der Stelle, an welcher das Meer vorher 300 bis
400 Fuß tief gewesen war, eine Aufschüttung in demselben,
die bis nahe an die Oberfläche reichte. Mitte Juni des=
selben Jahres begannen abermals Erdstöße, denen sofort
am 13. eine neue Eruption, ähnlich der früheren, folgte,
aber an einer $2^1/_2$ Meilen weiter nach Westen gelegenen
Stelle, die am 17. Juni ihre größte Heftigkeit erlangte.
Auch jetzt erhob sich wieder eine gewaltige Rauchsäule
mehrere hundert Fuß hoch in die Höhe, wie bei den
meisten vulkanischen Ausbrüchen, sich oben weithin als
dunkle Wolke ausbreitend, aus der häufig Blitze hervor=
zuckten. Als dieser Ausbruch aufgehört hatte, sah man
eine gegen 300 Fuß hohe, kegelförmig zulaufende und mit
einem Krater versehene Insel vor sich. Der Rand der=
selben lag an einer Stelle zur Fluthzeit unter Wasser,
dennoch stieg noch Feuer aus demselben empor. Als Ca=
pitän Tillard die Insel untersuchte, zeigte sich ihre Ober=
fläche ganz aus Schlacken, Steinen und Asche gebildet, sie
war aber noch zu heiß, als daß er sie hätte betreten
können. Während der Fluth strömte das Wasser in den
Krater, wo es in heftiges Aufwallen gerieth. Die vulka=
nische Thätigkeit gab sich noch immer durch fortgesetztes
Ausschleudern von Asche, Sand und glühenden Steinen
zu erkennen, durch welche der Kegelberg der Insel nach

und nach bis zu einer Höhe von 600 Fuß heranwuchs.
Als die Eruption nachließ, widerstand die nur aus lockeren
Massen gebildete Insel nicht lange dem Andrange des
Meeres.   Schon zu Anfang des Jahres 1812 war sie
völlig unter dem Meeresspiegel verschwunden.

Ein ganz ähnliches Ereigniß fand im Jahre 1831 im
mittelländischen Meere, 8 Meilen südwestlich von Sicilien,
statt, über das wir sehr genaue Berichte von verschiedenen Augenzeugen haben.   Einer der ersten, welcher das
damals neu geborene und mit sieben Namen beschenkte
Inselchen besuchte, war der deutsche Naturforscher Fr.
Hoffmann, der uns seine Entstehung also schildert*):
„Seiner Erscheinung unmittelbar vorher gingen einige
nicht sehr bedeutende Erdstöße, welche fünf Tage lang,
vom 28. Juni bis 2. Juli, die Bewohner von Sciacca
in Schrecken setzten und von welchen zwei der stärksten
(30. Juni und 2. Juli) selbst mit der ihnen eigenthümlichen Richtung von SW. nach NO. noch in dem 19
Meilen von Sciacca entfernten Palermo gespürt wurden.

Man ahnete damals überall und auch zu Sciacca
durchaus nicht die Bedeutung dieser Erdstöße, nach dem
letzten derselben begann indessen wahrscheinlich der Ausbruch, welcher die neue Insel erzeugte, auf dem Meeresgrunde an einer Stelle, welche nach zuverlässigen Angaben etwa 600—700 Fuß tief war.   Das erste Erscheinen
der dadurch erzeugten Beunruhigung an der Oberfläche
des Meeres war bereits am 8. Juli durch ein vorüber-
segelndes Schiff (il Gustavo, Capitän Trefiletti) wahr-

---

*) Fr. Hoffmann, Nachgelass. Werke. II. 452.

genommen worden; man beschrieb die Erscheinung wie das Erheben einer großen Wassermasse, welche unter donnerähnlichem Getöse etwa 10 Minuten lang aufwärts sprudelte und dabei eine Höhe von etwa 80—90 Fuß erreichte. Sie sank dann nieder und wiederholte sich auf derselben Stelle in unregelmäßigen Zeitabständen von 15, 20—30 Minuten, während sich aus ihr eine dicke Rauch= wolke entwickelte, welche den ganzen Horizont einhüllte. Die Aufregung des Meeres in der Umgebung war sehr groß; viele todte Fische schwammen umher.

An der Küste von Sicilien ahnete man noch gar nichts von diesem sonderbaren und so unerwarteten Er= eigniß. Während ein ungewöhnlich trüber, nebeliger Horizont alle Aussicht in die Ferne verhinderte, sah man am 12. Juli Morgens zuerst eine große Menge kleiner, fein poröser Schlackenstückchen auf dem Meere umher= schwimmend, welche ein frischer Südwestwind an die Küste trieb. Man roch gleichzeitig zu Sciacca und in der Um= gegend einen auffallenden und lästigen Schwefelwasser= stoffgeruch. Die kleinen Steinbrocken, deren Herkunft ein Räthsel war, bildeten am Lande eine oft mehrere Zoll starke Schicht, und die Fischer, welche in See gingen, fanden in geringer Entfernung von der Küste das Meer so mit denselben bedeckt, daß sie zuweilen genöthigt waren, mit den Rudern sich Platz durch sie zu machen. Gleich= zeitig zeigte das Meer an seiner Oberfläche viele frisch getödtete Fische umhertreibend, deren sehr viele gesammelt und verkauft wurden.

Am 13. Juli mit Tagesanbruch sah man am Meeres= horizont eine hoch aufsteigende Rauchsäule und am Abend

eine Feuererscheinung in derselben, welche die Bewohner
von Sciacca nicht mehr zweifeln ließ, daß ein vulkanischer
Ausbruch sich ereignet habe.   Sie zeigte sich ununter=
brochen fortdauernd, ihre Entfernung von der Küste war
aber zu groß, als daß man etwas Genaueres über die=
selbe hätte ausmitteln können.   Den ganzen Tag sah
man die gleichförmig, fast senkrecht emporsteigende Rauch=

Fig. 27. Insel Julia oder Ferdinandea.

säule, von Zeit zu Zeit hörte man sehr deutlich ein
donnerähnliches Getöse herübertönen und am Abende
blitzten sehr häufig helle Feuerstrahlen darin auf, wie
das Wetterleuchten in warmen Sommernächten.

So sah auch ich diese Erscheinung, welche man theil=
weise schon weither aus dem Innern der Insel von hohen
Bergen aus bemerken konnte und es glückte mir am 24.
Juli, derselben, so weit als möglich war, näher zu kommen.

Im Heranfahren von Sciacca aus bemerkte man zuerst
in etwa $1\frac{1}{2}$ Meilen Entfernung eine nur wenig über

dem Meere hervorragende schwarze, kleine Insel, welche
der Rauchsäule zur Unterlage diente. Wir näherten uns
derselben bis auf etwa eine Viertelstunde und sahen deut=
lich, daß sie den über dem Wasser hervortretenden Rand
eines kleinen Kraters von etwa 600 Fuß im Durchmesser
bildete, welcher in fortwährenden Ausbrüchen begriffen
war und sich dadurch sichtlich immer höher und höher her=
vorarbeitete, indem die ausgeworfenen Massen sich regel=
mäßig und nur durch die Windrichtung modifiziert, um ihn
aufschütteten. Aus der Mündung dieses Kraters stiegen
zunächst ununterbrochen und mit sehr großer Heftigkeit,
doch geräuschlos, große Ballen von schneeweißen Däm=
pfen auf. Sich an einander kettend und durch einander
rollend, bildeten dieselben eine besonders im Sonnenscheine
überaus prächtige, glänzende Säule, deren Erhebung über
dem Meere wir mit Wahrscheinlichkeit auf 2000 Fuß
schätzten. Durch diese geräuschlos stets emporwirbelnde
Rauchsäule schossen dann und wann schnell vorübergehend
schwarze Schlackenwürfe, welche die Dampfwolken mannich=
faltig durch einander rollten; das Prachtvollste der ganzen
Erscheinung zeigte sich in den von Zeit zu Zeit erfolgenden
heftigen Ausbrüchen schwarzer Schlacken=, Sand= und
Aschenmassen.

Unmittelbar unter und neben der weißen Rauchsäule
erhob sich dann, furchtbar drohend, oft bis zu 600 Fuß
und darüber, eine dichte, schwarze Rauchsäule, welche an
ihren oberen Enden sich garbenförmig ausbreitete. In
derselben war ein ununterbrochenes, heftiges Arbeiten der
stets von Neuem wieder herausgeschleuderten Sand=,
Aschen= und Steinmassen bemerkbar, welche zu Tausenden

an ihrem Umfange rings umherflogen und herabstürzten.
Jeder Stein, welcher durch den erhaltenen Schwung
etwas weiter flog, als die Hauptmasse, führte einen
Schweif schwarzen Sandes hinter sich her und es entstanden dadurch merkwürdig strahlenförmige Gruppirungen,
wie Raketenbüschel von dunkler Farbe, oder wie Cypressen-
zweige, welche einen unbeschreiblich schönen Anblick gewährten. Während der ganzen Zeit der Dauer dieses
drohenden Phänomens zischte das Meer von den zahlreichen in dasselbe niederfallenden, offenbar stark erhitzten
Sand- und Aschenmassen; weiße Dampfwolken stiegen
rings aus demselben empor und entzogen bald die Inseln
unseren Blicken. Inzwischen ließ sich ein Platzen und
Rasseln der in der Luft an einander schlagenden Steine
und ein Rauschen wie das eines niederfallenden Hagel-
schauers oder heftigen Regengusses vernehmen. Keine
Flammen fuhren aus dem Krater und kein Leuchten war
in demselben erkennbar, dagegen sah man in Augenblicken
hoher Steigerung des Auswurfes eine große Zahl von
oft hellleuchtenden Blitzen durch die schwarze Aschensäule
hin- und herzucken und einem jeden derselben folgte deutlich ein lauter und lange anhaltender Donner, welcher
von fern her gehört, oft ein gleichförmig fortrollendes Getöse zu sein schien. So dauerte diese majestätische Erscheinung wechselnd oft nur 8—10 Minuten und selbst bis
nahe eine Stunde lang ununterbrochen fort, dann verschwand sie und es trat eine mehr oder minder lange
Periode der Ruhe ein, während nur das Ausstoßen der
Dampfballen fortdauerte. So beschrieben es auch noch
spätere Beobachter, im höchsten Grade übereinstimmend

mit den von Tillard bei Sabrina gesehenen und gezeich=
neten Erscheinungen. Diese Reihenfolge starker Ausbrüche
schüttete die hier in Frage stehende Insel in kurzer Zeit
bis zur Höhe von etwa 200 Fuß über dem Meere und
bis zu einem Umfange von gewiß völlig einer Viertel=
stunde auf und nachdem sie immer schwächer und schwächer
geworden waren, endigten sie am 12. August, etwa einen
Monat nach ihrem Anfange. Die neue Insel konnte
nun gefahrlos besucht werden und ihre Producte wie
ihre ganze Bildung sind deßhalb später einer sehr genauen
Betrachtung unterworfen worden. Ich selbst war am
26. September wieder dort, zwei Tage später Constant
Prévost; doch übten die Wellen des Meeres an dem
ringsum frei aus ihnen hervorragenden Sand= und
Schlackenberge sehr bald sichtbar ihre zerstörende Kraft,
sie bewegten ihn äußerst sichtlich von allen Seiten, ver=
kleinerten ihn mehr und mehr und im Dezember desselben
Jahres verschwand er von der Oberfläche." Der oben
erwähnte C. Prévost betrat die Insel am 29 September,
zu deren Untersuchung eine französische Expedition abge=
schickt war. Den Umfang der Insel, die sie genau zeich=
neten, fanden sie zu 700 Meter, die Höhe zu 70 Meter.

Der Abfall nach dem Meere zu, wie der nach dem
Krater, war sehr steil, ungefähr unter 45°. Lavamassen
waren nirgends zu sehen, doch vermuthete Prévost, daß
auf dem Grunde des Meeres sich solche ergossen haben
möge. Von verschiedenen Seiten wurde das Eigenthums=
recht auf diese, wie schon erwähnt, von ihren verschiedenen
Besuchern mit sieben Namen ausgestattete Insel, be=
ansprucht, vielleicht wäre es noch zu lebhaftem Streite

Pfaff, Vulkanische Erscheinungen. 10

über sie gekommen, wenn sie nicht bald vom Schauplatze
abgetreten wäre.   Nicht einmal eine die Schifffahrt hin=
dernde Erhöhung des Grundes ist zurückgeblieben, ob=
wohl noch einmal im Jahre 1853 neue Ausbrüche in
der Gegend stattfanden.   Auch diese haben keine bleibende
Spur ihrer Thätigkeit hinterlassen.

Fig. 28. Krater der Insel Julia.

Aehnliche Ereignisse haben sich an vielen anderen
Stellen des Meeresgrundes schon zugetragen, sehr selten
jedoch kam es zu einer bleibenden Inselbildung.   „Das
großartigste Beispiel einer solchen Inselbildung dürfte
jedoch im Meere von Kamtschatka in der Kette der Aleu=
ten vorgekommen sein.   Dort sah man im Jahre 1796
etwa 45 Werst (ca. 6 g. M.) westlich von der Nordspitze

der Insel Unalaschka, nördlich von der Insel Umnak, in der Nähe eines isolirten Felsens, gewaltige Dampfmassen aufsteigen, welche diesen Felsen auf längere Zeit verhüllten und unzugänglich machten, während welcher Unalaschka von fast unaufhörlichen Erdstößen erschüttert wurde. Als man sich später in seine Nähe wagte, fand man eine kegelförmige Insel, aus deren Gipfel Dämpfe ausgestoßen und Schlacken ausgeworfen wurden; diese Ausbrüche dauerten fort bis zum Jahre 1823, worauf der Vulkan nur noch dampfte. Im Jahre 1819 hatte die Insel, welche den Namen St. Johann Bogoslav erhielt, fast 1 g. Meile Umfang und nach Wassiljews Messung eine Höhe von 2100 Fuß; als sie aber im Jahre 1832 von Tebenkow untersucht wurde, hatte sich ihr Umfang fast auf die Hälfte und ihre Höhe auf 1400 Fuß vermindert. Der ganze Meeresgrund zwischen dieser neuen Insel und Umnak ist erhöht worden und während Cook im Jahre 1778 und Sarütschow im Jahre 1790 mit vollen Segeln darüber hinfahren konnten, so sperren jetzt zahllose Riffe und Klippen die Schifffahrt. Nach den Berichten von Baranow scheint die Insel in der Hauptsache nur aus losen Auswürflingen zu bestehen. Ihre bedeutende Größe und längere Dauer lassen jedoch vermuthen, daß wohl auch Erhebungen des festen Meeresgrundes stattgefunden haben mögen." (Naumann, Geologie.)

Wie auf dem Meeresgrunde, so haben sich auf dem festen Lande an verschiedenen Orten Vulkanausbrüche ereignet an Stellen, die vorher ganz eben und frei von allen vulkanischen Producten sich zeigten; das erste derartige wissenschaftlich untersuchte Beispiel lieferte der s. g. Monte

Nuovo an der Bucht von Bajä, der am 29. und 30. Sep=
tember in Zeit von 48 Stunden gebildet wurde und noch
jetzt eine Höhe von 428 Fuß zeigt.

Auch dieser Berg zeigte dieselbe Beschaffenheit wie
die neugebildeten Inseln. Er besteht nämlich vorzugs=
weise aus Bimssteinen und Asche mit Lagen von Tuff=
schichten, wie sie in dem dortigen Meere sich bilden, die
noch Muscheln einschließen, wie sie dort an der Küste in

Fig. 29. Der Monte Nuovo.

der See noch leben. Nach Berichten von Augenzeugen
wurde der Boden zuerst glockenförmig in die Höhe getrie=
ben und auf der Spitze dieser Austreibung bildete sich dann
die Oeffnung, aus welcher die losen Massen ausgeschleu=
dert wurden, welche schließlich dem Berge seine kegel=
förmige Form durch Aufschüttung um den Krater gaben.
Die neuerdings wiederholt vorgenommene genaue Unter=

suchung desselben hat ergeben, daß die Beschaffenheit des Monte Nuovo durchaus mit dieser Angabe der ältesten Berichterstatter übereinstimmt, daß wir also Hebung des Bodens und Aufschüttung als zusammenwirkend bei der Bildung des Vulkanes annehmen dürfen.

Diese beiden Factoren waren es auch, welche bei der Entstehung eines noch größeren Vulkanes wirkten, bei der des Jorullo in Mexico. Wir haben die merkwürdige Vulkanenreihe kennen gelernt, die sich in diesem Lande quer vom stillen Ocean bis zum Golf von Mexico erstreckt. In der Mitte zwischen zwei größeren Feuerbergen dieser Reihe, zwischen dem Toluca und Colima, war noch im vorigen Jahrhundert eine weite, fruchtbare Ebene, wohl= angebaut mit Baumwolle und Zuckerrohr. Am 29. Juni 1759 wurde hier plötzlich starkes unterirdisches Donnern vernommen, begleitet von zahlreichen Erdstößen, welche zwei Monate hindurch anhielten und die Bewohner der Hacienda de San Pedro de Jorullo in große Unruhe ver= setzten. Im September trat wieder Ruhe ein, aber nur auf kurze Zeit. Am 28. September kamen Arbeiter aus einem Walde zurück von der Stelle, wo sich heute der Jorullo befindet. Mit Erstaunen bemerkte man in der Meierei, daß ihre Hüte mit vulkanischer Asche bedeckt waren. Zugleich wurden die Erschütterungen des Bodens immer heftiger, der Aschenregen breitete sich aus, so daß einige Stunden nach Sonnenuntergang dieselbe schon einen Fuß hoch Alles bedeckte.

„Alles floh, so berichtet Humboldt*), gegen die An=

---

*) Kosmos IV. 325.

höhen von Aguasarco zu, einem Indianerdörfchen, das
2260 Fuß höher als die alte Ebene von Jorullo liegt.
Von diesen Höhen aus sah man (so geht die Tradition)
eine große Strecke Landes in furchtbarem Feuerausbruch
und „mitten zwischen den Flammen (wie sich die aus=
drückten, welche das Berg=Aufsteigen erlebt) erschien,
gleich einem schwarzen Kastell (castillo negro) ein großer,
unförmiger Klumpen (bulto grande).“ Bei der ge=
ringen Bevölkerung der Gegend (die Indigo= und Baum=
wollencultur wurde damals nur sehr schwach betrieben)
hat selbst die Stärke langdauernder Erdbeben kein Men=
schenleben gekostet, obgleich durch dieselben Häuser umge=
stürzt worden waren. In der Hacienda de Jorullo hatte
man bei der allgemeinen nächtlichen Flucht einen taub=
stummen Negersclaven mitzunehmen vergessen. Ein Me=
stize hatte die Menschlichkeit umzukehren und ihn, als
die Wohnung noch stand, zu retten. Man erzählt gern
noch heute, daß man ihn knieend, eine geweihte Kerze
in der Hand, vor dem Bilde de Nuestra Sennora de
Guadalupe gefunden habe.

Nach der weit und übereinstimmend unter den Ein=
geborenen verbreiteten Tradition soll in den ersten Tagen
der Ausbruch von großen Felsmassen, Schlacken, Sand
und Asche immer auch mit einem Erguß von schlammigem
Wasser verbunden gewesen sein. In dem vorerwähnten
denkwürdigen Berichte vom 19. October 1759, der einen
Mann zum Verfasser hat, welcher mit genauer Local=
kenntniß das eben erst Vorgefallene schildert, heißt es
ausdrücklich, daß der Vulkan espele arena, ceniza y
agua. Alle Augenzeugen erzählen ... „daß, ehe der furcht=

bare Berg erschien, die Erdstöße und das unterirdische
Getöse sich häuften; am Tage des Ausbruchs selbst aber
der flache Boden sich sichtbar senkrecht erhob und das
Ganze sich mehr oder weniger aufblähte, so daß Blasen
erschienen, deren größte heute der Vulkan ist. Diese
aufgetriebenen Blasen von sehr verschiedenem Umfang
und zum Theil ziemlich regelmäßiger konischer Gestalt
platzten später und stießen aus ihren Mündungen kochend
heißen Erdschlamm, wie verschlackte Steinmassen aus, die
man, mit schwarzen Steinmassen bedeckt, noch bis in un=
geheuerer Ferne auffindet."

Nach der Eruption, als Humboldt die Gegend ge=
nauer untersuchte (1803), bot sie folgende Erscheinungen
dar. Aus der Ebene stieg mit senkrecht gegen dieselbe ab=
fallenden Wänden von durchschnittlich 12 Fuß Höhe kuppel=
förmig oder schildförmig der gehobene und aufgeblähte
Theil derselben auf. Derselbe „hat ungefähr 12,000 Fuß
im Durchmesser, also ein Areal von mehr als $\frac{1}{3}$ einer
geogr. □.=Meile. Der eigentliche Vulkan von Jorullo
und die fünf anderen Berge, die sich mit ihm zugleich und
auf einer Spalte erhoben haben, liegen so, daß nur ein
kleiner Theil des Malpais (der gehobenen Ebene) östlich
von ihnen fällt. Gegen Westen ist die Zahl der Hornitos[*]
daher um vieles größer; und wenn ich am frühen Morgen
aus dem Indianer=Häuschen der Playas de Jorullo her=
austrat oder einen Theil des Cerro del Mirador bestieg,

---

[*] Wörtlich Oefen; so nennen die Bewohner die kleinen,
lange Zeit noch Rauch und Dampf ausstoßenden Eruptions=
Kegel um den Berg.

so sah ich den schwarzen Vulkan sehr malerisch über die Unzahl von weißen Rauchsäulen „der kleinen Oefen" her= vorragen."

Unmittelbar am Fuße des Vulkans war das Niveau der erhobenen Ebene 444 Fuß über dem nicht erhobenen Theile, während der Gipfel, den Humboldt, mit Mühe dem mächtigen Lavastrom folgend, der sich aus dem Berge ergossen, erklimmen konnte, zu 1080 Fuß über den zu= letzt angegebenen Punkt an seiner Basis emporsteigend fand. Der Aschenkegel über dem Lavastrome war 400 Fuß hoch. Im Krater strömte noch Luft aus, die Humboldt bei seinem Besuche, also 43 Jahre nach dem Ausbruche, noch 93,7° C. fand. Ebenso war die Tem= peratur in den Spalten der Hornitos 90—95° C. Noch im Jahre 1846, also 87 Jahre nach der Eruption, sah Schleiden noch an zwei Stellen Dampfwolken (Fumarolen) aus der Lava desselben aufsteigen.

Ein ähnliches Ereigniß bildete den Anfang des nun 2500 Fuß hohen und beständig arbeitenden Isalco in Central=Amerika. Auch hier gingen mehrere Monate vorher Erdstöße voraus, von unterirdischem Getöse be= gleitet. Am 23. Februar 1770 öffnete sich unweit einer Meierei die Erde und es begannen die Ausbrüche, die, mit kurzen Unterbrechungen sich wiederholend, den Berg bis zu der angegebenen Höhe brachten.

An diesen vor unseren Augen in historischer Zeit ent= standenen, vorübergehenden wie bleibenden Vulkanen sehen wir, daß Dreierlei bei dem Aufbaue der letzteren zusammen= gewirkt, 1) eine von Spaltung desselben begleitete Auf= treibung oder Erhebung des Bodens, 2) ein reichlicher

Fig. 30. Der Jorullo.

Auswurf von Stein, Sand und Asche, die um die Oeff=
nung des Bodens herum kugelförmig aufgeschüttet werden
und 3) Erguß von Lava.

Wir dürfen daher auch schließen, daß die alten und
hohen Bulkane, deren Entstehung vor die Zeit des Men=
schengeschlechtes zurückfällt, in ähnlicher Weise sich ge=
bildet haben, wenn es uns auch nicht möglich sein dürfte,
jetzt immer zu entscheiden, welchen Antheil die Erhebung
an der Bildung des Berges gehabt und wie oft sich
dieselbe wiederholt habe.

Sonstige Producte vulkanischer Thätigkeit.

Wir haben als die wichtigsten und augenfälligsten Er=
zeugnisse vulkanischer Thätigkeit diejenigen näher betrachtet,
welche entweder in fester oder flüssiger Form aus dem
Krater oder Spalten des Berges ausgeworfen worden,
nämlich Asche, Sand, Steine, Lava und Wasser. Wenn
man am Ende eines Ausbruches oder nach einem solchen
die Bulkane näher untersucht, findet man auch noch eine
Reihe anderer Producte, welche durch Sublimation ge=
gebildet, d. h. in der großen Hitze für sich oder mit Wasser=
dämpfen ebenfalls in Dampfform aufstiegen und beim
Erkalten des Berges sich in den Spalten und Ritzen des
Kraters oder selbst außen am Berge, zum Theil auch auf
den Lavaströmen selbst absetzten. Zu diesen Producten ge=
hören Schwefel, Kochsalz, Chlorkalium und Salmiak, von
denen namentlich der erstere und der letztgenannte oft in
so großen Mengen angetroffen werden, daß sie einen
wichtigen Erwerbszweig für die Umwohner eines solchen
Bulkanes bilden. Gerade in Beziehung auf diese Neben=

erzeugnisse verhalten sich die einzelnen Vulkane sehr verschie=
den.   Der Schwefel verdankt seine Entstehung wohl aus=
schließlich dem Schwefelwasserstoffgas, das sich an der
Atmosphäre zersetzt und Schwefel ausscheidet.   Während
der Eruption verbrennt dieses Gas, das eine wenig leuch=
tende, bläuliche Flamme bildet, zu schwefliger Säure, bei
niedriger Temperatur zersetzt es sich und bildet Wasser
und Schwefel.   In den erloschenen oder richtiger schlum=
mernden Vulkanen ist die Entwickelung von Schwefelwasser=
stoff und Bildung von Schwefel die gewöhnlichste Erschei=
nung, welche seit uralter Zeit die Aufmerksamkeit auf sich
gezogen und den alten Vulkanen in diesem Zustande, wenn
derselbe dauernd sich zeigt, den Namen Solfatara ver=
schafft hat.   „Der Eindruck, welchen ein solcher mit stinken=
den Dämpfen, mit Schwefelkrusten und Salzen erfüllter
und bunt bekleideter Krater auf die Phantasie macht, ist
in hohem Grade ergreifend.   Die Alten glaubten sich an
solchen Stellen an den Pforten der Unterwelt und nann=
ten daher den Krater der Solfatara Forum Vulkani."
(Hoffmann.)   In diesem Zustande der Incrustation von
Schwefel und Salzen zeigen sich auch die meisten Vul=
kane unmittelbar nach einer Eruption.   Nirgends ist bis
jetzt der Schwefel in so großer Menge gefunden worden,
als am Aetna, in dessen Umgegend jährlich mehrere
Millionen Centner dieses so wichtigen Stoffes gewonnen
werden, die seit den ältesten Zeiten sich hier angesammelt
haben.

     Der Salmiak ist das zweite technisch wichtige Pro=
duct der Vulkane.   Er dürfte kaum einem ganz fehlen,
doch ist es auffallend, daß er an manchen kaum in Spuren

auftritt, während andere ungeheuere Quantitäten davon
erzeugen. Lange Zeit kannte man ihn nur von den Vul=
kanen Central=Asiens, dem Hotscheu und Peschan. Die
Umwohner des letzteren zahlen ihren jährlichen Tribut an
den Kaiser von China ganz in diesem Salze, das von die=
sen beiden Bergen durch ganz Asien verbreitet wird und
vorzugsweise durch armenische Kaufleute nach Europa kam.
Daher erhielt es den ursprünglichen Namen Sal Arme-
niacum, aus dem durch Verstümmelung zuerst Sal Am-
moniacum und dann Salmiak gebildet wurde. Ueber die
Bildung dieses Salzes an den Vulkanen sind die Chemiker
nicht ganz einig, auch nicht darüber, ob sich derselbe fertig
gebildet als Sublimationsproduct absetze oder ob er erst
an der Atmosphäre aus seinen beiden Bestandtheilen Chlor
und Ammonium entstehe. Eines der häufigeren Exhala-
tionsproducte sind nämlich Salzsäuredämpfe (chlorwasser=
stoffhaltige Dämpfe), obwohl auch diese manchen Vulkanen
immer und bei einzelnen Eruptionen anderer, die sie sonst
führen, ganz fehlen. Treffen nun diese Ammoniak an, so
bilden sie mit diesem den Salmiak. Die vielfach erörterte
Frage ist nun die, woher das Ammoniak dazu stamme.
Für die Isländischen Vulkane, welche oft sehr reich an
diesem Salze sich zeigen, nahm Bunsen an, daß wenn die
Lava über Wiesen oder sonst bewachsenes Land ströme,
die Gewächse das Ammoniak lieferten. Die große Menge
dieses Salzes auf der so pflanzenarmen Insel und der
Umstand, daß er selbst an Stellen gefunden wird, wo
Jahrhunderte hindurch keine Spur von Pflanzen wuchs,
veranlaßten Sartorius, in dem Ammoniakgehalt der Luft
die Quelle des letzteren Bestandtheiles zu suchen. Es

wird wohl noch weiterer Untersuchungen bedürfen, um
darüber sich Sicherheit zu verschaffen.

Auch das Kochsalz ist von manchen Vulkanen schon
in sehr beträchtlicher Menge geliefert worden. Man hat
in seiner Anwesenheit den Beweis sehen wollen, daß
Meerwasser in den Vulkan eintrete. Wenn dies auch bei
manchen Eruptionen einiger dem Meere nahe gelegenen
Vulkane der Fall sein mag, so muß man doch darauf kein
zu großes Gewicht hinsichtlich der Entstehung der vulkanischen Eruptionen legen. Denn wäre der Zutritt von
Meerwasser zum Zustandekommen derselben unumgänglich
nöthig, so müßte man es bei jeder Eruption finden, was
aber durchaus nicht der Fall ist. —

Unter den letzten und unsichtbar dem Berge entströ-
menden Erzeugnissen der Vulkane ist noch eines zu erwähnen, welches noch gegenwärtig von vielen als erloschen
bezeichneten Vulkanen selbst früherer Erdperioden in
großen Mengen ausgehaucht wird, die Kohlensäure.
Namentlich in der Umgegend des Vesuvs entströmt sie
nach Ausbrüchen desselben oft in großer Menge dem
Boden an vielen Orten und bildet so die gefährlichen
Mofetten, die besonders in Kellern, Höhlen und an
Orten, wo die Luft eingeschlossen ist, sich ansammeln und
Menschen und Thieren, die in den Bereich dieses unsichtbaren Feindes gelangen, plötzlichen Tod bringen. Man
vermuthet, daß der Tod des älteren Plinius im Jahre 79
dieselbe Ursache hatte.

Die übrigen selteneren Erzeugnisse vulkanischer Thätigkeit wollen wir ihrer geringen Bedeutung wegen übergehen.

————

Viertes Kapitel.

Die Urſache der vulkaniſchen Erſcheinungen.

Wir hatten es bisher lediglich mit der Schilderung von Erſcheinungen zu thun, welche eine einfache Beobachtung vollſtändig genau aufzufaſſen im Stande iſt. Wenn wir jetzt nach der Urſache dieſer Erſcheinungen fragen, nach den Kräften, welche dieſelben erzeugen, ſo müſſen wir das Gebiet der Thatſachen verlaſſen und uns mehr oder weniger auf das unſichere Feld von Vermuthungen und Meinungen begeben, und noch dazu auf ein ſolches, auf dem ſeit Jahrhunderten eben dieſer Erſcheinungen wegen die heftigſten Kämpfe der verſchiedenen geologiſchen Schulen geführt wurden, ohne daß dieſelben bis jetzt zu einer ganz beſtimmten Entſcheidung gebracht worden wären. Dieſe Thatſache bringt jeden Unbefangenen zu dem Schluſſe, daß es eben eine höchſt ſchwierige und ebenſo ſchwer zu entſcheidende Frage ſei, wie die vulkaniſchen Erſcheinungen zu Stande kommen. Es läßt ſich daher bei dem gegenwärtigen Stande unſeres Wiſſens nur eine unvollkommene Antwort auf dieſelbe geben und die folgenden Erörterungen ſollen den Leſer in den Stand ſetzen, klar dieſe Schwierigkeit zu erkennen und ſelbſt zu beurtheilen, welche Erklärungsweiſe wohl die wahrſcheinlichſte ſei.

Wir wollen, um uns die Aufgabe zu erleichtern, dieſelbe in einzelne Theile zerlegen. Wenn wir nämlich die vulkaniſchen Erſcheinungen näher ins Auge faſſen, ſo können wir dieſelben in zwei von einander unabhängig

erscheinende Symptomgruppen zerlegen und jede für sich
betrachten.　Wir bemerken nämlich 1) die Entwickelung
ungeheuerer Hitze, das Hervorkommen ganz erstaunlicher
Massen glühend heißer Stoffe, also Wärmeerscheinungen,
2) die Entfaltung gewaltiger mechanischer Kräfte, durch
welche ganze Stücke der Erdrinde bewegt, große Massen
hoch in die Luft geschleudert werden, also Kraftentwick=
lung.　Wir wollen nun diese beiden Theile vulkanischer
Thätigkeit näher in Beziehung auf ihre Ursachen ins
Auge fassen.

Ursache der Wärmeerscheinungen.

Wir haben bei der Betrachtung der Verhältnisse der
Lava schon gezeigt, daß dieselbe wirklich eine heißflüssige,
geschmolzene Masse darstelle und einen so hohen Hitzegrad
habe, wie wir denselben auf der Erde nur in unseren Hoch=
öfen künstlich erzeugen können.　Man kann dieselbe wohl
auf 2000 ^{0} C. veranschlagen; denn nach directen Ver=
suchen ist zwar der Schmelzpunkt mancher Laven dem des
Eisens gleich, also ca. 12—1400 ^{0}, sie hat aber bei ihrem
Ausflußpunkte aus dem Krater jedenfalls eine viel höhere
Temperatur, wie schon daraus hervorgeht, daß sie alte
und längst erkaltete Lava wieder zum Schmelzen brachte.
So wenig nun Wasser, das nicht über seinen Schmelz=
punkt oder, wie wir ihn gewöhnlich bezeichnen, Gefrier=
punkt erwärmt ist, Eis zu schmelzen vermag, ebenso wenig
vermag die Lava bereits erstarrte alte zu schmelzen, wenn
sie nicht ebenfalls über ihren Schmelzpunkt erhitzt ist.

Wir sehen auch, welche gewaltige, bei einem Er=
guß selbst Billionen Kubikfuß erreichende Menge solcher

glühender Massen ausgeworfen werden, so daß wir daraus entnehmen müssen, daß in der Tiefe, aus welcher sie kommt, ein ungeheuerer Wärmeschatz vorhanden sein müsse.

Woher kommt nun diese Wärme?

Bei der Beantwortung dieser Frage gehen nun die Meinungen der Geologen weit auseinander. Die einen sagen: durch wärmeerzeugende Processe im Innern der Erde wird die Lava der Eruptionen jedesmal neu geschmolzen, es ist eine meist locale Erscheinung; die andern behaupten: überall unter der Erdrinde befinden sich geschmolzene Massen, welche durch die Eruptionen nicht erzeugt, sondern nur zu Tage gefördert werden. Die Erde ist eine geschmolzene Kugel, von einer erstarrten Rinde umgeben, überall müssen sich in der Tiefe geschmolzene Massen finden.

Wir wollen zunächst die letztere Ansicht näher ins Auge fassen. Es leuchtet sofort ein, daß wenn dieselbe einigermaßen auf Glaubwürdigkeit Anspruch machen will, sie das Vorhandensein von Wärme im Innern der Erde an allen Orten muß nachweisen können. Das letztere ist nun in der That möglich. Es ist eine allgemeine Thatsache, welche durch die sorgfältigsten Untersuchungen der Neuzeit überall bestätigt worden ist, daß ganz unabhängig von den äußeren Temperaturverhältnissen die Wärme mit der Tiefe zunimmt. Genaue und Jahre lang fortgesetzte Beobachtungen an den verschiedensten Orten haben Folgendes festgestellt. Die äußeren erwärmenden wie erkältenden Einflüsse machen sich nur bis zu einer gewissen Tiefe noch bemerklich und werden mit der Entfernung von

der Oberfläche immer geringer. Das letztere zeigt Jedem
das Verhalten unserer Keller auf das deutlichste. In einer
Tiefe, welche je nach der Beschaffenheit des ihn bildenden
Materials und den Unterschieden zwischen höchster und
niederster Temperatur eines Jahres in unseren geographi=
schen Breiten zwischen 60—80 Fuß wechselt, herrscht
beständig dieselbe Temperatur. Diese Temperatur ist gleich
der mittleren Jahrestemperatur an der Oberfläche der
Erde am Beobachtungsorte. Dringt man nun noch tiefer
in die Erde, so bemerkt man, daß von diesem Punkte an
die Wärme constant und, soweit man bis jetzt directe
Untersuchungen vornehmen konnte, ziemlich regelmäßig
zunimmt. Es ist dies durch zahllose Beobachtungen in
hunderten von Bergwerken aller Länder unter den ver=
schiedensten Himmelsstrichen ausnahmslos nachgewiesen
worden. In gleicher Weise haben, und zwar bis zu
noch größeren Tiefen hinab, die Bohrlöcher der artesischen
Brunnen dasselbe Resultat ergeben. Die höchste bis jetzt
in gemessener Tiefe vorgefundene Temperatur betrug
41,7 ° C. Sie wurde in einem 1071 Fuß tiefen Bohr=
loche bei Monte Massi in Toscana gefunden. Das am
weitesten unter den Meeresspiegel hinabreichende Bohr=
loch befindet sich in Neusalzwerk in Westphalen; es geht
bei einer Tiefe von 2144 Par. Fuß 1926 Fuß unter
den Meeresspiegel hinab und zeigte auf seinem Grunde
eine Temperatur von 33,6 °.

Ueber das Gesetz, nach welchem Wärmezunahme er=
folgt, weichen aber die verschiedenen Beobachtungsreihen
merklich von einander ab. Als Mittel ergibt sich in runder
Zahl auf je 100 Fuß der Tiefe 1 ° Wärmezunahme.

Ausnahmen in dem Sinne, daß die Wärmezunahme
ſchon nach weniger Fußen erfolge, ſind häufiger als die,
welche eine langſamere Steigerung der Wärme erkennen
laſſen.

Ebenſo wenig klar geht aus den bisherigen Beobachtungen hervor, nach welcher Progreſſion die Temperatur-
zunahme erfolge, ob nicht weiter nach innen immer
mehr der Zwiſchenraum ſich ſteigere, der zwiſchen zwei
um einen Grad des Thermometers von einander verſchiedenen Punkten liegt.

Daß wir aber bei dieſen Wärmegraden nicht ſtehen
bleiben dürfen, wenn wir uns fragen, welche Temperatur
das Erdinnere habe, dafür haben wir auch noch thatſäch-
liche, deutliche Beweiſe. Wir finden nämlich von den
Graden, die wir direct mit unſeren Thermometern als
Temperatur der Erde kennen gelernt haben, alle weiter
folgenden an den warmen Quellen. Dieſe kommen mit
allen Temperaturen, die das Waſſer annehmen kann,
ebenfalls in allen Ländern und allen geographiſchen
Breiten an der Oberfläche hervor. Gerade die mächtigſten
und heißeſten, welche die höchſte Temperatur zeigen, die
das Waſſer überhaupt anzunehmen im Stande iſt, finden
ſich in einem der kälteſten Länder, auf der Inſel Island.
Da alles Quellwaſſer von außen in die Tiefe gedrungenes
atmoſphäriſches Waſſer iſt, ſo kann es die hohe Temperatur, mit welcher es als Quelle hervorſprudelt, nur in
dem Boden erhalten haben, durch den es gefloſſen iſt,
und wir ſind berechtigt, anzunehmen, daß der Boden als
ſolcher dieſe Temperatur habe, wenn wir nicht allenfalls
eine andere Wärmequelle auffinden. Man hat, wie wir

11*

später sehen werden, allerdings nach solchen gesucht, aber
keine gefunden.

Das Wasser kann keine höhere Temperatur als die
seines Siedepunktes zeigen. Wir können daher aus der
Tiefe Wasser mit höherer Temperatur nicht aufsteigen
sehen. Auf der anderen Seite sehen wir aber eben an
den Laven, daß an einer sehr großen Anzahl von Orten,
nämlich in den vulkanischen Gegenden, aus dem Innern
der Erde geschmolzene Massen mit einer sehr hohen Tem=
peratur hervorquellen. Die überwiegende Anzahl der
Geologen ist nun der Ansicht, daß man berechtigt sei, so
zu schließen: da wir überall auf der Erde die Tem=
peratur mit der Tiefe zunehmen sehen, so wird auch in
sehr bedeutender Tiefe überall ein Punkt kommen, wo
die Gesteine geschmolzen sind.

Als weitere Gründe für ihre Annahme stützen sie sich
auf eine Erscheinung, die sich aus derselben sehr unge=
zwungen erklären läßt, außerdem gar nicht, nämlich auf
die, daß in den frühesten Zeiten unserer Erdgeschichte,
auch in denjenigen Gegenden, in welchen die Sonne $\frac{1}{4}$
Jahr gar nicht scheint, ein warmes Klima geherrscht
haben müsse, wie sich aus den dort gefundenen Resten
von Pflanzen und Thieren, die in jener Zeit daselbst
lebten, deutlich nachweisen läßt. Sie führt ferner die
neuesten Entdeckungen und Resultate der Astronomie als
für diese Ansicht sprechend an, nach welchen jeder Himmels=
körper dieselben Stadien der Entwickelung zu durchlaufen
habe. Es sind dies der gasförmige oder dampfförmige
Zustand, darauf der heißflüssige, glühende, dann der der
fortschreitenden Abkühlung und Rindenbildung.

Unſere Erde wäre demnach in dieſem dritten Stadium.

Wie aus dem oben erwähnten hervorgeht, kennen wir nicht genau das Geſetz, nach welchem die Temperatur= zunahme in größeren Tiefen erfolgt. Würde dieſelbe in einfacher arithmetiſcher Progreſſion vor ſich gehen, alſo immer nach je 100 Fuß die Temperatur um 1° zuneh= men, ſo würde in einer Tiefe von 10,000 Fuß oder circa $\frac{1}{2}$ Meile Siedehitze herrſchen und 9 Meilen unter der Oberfläche Alles geſchmolzen ſein. Wegen der ſchon beſprochenen Un= ſicherheit der Wärmezu= nahme aber nimmt man gewöhnlich 10—15 Mei= len als diejenige Größe an, welche der Dicke unſerer Erdrinde entſpricht. Die letztere Zahl entſpricht $\frac{1}{60}$ des Halbmeſſers der Erde. Es würde demnach das Verhältniß der Dicke un= ſerer Erdrinde zu ihrem flüſſigen Kerne ſich ebenſo

Fig. 31.

verhalten, wie die Schale eines Eies zu ſeinem Inhalte. Die obenſtehende Figur mag dieſes veranſchaulichen. Stellt AC den Halbmeſſer der Erde von 860 g. M. Länge dar, ſo gibt der Theil zwiſchen den beiden Linien A 10

und 15 das richtige Verhältniß einer 10 oder 15 g. M.
dicken Erdrinde an. Die Tiefenstufe, welche wir direct
mit unseren Instrumenten bis jetzt erreicht haben, ließe
sich bei diesem Maßstabe nicht mehr angeben, indem selbst
die Höhe des höchsten Berges (26,000 Fuß) nur der
Dicke der äußeren Linie, welche die Oberfläche der Erde
bezeichnet, entsprechen würde. Man sieht daraus sofort,
daß alles, was uns von der Erde sichtbar ist, kaum so
viel beträgt, wie das Oberhäutchen eines großen Apfels
im Vergleich mit diesem selbst.

Wir wollen nun auch die andere Ansicht über die
Wärme der Erde näher ins Auge fassen, nach welcher
alle Wärmeerscheinungen in derselben durch locale Processe erzeugt werden.

Man hat auf alle mögliche Weise versucht, solche
Wärme erzeugenden Vorgänge zu ersinnen, die im Innern
der Erde die tieferen Schichten erhitzen, die Quellen zum
Kochen und die Gesteine zum Schmelzen bringen soll.
Die Physik, die Chemie und die Mechanik wurde um
Hülfe angegangen und es läßt sich nicht leugnen, daß sich
die Anhänger dieser Theorie gewaltig erhitzten, die Erde
nach ihrer Weise zu erwärmen, aber alle ihre Bestrebungen
vollständig vereitelt sahen. Manche fielen dann auf den
desperaten Ausweg, die Thatsachen zu leugnen, und so
hat es selbst in der jüngsten Zeit an solchen nicht gefehlt,
die im schreiendsten Widerspruch mit allen Beobachtern
von ihrem Studirzimmer aus decretirten, daß die Lava
gar nicht so heiß sei, wie man sich einbilde. Wahrscheinlich
weil sie derselben nie näher als einige hundert Meilen
gekommen waren und in dieser Entfernung natürlich

keine merkliche Wärme an derselben verspürten. Es würde
eine große Zeitverschwendung sein, auf alle die mannich=
faltigen Versuche einzugehen, die Wärmeerscheinungen
in der Erde als fortwährend neu erzeugte zu erklären.
Man hat die wunderlichsten Hypothesen aufgestellt, um
sich zu helfen. Bald sollten die verschiedenen Gebirgs=
schichten große galvanische Batterien bilden und Hitze
erzeugen, bald wurden brennende Steinkohlenlager oder
Schwefelkieslager angenommen, welche die Erdrinde heizten.
Dann nahm man zu chemischen Processen seine Zuflucht,
ohne dieselben übrigens näher zu bezeichnen, durch welche
Wärme erzeugt würde, aber alle diese Erklärungsversuche
zeigten weiter nichts, als die Unmöglichkeit, auf diese
Art eine hinreichende Menge Wärme zum Vorschein zu
bringen. Sie tragen für den mit physikalischen oder chemi=
schen Vorgängen Vertrauten den Stempel der Lächerlich=
keit nur allzu deutlich an sich. Eben so unzureichend wird
Jeder den neuesten Versuch der Erklärung auf diesem
Wege finden, der von Mohr herrührt, so sehr er auch
durch Zahlen und Herbeiziehen physikalischer Gesetze sich
den Schein von Wahrscheinlichkeit zu geben sucht. Man
sieht daraus, daß man bei physikalischen Verhältnissen
ganz richtige Zahlen anwenden und richtig addiren, mul=
tipliciren und dividiren kann und dabei schließlich doch ein
ganz falsches Resultat erhalten. Mohr geht von dem durch
die neuere mechanische Wärmetheorie aufgestellten Grund=
satz aus, daß jede Bewegung Wärme erzeugt und daß
namentlich, wenn ein bewegter Körper auf einen anderen
aufstößt und dabei zur Ruhe kommt, Wärme frei wird,
deren Menge abhängig ist von der Masse und Geschwin=

digkeit des bewegten Körpers. Die genauesten, vielfach
wiederholten Versuche haben nun ergeben, daß wenn ein
Körper von 1400 Pfund Gewicht einen Fuß herabfällt, an
der Aufschlagstelle so viel Wärme frei wird, als hinreichend
ist, um 1 Pfd. Wasser um 1° C. zu erwärmen. Er benutzt
nun sehr sinnreich diese Erfahrung zum Basaltschmelzen
und construirt sich höchst theoretisch seine Schmelze in fol=
gender Weise: Man nehme einen Stempel aus der Erd=
rinde von 1 Quadratfuß Fläche und 3 Meilen Höhe,
lasse diesen 1 Fuß hoch fallen, so wird durch das Auf=
fallen so viel Wärme erzeugt, als nöthig ist, 38 Pfund
Basalt zu schmelzen (die Schmelzhitze desselben ist dabei
allerdings nur zu 1000° C. angenommen). Das wohl=
gelungene Experiment im Kleinen wird dann sofort im
Großen angestellt. Nun wird sogleich eine Schichte von
derselben Höhe von $\frac{1}{4}$ Meile Flächeninhalt in derselben
Weise fallen gelassen, die gibt uns dann schon so viel
Wärme, als nöthig ist, 28 Millionen Kubikfuß zu schmelzen,
den Kubikfuß zu 150 Pfund angenommen.

Das klingt nun allerdings ganz plausibel und doch
ist es der größte Irrthum, damit die vulkanischen Erschei=
nungen, zunächst nur die Wärmeerscheinungen der Lava,
damit erklären zu wollen. Denn erstens setzt dieses Rai=
sonnement voraus, daß eine solche Masse frei herab=
falle, und Mohr hat leider vergessen zu sagen, wie sie
vorher in der Höhe gehalten werden, und zweitens hat
er wieder vorausgesetzt, daß die gesammte beim Aufstoß
frei werdende Menge der Wärme sich dazu herbeilasse, nur
auf 28 Millionen Kubikfuß sich zu concentriren und diese
zu schmelzen. Die übrigen Massen kriegen einstweilen

nichts von der erzeugten Wärme, die müſſen nach wie vor
gleich kalt bleiben und warten, bis Mohr aufs neue die
Erdrinde hebt und fallen läßt, um auch ſie zu ſchmelzen,
um ein Lavaſtrömchen zu erhalten.

Wohlweislich hat Herr Mohr ſeinen Leſern, denen
er ſonſt alles ganz genau vorgerechnet, nicht geſagt, wie
viel Quadratfuß eine Viertelquadratmeile hat. Es ſind
nehmlich nicht weniger als 130 Millionen. Daraus
ergibt ſich, daß wenn jene Erdſchichte unten aufſchlägt, die
Wärme ſich ebenſowohl auf die untere Fläche der ſinkenden
Schicht, wie auf die der Unterlage, alſo über 260 Milli=
onen Quadratfuß, ſich vertheilen muß. Denken wir uns
auch die Wärmemenge nur auf $\frac{1}{2}$ Fuß nach oben und
unten von dieſen beiden Flächen aus wirkend, ſo würde
ſie dann dieſe 260 M. halbe Kubikfuß auf 250^{0}
erwärmen.

Wir brauchen wohl kaum zu erwähnen, daß das
Mißverhältniß noch größer wird, wenn wir eine etwas
richtigere, den Verhältniſſen in der Natur entſprechendere
Annahme machen, daß nämlich ein ſolches Erdrindenſtück
nicht frei falle, ſondern ſich ſenke. In dieſem Falle
vertheilt ſich nämlich die Wärme noch viel mehr, zunächſt
auch auf alle die Seitenwände, mit welchen die ſinkende
Maſſe in Berührung kommt. Nehmen wir z. B. an, daß
dieſelbe eine quadratiſche Baſis habe, alſo ein recht=
winkliges, vierſeitiges Prisma darſtelle, ſo würde die
Fläche deſſelben und die Gegenfläche der ſtehen bleibenden
Erdrinde, an der es ſich beim Sinken reibt, ſo groß ſein,
daß bei gleichmäßiger Vertheilung der frei werdenden
Wärme unter derſelben Vorausſetzung wie oben (nämlich

der, daß die Wärme $1/_2$ Fuß nach beiden Seiten hin
wirke) die Temperaturerhöhung doch nur 8° betrage.

Man sieht daraus, daß auch dieser Versuch, die
Schmelzhitze der Lava zu erklären, ein ebenso verunglückter
ist, als alle früheren.

Die zweite Seite der vulkanischen Erscheinungen, die
einer Erläuterung bedarf, ist

die ungeheuere mechanische Kraftentwicklung.

Wenn wir hinsichtlich dieses Punktes die verschiedenen
Erklärungen, welche von den beiden großen geologischen
Parteien, den Neptunisten und den Vulkanisten (auch
Plutonisten genannt) darüber früher gegeben worden sind
und gegenwärtig gegeben werden, mit einander vergleichen,
so sehen wir, daß sich beide bis zu einem gewissen Punkte
sehr nahe gekommen sind, indem beide für einen Theil
dieser Kraftäußerungen dasselbe mechanische Verhältniß
zur Erklärung herbeiziehen, das wir kurz, um alle dabei
wieder eintretenden Meinungsdifferenzen dabei zu vermeiden, als Druck auf die im Innern der Erde
vorhandenen flüssigen Massen bezeichnen können.

Durch einen solchen Druck auf diese beweglichen
Massen werden dieselben in die Höhe zu steigen suchen und
entweder schon vorhandene Spalten und Kanäle, wie sie die
Vulkane darbieten, benutzen, oder auch sich solche neu zu
schaffen suchen. Um es kurz zu sagen, das Aufsteigen der
Lava aus der Tiefe läßt sich durch einen solchen hinreichend
großen Druck mechanisch wohl erklären. Wodurch nun
dieser Druck erzeugt werde, darüber gehen nun die Meinungen allerdings weit auseinander, indem eine ziemliche

Anzahl von Verhältniſſen angegeben werden kann, durch
welche ein Druck erzeugt wird.

Die einfachſte Weiſe der Erklärung für denſelben iſt
wohl die, welche ſich auf die Thatſache ſtützt, daß noch
gegenwärtig vor unſeren Augen viele Theile der Erdrinde
in einem Sinken begriffen ſind, eine Erſcheinung, die wir
ſpäter noch ausführlicher zu beſprechen haben werden.
Dieſe müſſen dabei natürlich einen Druck auf die flüſſigen
Maſſen ausüben, die ſich unter ihnen finden, und die=
ſelben zwingen, ſich irgendwo einen Ausweg nach oben
zu ſuchen.

Man hat ferner angenommen, daß in Folge der noch
ſtets wenn auch äußerſt langſam fortſchreitenden Abküh=
lung die Erde, wie jeder kälter werdende Körper, einer
Verringerung ſeines Volumes unterworfen ſei, ſich alſo
zuſammenziehe, und daß die Rinde auf dieſe Weiſe einen
gleichmäßigen, allſeitigen Druck auf die inneren noch
flüſſigen Theile ausübe. Das wäre jedoch nur in dem
Falle möglich, wenn die erſtarrte Rinde eine vollkommen
zuſammenhängende, von keinen Spalten durchzogene
Schale darſtellte. So wie dieſelbe aber von ſolchen
Riſſen in einzelne Stücke getheilt iſt, wie wir es wirklich
ſehen, wird ſich jedes ſolche Stück für ſich zuſammenziehen,
und eine Verkleinerung des Durchmeſſers dieſer feſten
Schale iſt nicht möglich, ſondern höchſtens ein Breiter=
werden der Spalte. Ein einfaches Beiſpiel mag dieſes
klar machen. Man denke ſich eine Kugel von Eiſen, um
die ein Ring von gleichem Metalle und von einem ſolchen
Durchmeſſer gelegt iſt, daß der Ring im erhitzten, alſo
ausgedehnten Zuſtande um die Kugel ſo genau paßt, daß

dieselbe gerade hindurchfallen kann. Läßt man nun den
Ring sich abkühlen, so wird derselbe enger werden und
allerdings einen Druck auf die Kugel ausüben.   Nun
denke man aber den Ring in einzelne Stücke zertheilt, so
wird derselbe, wenn er sich abkühlt, unmöglich mehr die
Kugel pressen können, weil er kein zusammenhängendes
Ganzes mehr bildet; die im erwärmten Zustande fest an
einander liegenden Theile werden sich durch die Abkühlung
von einander entfernen und die Risse zwischen ihnen
werden deutlicher hervortreten.   Die in einzelne Stücke
zertheilte Erdrinde kann nur durch ihr Aufliegen auf
dem flüssigen Erdkerne einen Druck auf diesen ausüben,
also durch ihr Gewicht wirken, und es kommt der Druck,
den man in Folge der Abkühlung annimmt, auf den
durch Senkung erzeugten hinaus.

Einige Geologen haben auch die Ansicht geäußert,
daß, indem die Rinde durch Abkühlung noch dicker werde,
die an ihrer Innenseite sich ansetzenden Massen beim
Uebergange aus dem flüssigen in den festen Zustand ein
größeres Volumen einnähmen und dadurch wiederum auf
den noch flüssigen Theil einen Druck ausübten. Mit Aus=
nahme des Wassers und einiger weniger Körper sehen wir
nun allerdings bei allen übrigen Körpern das entgegen=
gesetzte Verhalten eintreten, d. h. sie nehmen beim Ueber=
gang aus dem flüssigen in den festen Zustand ein gerin=
geres Volum ein.   Da wir nicht wissen, wie sich in dieser
Beziehung die hier in Betracht kommenden Massen ver=
halten, so können wir nicht geradezu behaupten, daß auf
diese Weise kein Druck stattfinden kann, die Möglichkeit
muß man zugestehen, aber es liegt auch durchaus kein

Grund vor, welcher diese Annahme zu einer wahrschein=
lichen macht.

Unter allen Umständen würden wir zu einem der=
artigen Auskunftsmittel nur dann zu greifen genöthigt
sein, wenn andere Erklärungsversuche nicht zum Ziele
führten. Nun liegt durchaus nichts vor, was die zuerst
erwähnten Senkungen als unzureichend erscheinen ließe.
Denn so groß auch der Betrag einzelner Lavaströme
erscheint, so gering ist derselbe, wenn wir ihn mit dem
Volumen der Erde oder selbst nur mit dem eines Stückes
der Erdrinde vergleichen. Einen mittleren Lavastrom
z. B. können wir zu 500 Millionen Kubikfuß annehmen.
Dächten wir uns nun eine Contraction oder Senkung der
ganzen Erdrinde auch nur um $\frac{1}{600000}$ einer Linie, so würde
dieselbe doch hinreichen, um einen solchen Lavastrom zu
liefern. Es hat nämlich die Oberfläche der ganzen Erde
9,279,848 Q.=Meilen und eine Q.=Meile 521,682,649
C.=Fuß. Nehmen wir diese letztere Zahl als die Anzahl
der Kubikfuße eines mittleren Lavastromes an, so werden
wir offenbar die Größe der Contraction der gesammten
Erdrinde, welche demselben Volumen entspricht, erhalten,
wenn wir 1 Fuß oder 144 Linien mit 9,279,848 divi=
diren, was dann obige Zahl $\frac{1}{600000}$ Linie gibt. Würden
daher auch in jedem Jahre 100 solche Lavaströme an die
Oberfläche der Erde gelangen, so wären doch noch immer
6000 Jahre nöthig, um den Halbmesser der Erde auch
nur um 1 Linie zu verringern. Man hat wohl hie und
da das Verhältniß der vielfach zerspaltenen Erdrinde zu
dem flüssigen Erdkerne mit dem Verhalten der Eisschollen
in einem See verglichen, und bis zu einem gewissen Grade

paßt auch dieser Vergleich, nur darf man nicht so weit
gehen, wie dies früher wohl geschehen ist, anzunehmen,
daß die Erdrinde auf dem flüssigen Inhalte schwimme,
daß ganze Kontinente wie ein Eisberg ins Wasser tief in
die flüssige, heiße Masse eintauchten. Das ist schon aus
dem Grunde nicht möglich, weil die ganze Erdrinde, wenn
auch vielfach zerklüftet, doch eine Schale oder eine Art
von Gewölbe über dem heißen Kerne bildet, das wohl mit
einzelnen Theilen auf denselben etwas drücken, aber nicht
in demselben schwimmen kann. Das Verhalten der Lava=
ströme selbst zeigt uns dieses. Wir sehen nämlich dieselbe
überall nur über den Krater ausfließen, aber nicht in
hohen Strahlen ausspritzen, wie es der Fall sein müßte,
wenn eine so kolossale Wucht, wie die eines Theiles der
10—15 Meilen dicken Erdrinde frei niedersinken könnte*),
und die verdrängte Flüssigkeit durch einen so engen Kanal,
wie der Krater eines Berges, auszuweichen zwänge.

Manche Geologen glauben, mit der Annahme eines
Druckes von außen auf die innere Flüssigkeit auszureichen
und alle Erscheinungen der Vulkanausbrüche damit erklären
zu können. Es bleibt jedoch dann noch eine Reihe der=
selben unerklärt, die uns zwingen, noch eine weitere
mechanische Kraft herbeizuziehen. Wir sahen, daß unter
den vulkanischen Erscheinungen eine große Anzahl solcher

---

*) Das hie und da beobachtete Aufsteigen einer Lavasäule,
wie z. B. auf der Insel Hawai, rührt von dem hydrostatischen
Drucke einer in dem Hauptkrater höher als die Ausbruchsstelle
aufgestiegenen Lavamasse her und erfolgt daher nie auf dem
Gipfel eines Vulkanes, sondern an einer tieferen Stelle.

ſich finden, welche deutlich eine ungemein ſtarke, von unten
nach oben wirkende Propulſivkraft bekunden.   Wir rechnen
hierher die heftigen von unten her erfolgenden Erdſtöße
mit dem ungeheuer ſtarken unterirdiſchen Gebrülle, die
häufig eine Zerreißung des Berges bewirkenden Erſchütte=
rungen des Vulkanes und der Umgegend und die bis zu
mehreren tauſend Fuß hoch emporgeſchleuderten Steine
und Felſen.   Durch einen bloßen Druck in der Umgegend
des Berges auf den flüſſigen Erdkern laſſen ſich dieſe Er=
ſcheinungen nicht erklären.   So wenig man im Stande iſt,
durch Druck von oben auf einen Steinhaufen, in den eine
Röhre geſteckt iſt, eine Steinfontaine zu erzeugen, ebenſo
wenig können durch den Krater des Vulkans Steine aus=
gepreßt werden.   Das Emporfliegen der Steine, während
die Lava ruhig über den Kraterrand abfließt, zeigt uns
deutlich, daß hier kein Druck wirkt, ſondern eine Kraft,
welche ein Fortſchleudern feſter Maſſen zu erzeugen im
Stande iſt, eine Propulſivkraft, wie wir es oben be=
zeichneten.

Wodurch kann dieſe erzeugt werden? Sehen wir uns
auf der Erde um und fragen wir uns, mit was wir die
gewaltigſten mechaniſchen Wirkungen zu Stande bringen,
ſo finden wir einen Stoff, deſſen Gegenwart bei allen
Vulkanausbrüchen die Beobachtung zeigt, nämlich erhitzten
Dampf, deſſen erſtaunliche Wirkungen ja allbekannt ſind.
Gerade wie Dämpfe verhalten ſich auch Gaſe, und man
hat daher ſchon ſeit langer Zeit erhitzte Dämpfe und Gaſe
wenn nicht als das einzige Agens, ſo doch als dasjenige
erkannt, welches neben dem Drucke die Reihe von Erſchei=
nungen bei den Vulkanausbrüchen zu erklären im Stande

ist, welche von der Wirkung des Druckes allein unmöglich herrühren können.

Wir haben schon bei den Beispielen vulkanischer Eruptionen angeführt, welche gewaltige Dampfmassen den Kratern entsteigen, wie dieselben oft in ungeheueren Blasen aus der flüssigen Lava sich frei machen und Steine, Sand und Asche mit sich in die Höhe reißen, und möchten hier namentlich noch einmal an die schöne Darstellung der Thätigkeit des kleinen Vulkanes auf Stromboli durch Fr. Hoffmann erinnern, aus der die Wirkung und das Verhalten des Dampfes in einem kleinen Krater durch unmittelbare Beobachtung sich ergab. Daß die aus der glühenden Lava sich entwickelnden Dämpfe und Gase eine ebenso hohe Temperatur wie diese haben müssen, daß also ihre Spannung und Wirkung durch diese furchtbare Hitze aufs Aeußerste getrieben sein muß, bedarf wohl keiner weiteren Auseinandersetzung. Gustav Bischof hat mit Zugrundelegung der an unseren Dampfmaschinen gemachten Erfahrungen und der auf theoretischem Wege gefundenen Werthe für das Wachsen der Spannkraft mit der Hitze des Dampfes und der Gase berechnet, daß bei der Annahme einer Temperatur für Lava und Dampf von 1224 Graden der letztere eine ununterbrochene Lavasäule von 88,747 Fuß Höhe, also nahe zu 4 Meilen in die Höhe zu heben im Stande wäre. Daß bei einer solchen Spannung, wenn der Krater verstopft ist, die erhitzten Dämpfe und Gase in ihrem Bestreben sich frei zu machen, die heftigsten Erschütterungen des Berges und der Umgegend erzeugen, selbst den Vulkan spalten, wird jetzt weniger mehr Verwunderung erregen. Daß es eben diese von unten

andrängenden Dämpfe ſind, welche einen Theil der vulka=
niſchen Erſcheinungen, eben die einer Propulſivkraft zu
ihrer Erklärung bedürfenden, erzeugen, dafür ſprechen
auch noch andere Thatſachen. Unter dieſe gehört die faſt
regelmäßig beobachtete, daß die Erſchütterungen des Bo=
dens um den Berg herum aufhören, wenn der Krater frei
geworden iſt und die Dämpfe demſelben ungehindert ent=
ſtrömen können.

Wenn wir nun auch die Mitwirkung von erhitzten
Dämpfen und Gaſen für die vulkaniſchen Eruptionen als
eine weſentliche anſehen müſſen, ſo können wir uns doch
wieder mancherlei Weiſen denken, wie und wo dieſe
Dämpfe entſtehen.

Man hat von jeher, ſeitdem man den Dämpfen eine
thätige Rolle bei der Entſtehung der Ausbrüche zuwies,
das Eindringen von Waſſer, und zwar von Meerwaſſer,
in die Tiefen der Erde angenommen. Die Thatſache,
daß faſt alle Vulkane nahe dem Meere, an Küſten oder
auf Inſeln liegen, ſchien allein ſchon hinreichend, dieſes
zu beweiſen. Doch zeigt auch das wenn auch ſeltene
Vorkommen von Vulkanen im Innern von Continenten,
wie in Aſien, daß nicht unbedingt die Nähe des Meeres
erforderlich iſt, daß auch größere Anſammlungen von
Süßwaſſer, wie in der Nähe der innerasiatiſchen Vulkane,
das Eindringen hinreichender Waſſermaſſen in die Tiefe
möglich machen. Man hat daher das ungleich häufi=
gere Auftreten der Vulkane nahe dem Meere auch daraus
abzuleiten geſucht, daß hier an der Scheidelinie von Meer
und Land, namentlich da, wo letzteres raſch zu bedeu=
tender Höhe emporſteige, ein Riß durch die Erdrinde

gehe, auf dessen einer Seite eine Erhebung des Landes
und auf dessen anderer eine Senkung des den Meeres=
grund bildenden Theiles, jedenfalls eine Verschiebung
beider gegen einander, stattgefunden haben. Durch diese
Spaltung sei es dann dem Wasser leichter gemacht, in
die Tiefe zu gelangen.

In welcher Weise dieses Eindringen vor sich gehe,
ob durch ein seines stets offenes Spaltennetz, oder durch
nur zeitweise sich öffnende weitere Klüfte, wenn Be=
wegungen in der Erdrinde erfolgen — kurz über alle die
näheren Vorgänge beim Zusammentreffen des Wassers mit
den heißen inneren Massen, darüber können wir etwas
Sicheres durchaus nicht sagen, weil wir über die Verhält=
nisse der Erdrinde in der Tiefe auch nur einer halben,
ja Viertelmeile gar nichts Bestimmtes wissen, ebenso
wenig auch, wie wir bei den Temperaturverhältnissen
der Erdrinde auseinandersetzten, über die Dicke derselben,
die doch bei diesen Fragen von der größten Wichtigkeit
ist. Wir können nicht einmal über die Tiefe, in welcher
muthmaßlich Wasser und Lava zusammenkommen, etwas
aussagen, und sind auch darüber sehr verschiedene Mei=
nungen möglich.

Es ist möglich, daß das Wasser in verhältniß=
mäßig geringer Tiefe sich ansammele und erst in Berührung
mit den von unten her aufgedrängten flüssigen heißen
Massen sich rasch in gewaltige Dampfmassen verwandle,
aber auch denkbar, daß das Wasser in sehr große Tiefen
auf den Grund gewaltiger Höhlungen hinabstürze und
hier zu Dampf werde. Wir können uns eben bei zwei
in entgegengesetzter Richtung sich bewegenden und ein=

anber ſich nähernben Maſſen, wie im vorliegenden Falle
bie aufſteigenbe Lava unb bas nieberſinkenbe Waſſer alle
möglichen zwiſchen ihren Ausgangspunkten in ber Tiefe
unb in ber Höhe liegenden Punkte benken, wo ſie ſich
treffen.

Bei ber vollſtänbigen Unkenntniß über bie Verhält=
niſſe ber Tiefe unb bas Verhalten bes flüſſigen Erbkernes
in ſeiner Berührung mit ber erſtarrten Rinbe wäre es
ein höchſt überflüſſiges Bemühen, einzelne bieſer Mög=
lichkeiten näher ober bilblich barzuſtellen. Die Durch=
ſchnitte ber Erbrinbe, wie man ſie noch hie unb ba ab=
gezeichnet finbet, haben keinen weiteren Werth, als Phan=
taſiegebilbe beanſpruchen können, in ben meiſten Fällen
ſinb ſie gerabezu als lächerliche Beweiſe einer gänzlichen
Verkennung ber wahren Sachlage unb haltloſes Blenb=
werk zu bezeichnen.

Daß außer ben genannten Erklärungsverſuchen ber
vulkaniſchen Erſcheinungen noch eine ziemliche Anzahl
anberer zum Theil höchſt abenteuerlicher Art aufgeſtellt
worben ſinb, bebarf wohl kaum einer Erwähnung.
Electricität, Galvanismus unb Magnetismus, ſelbſt bie
Anziehungskraft ber Sonne unb bes Monbes, wurben zu
Hülfe genommen, um bieſelben zu erklären. Wir werben
bei Betrachtung ber zweiten Art vulkaniſcher Erſcheinun=
gen, nämlich ber Erbbeben, noch auf einige berſelben
zurückkommen.

So unbefriebigenb unb unvollkommen auch Manchem
bie Erklärung ber vulkaniſchen Erſcheinungen, wie ſie im
Vorangehenben zu geben verſucht wurbe, erſcheinen mag,
ſo wenig würbe bieſelbe vollſtänbiger unb beſſer ausfallen,

12*

wenn wir uns noch weiter auf eine nähere Ausführung einließen. Es läßt sich eben bei dem gegenwärtigen Standpunkte unseres Wissens nicht mehr über dieselben sagen, wenn man nicht ganz und gar auf das unsichere Gebiet von Hypothesen, Möglichkeiten und Vermuthungen sich begeben will, das wir auch im Vorhergehenden nicht ganz vermeiden konnten.

II.

Die Erdbeben.

––––––

Erstes Kapitel.

Definition der Erdbeben. Ihre Bewegungsformen.

Daß auf mancherlei Weise die Oberfläche der Erde erschüttert und in Bewegung versetzt werden kann, davon geben uns überall zu machende Beobachtungen häufig Beweise. Wer nur einmal hart neben einem daherrollen= den Bahnzuge oder am Fuße eines etwas größeren Wasser= falles gestanden hat, wird gewiß auch die leichten Erzit= terungen des Bodens unter seinen Füßen wahrgenommen haben, die von den Bewegungen der Räder und dem Sturze des Wassers herrühren. Aber als ein Erdbeben wird das Niemand bezeichnen wollen. Es hat sich schon seit den ältesten Zeiten als wesentlich mit dem Begriffe Erdbeben verbunden die Vorstellung erzeugt, daß dasselbe nicht auf der Oberfläche wirkenden Kräften seinen Ur= sprung verdanke, sondern daß der Ausgangspunkt der Bewegung in der Tiefe des Bodens seinen Sitz habe. So können wir auch keine bessere Definition des Begriffes Erdbeben geben, als die, daß man darunter verstehe:

jede fühlbare Bewegung der Erdrinde, welche
in der Tiefe ihren Ausgangspunkt hat. Damit
sind alle die verschiedenen Ansichten vereinbar, welche man
über die Ursache dieser Erscheinungen haben kann, deren
Zahl, wie wir bald sehen werden, wenigstens ebenso groß
ist, als die der Theorien, welche man über die Ausbrüche
der Vulkane aufgestellt hat. Da wir in der Einleitung die
Erdbeben zu den vulkanischen Erscheinungen gerechnet
haben, so könnte man erwarten, daß zunächst die Be-
rechtigung dieser Zusammenstellung nachgewiesen würde.
Doch wird es besser sein, wenn wir dieses aufsparen, bis
wir etwas näher die Erscheinungen bei den Erdbeben besprochen haben und die Frage nach der Ursache derselben
zu beantworten versuchen.

Zunächst wird es zur Vervollständigung unserer Definition nöthig sein, etwas näher auf die Arten der
Bewegung einzugehen, welche sich bei den Erdbeben
zeigen. Wo die Erdbeben nur etwas häufiger sind, und
leider kommen sie da, wo sie sich überhaupt einstellen, nur
allzu häufig vor, hat man schon seit langer Zeit drei
verschiedene Arten der Bewegungen unterschieden: eine
stoßende, eine wellenförmige und eine wirbelnde, deren
Wirkungsweise und Nachweis wir etwas näher ins Auge
fassen wollen.

1) Die stoßende Bewegung (moto succussorio
bei den Italienern). Sie giebt sich deutlich als solche durch
das Gefühl zu erkennen und in dem Worte Erdstoß für
Erdbeben ist vorzugsweise diese Art der Erschütterung ins
Auge gefaßt. An den Punkten der Erdoberfläche, an
denen sich ein Erdbeben in dieser Weise äußert, haben

nicht nur die Menschen alle die Empfindung, als würde von unten her ein heftiger Stoß gegen den Boden ausgeübt, sondern auch aus der Art der Bewegung lebloser Gegenstände läßt sich die Mittheilung eines Stoßes aus der Tiefe sehr deutlich erkennen.

Bei dem Erdbeben, welches im Jahre 1783 Kalabrien so entsetzlich verwüstete und das wir in der Folge nur als das Kalabrische bezeichnen wollen, sprangen die Pflastersteine senkrecht in die Höhe, ja selbst Menschen wurden aufwärts geschleudert und an den am heftigsten betroffenen Orten Häuser von ihren Fundamenten losgerissen und ebenfalls in die Höhe geschnellt. — Bei dem Erdbeben, das Chili im Jahre 1837 heimsuchte, wurde ein 30 Fuß tief in den Boden eingerammter Mastbaum im Fort San Carlos aus der Erde so herausgestoßen, daß ein rundes Loch in dem Boden zurückblieb. Wie heftig diese Bewegung sein kann, dafür lieferte das Erdbeben von Riobamba im Jahre 1797 einen erschreckenden Beweis. Es wurden aus dem lockeren Boden des Kirchhofs viele Leichen in die Höhe geschleudert, manche sagen, auf einen mehrere hundert Fuß hohen Hügel hinaufgeworfen.

2) Die wellenförmige Bewegung (moto undulatorio) ist die häufigste und, wenn sie nicht stark ist, am wenigsten gefährliche. Man kann sie sich sehr einfach veranschaulichen, wenn man einen auf dem Boden liegenden Teppich an seinem einen Rande aufhebt und rasch wieder niederzieht. Die auf diese Weise eingeschlossene und vorwärts bewegte Luft bildet dann eine fortschreitende Welle, welche uns das Fortschreiten einer Erdbebenwelle deutlich vor Augen bringt. Auch von dieser wird der Boden gehoben

und gesenkt, und zwar so oft, als einzelne Wellen einander
folgen.

Diese Art der Bewegung ergiebt sich, so wie sie nur
etwas stärker auftritt, ebenfalls sehr deutlich aus ihren
Wirkungen zu erkennen, ja das Auge kann diese wellenförmige Bewegung sehr wohl als solche wahrnehmen.
Das älteste Beispiel für dieselbe giebt uns die weiter oben
S. 71 schon mitgetheilte Beschreibung des mit dem Ausbruche des Vesuvs im Jahre 79 verbundenen Erdbebens.
In dem Briefe des Plinius lesen wir, daß Wagen auf
ebenem Boden bald hierhin, bald dorthin rollten, offenbar
weil sie in der Richtung der fortschreitenden Erdbebenwelle
standen, die durch die Hebung und Senkung des Bodens
ein Hin- und Herrollen des Wagens erzeugen mußte.

Bei dem großen Erdbeben, das mit zahlreichen Stößen
vom Jahre 1811—1813 die vereinigten Staaten heimsuchte, konnte man in den Wäldern sehr deutlich aus
dem Verhalten der Bäume die Wellenbewegung des
Bodens erkennen; die von SW. kommende Welle neigte
nämlich alle die Bäume zuerst gegen Nordost, so daß ihre
Zweige sich mit denen der benachbarten noch senkrecht
stehenden verwirrten, dann hoben sie sich und schwankten
nach der entgegengesetzten Richtung, sobald der hintere
südwestliche Abhang des Wellenberges unter ihnen angelangt war. Durch das Krachen der Aeste, wenn sich die
Bäume wieder trennten, konnte man das Fortschreiten der
Welle sehr klar erkennen. Auch an den Mauern der Häuser, überhaupt aus dem Verhalten der Gebäude, namentlich der Thürme, kann man diese wellenförmige Bewegung
des Bodens nach dem Erdbeben leicht nachweisen. Bei

vielen Erdbeben zeigt das von selbst erfolgende plötzliche An=
schlagen der Thurmglocken diese Bewegung an. Mauern,
deren Richtung mit der des Fortschreitens der Wellen gleich
ist, spalten sich, bleiben aber stehen, während die auf die=
ser Richtung senkrecht stehenden, also den Wellen selbst
parallel laufenden, umstürzen. Eine sehr anschauliche
Spur seines Ganges hinterließ das Erdbeben vom Jahre
1851 auf der Insel Majorca. In dem dortigen Arsenale,
dessen Wände nach den Haupthimmelsrichtungen OW.
und SN. laufen, zeigen sich die an den Wänden ange=
lehnten Gewehre, welche an der nördlichen und südlichen
Wand waren, alle über einander gefallen, die an der west=
lichen lagen ebenfalls alle auf dem Boden, die auf der
östlichen sich befindenden waren allein stehen geblieben.
Deutlich gibt sich daraus das Fortschreiten der Welle von
Westen nach Osten zu erkennen.

3) Die wirbelnde oder drehende Bewegung
(moto vorticoso) ist nur bei den stärksten Erdbeben beob=
achtet und als die verheerendste unter allen erkannt wor=
den. „Sie ist es, sagt Hoffmann, deren Einwirkungen
jene entsetzlichen Verwüstungen anrichten, welche in solchen
Fällen unabwendbar zu sein schienen. Ihr allein wider=
steht nichts, was menschliche Kräfte für die Dauer be=
stimmt haben, sie ist es, welche blühende Städte dem
Boden gleich macht, welche die Berge spaltet und in die
Thäler wirft, eine der furchtbarsten und tiefeingreifendsten
Naturerscheinungen."

Man hat diese drehende oder wirbelnde Bewegung
vielfach in Abrede zu stellen versucht. Es ist auch ganz
sicher, daß dieselbe nicht ganze Stücke der Erdrinde ergrei=

fen, sondern daß nur an den oberflächlichsten Theilen der=
selben eine solche eintreten kann. Hier ist sie aber auch
durch viele Beobachtungen und sicher constatirte That=
sachen so zweifellos festgestellt, daß es sich nur darum
handeln kann, zu erklären, auf welche Weise durch andere
Bewegungen der eigentlichen festen Erdrinde an den locke=
ren Massen der Oberfläche diese eigenthümliche Drehung
erzeugt wird. Beweise solcher drehenden Bewegung hat
man sowohl bei dem kalabrischen Erdbeben, wie bei einigen
südamerikanischen gefunden. Sie bestanden darin, daß
geradlinig angelegte Baumpflanzungen nach dem Erd=
beben gekrümmte Linien zeigten, daß Häuser, ohne um=
gestürzt zu werden, mit ihren Wänden nach andern Him=
melsrichtungen zeigten, als vorher, daß parallel neben
einander liegende, mit verschiedenen Getreidearten be=
pflanzte Felder eine Vermengung derselben erkennen ließen.
Man hat diese eigenthümliche Bewegung aus dem Zu=
sammentreffen von verschiedenen Seiten kommender Erd=
bebenwellen erklärt und es läßt sich auch dann mechanisch
das Zustandekommen solcher Drehungen der oberflächlichen
Lagen des Bodens wohl begreifen.

    Ein solches Zusammentreffen in verschiedener Rich=
tung verlaufender Wellen mit eigentlichen Stößen erzeugt
dann häufig die verworrensten und furchtbarsten, sinnver=
wirrenden Bewegungen des Bodens. So war es bei dem
Erdbeben, das am 26. März 1812 die Stadt Caraccas
zerstörte, nach den Berichten A. v. Humboldts gerade so,
wie Augenzeugen versicherten, als wenn der Boden auf
einmal sich in kochendes und sprudelndes Wasser verwan=
delt hätte. Noch gewaltiger waren ähnliche unregelmäßige

Bewegungen bei dem Erdbeben, welches den 7. Juni 1692 die ganze Insel Jamaica verheerte.   „Zu Port-Royal schien nach der Beschreibung eines dortigen Geistlichen die ganze Erdoberfläche flüssig geworden zu sein.   Meer und Festland stürzten sich unregelmäßig durch einander; die Menschen, welche sich beim Anfange der Erscheinung auf die Straßen und auf die Plätze der Stadt geflüchtet hatten, wurden von den Bewegungen des Bodens er= griffen, niedergestürzt, hin= und hergerollt, wobei viele aufs Schrecklichste zerquetscht und verstümmelt wurden; Andere dagegen wurden in die Höhe geschnellt und weit weggeschleudert, so daß einige Menschen, welche sich mit= ten in der Stadt befanden, weit hinaus in den Hafen geworfen wurden, und indem sie ins Wasser fielen, ihr Leben retteten.“   (Naumann.)

Die Richtung der Erdbebenwellen.

Bei der zweiten Art der Bewegung der Erdbeben, der wellenförmigen, können wir die Richtung des Fort= schreitens der Wellen auf verschiedene Weise bestimmen. Auch die erste Art der Bewegung, die stoßende, erzeugt Wellen, welche von dem Punkte, an dem der Stoß zuerst fühlbar wurde, radienartig in derselben Weise sich aus= breiten, wie die Wellen von der Stelle einer Wasserfläche, an welcher ein Stein hineingeworfen wurde.   Die Wirkung des Erdbebens selbst auf lose stehende Gegenstände, auf Mauern und dergleichen, die Bestimmung der Zeit, in welcher zuerst die Erschütterung an den verschiedenen Orten verspürt wurde, gibt Anhaltspunkte, um die Rich= tung zu bestimmen, nach welcher sich die Erdbebenwellen

fortpflanzen. Um dies namentlich auch bei schwächeren
Erschütterungen und mit mehr Genauigkeit vornehmen zu
können, hat man verschiedene Vorrichtungen ersonnen,
unter welchen sich für alle Erdbeben, die nicht mit einem
Umsturz der Gebäude verbunden sind, als am besten ge=
eignet das s. g. Seismometer (Erdbebenmesser) von dem
Palermitaner Astronomen Cacciatore herausgestellt hat.
Es besteht aus einem kreisrunden, flachen Gefäße, dessen
Seitenwände mit acht gleich weit von einander entfernten
Oeffnungen versehen sind. Diese führen in Rinnen,
welche nach acht kleineren Gefäßen hinlaufen, die um die
Schale herum nach den acht Haupthimmelsrichtungen auf=
gestellt sind. Die Schale wird nun bis zu den Oeffnungen
mit Quecksilber gefüllt und an einem Orte aufgestellt, der
zufälligen Erschütterungen nicht ausgesetzt ist, am besten
geschieht dieses im Freien. Geht nun eine Erdbebenwelle
unter der Schale durch, so wird dieselbe gehoben und ge=
senkt und am meisten Quecksilber wird dann offenbar durch
die Oeffnungen auslaufen, welche in der Richtung des
Fortschreitens der Welle sich befinden. Man hat daher
nach einem Erdbeben nur nachzusehen, in welchen von den
kleineren Gefäßen sich am meisten Quecksilber befindet,
um die Richtung desselben zu bestimmen. In Palermo,
wo dieses Instrument länger gebraucht wurde, haben sich
nach den Zusammenstellungen Fr. Hoffmanns von 27
stärkeren Erdbeben 19 constant in der Richtung vom Aetna
her fortgepflanzt; vier des Jahres 1831 erfolgten von
SW. nach NO., diese Richtung führte gerade an die
Südküste Siciliens bei Sciacca, wo diese Erdbeben auch
stärker verspürt wurden; es war dieses Jahr dasjenige,

in welchem der weiter oben genauer beschriebene vulkanische
Ausbruch im Meere bei Sciacca statt hatte. Offenbar
waren diese Erdbeben aus jener Gegend her fortgeleitet.
Die vier übrigen erfolgten in der Richtung von Süd nach
Nord, ohne daß sich hierfür ein Grund angeben ließe.

Angebliche Vorboten und Vorzeichen der Erdbeben.

„In Ländern, wo die Erdbeben vergleichungsweise
seltener sind (z. B. im südlichen Europa), sagt A. v. Hum=
boldt, hat sich nach einer unvollständigen Induction der
sehr allgemeine Glaube gebildet, daß Windstille, drückende
Hitze, ein dunstiger Himmel immer Vorboten der Erschei=
nung seien. Das Irrthümliche dieses Volksglaubens ist
aber nicht bloß durch meine eigene Erfahrung widerlegt:
es ist auch durch das Resultat der Beobachtungen aller
derer, welche viele Jahre in Gegenden gelebt haben, wo,
wie in Cumana, Quito, Peru und Chili, der Boden
häufig und gewaltsam erbebt." Es haben in der That die
genauesten Beobachtungen ergeben, daß weder der Stand
des Barometers, noch des Thermometers, weder die
Stärke, noch die Richtung des Windes irgend einen Zu=
sammenhang mit dem Erdbeben erkennen lassen. Es ist
zwar für manche Gegenden das Eintreffen von Erdbeben
mit einem sehr niedrigen Barometerstand constatirt wor=
den, aber überall nur in Gegenden, wo Erdbeben sehr
selten sind. Leider haben wir in den Ländern, wo diese
Erscheinungen sehr häufig sind, wie in Süd=Amerika,
keine Beobachtungsreihen über die Barometerstände. Wo
wir über beides genauere Register haben, spricht nichts
für ein derartiges Zusammentreffen niedriger Barometer=

stände und Erdbeben. So hat Hoffmann die Barometer=
stände von 57 in 40 Jahren eingetretenen Erdbeben in
Palermo verglichen und dabei das Resultat erhalten, daß
nur in 7 Fällen das Barometer einen sehr niedrigen Stand
zeigte, in 3 dagegen ein Maximum, daß er in 20 Fällen
im Sinken, in 16 im Steigen begriffen war, bei 11 ein
unbestimmtes Schwanken stattfand.

Ob überhaupt die äußeren meteorologischen Vorgänge
von einem Einflusse auf die Erdbeben seien, das läßt sich mit
Sicherheit nicht angeben; wir werden bei der Frage nach den
Ursachen des Erdbebens darauf noch einmal zurückkommen.

Wie vor den Ausbrüchen der Vulkane, hat man auch
an manchen Thieren vor den Erderschütterungen ein eigen=
thümliches Verhalten, Zeichen der Unruhe und Angst be=
obachtet. Namentlich soll sich das an den Thieren zu er=
kennen geben, welche im Boden leben oder im Boden
wühlen. Von ganz zuverlässigen Berichterstattern älterer
und neuerer Zeiten wird dieses wiederholt erwähnt. Schon
Le Gentil erwähnt, daß Maulwürfe, Feldmäuse, Eidech=
sen ihre Löcher verlassen und unruhig umherlaufen, selbst
von Grillen und Ameisen wird ähnliches angegeben. Die=
selbe Thatsache berichtet A. v. Humboldt aus Süd=Amerika
und fügt hinzu, daß in Venezuela die Alligatoren bei Erd=
beben ihre Pfützen verlassen und festen Boden aufsuchen.
Ein besonderes Ahnungsvermögen schreibt man auch den
Schweinen zu, so daß manche ängstliche Personen, wenn
sie Erdbeben befürchten, sich genau über das Verhalten
dieser Thiere zu unterrichten bestrebt sind. Von der allge=
meinen Verbreitung dieser Unruhe unter den Thieren bei
dem Neapolitanischen Erdbeben vom Jahre 1805 berichtet

Poli wörtlich also: „Ich will nicht unterlassen, hier noch des gewohnten Vorzeichens zu erwähnen, welches von den Thieren ausging. An allen Orten, wo die Wirkungen des Erdbebens sehr fühlbar waren, fingen einige Minuten vor dem Eintreten der Stöße die Rinder und die Kühe an laut zu brüllen; die Schafe und die Ziegen blökten, und beunruhigt durch einander stürzend, suchten sie die Netze und das Flechtwerk der Hürden zu durchbrechen: die Hunde heulten fürchterlich, die Gänse und die Hühner geriethen in Verwirrung und machten großen Lärm. Die Pferde tobten in ihren Ställen und rissen sich wüthend vom Zügel los, diejenigen derselben aber, welche gerade auf der Straße waren und liefen, standen plötzlich still und schnaubten in ganz ungewöhnlicher Weise. Die Katzen liefen erschreckt davon und suchten sich zu verbergen oder sträubten wild das Haar. Man sah die Kaninchen und die Maulwürfe aus ihren Löchern hervorgehen, die Vögel wurden von ihren Ruhesitzen aufgescheucht und die Fische schwammen ans Ufer, wo sie in großer Menge beim Granatello erhascht wurden. Selbst die Ameisen und Reptilien verließen am hellen Tage in großer Unruhe ihre Erdlöcher und zwar oft schon viele Stunden vor dem Erdbeben; die Heuschrecken sah man in großen Schwärmen während der Nacht durch Neapel gegen das Meer kriechen; geflügelte Ameisen flüchteten sich bei dunkler Nacht in die Zimmer der Häuser. Es gab Hunde, welche ihre Herren wenige Minuten vor dem Erdbeben gewaltsam aufweckten, gleichsam als wollten sie sie rufen und warnen vor der nahe bevorstehenden Gefahr und welche auf diese Weise wirklich auch deren Rettung bewirkten.“

Bei vielen Erdbeben hat man das Ausströmen schäd=
licher, die Respiration beengender Gasarten aus dem
Boden beobachtet, und es ist möglich, daß die Thiere,
namentlich die in der Erde wohnenden und die mit einem
sehr feinen Geruchsinn begabten, wie die Hunde, dieselben
schon bei einem sehr geringen Grade der Entwicklung
empfinden. Denn eben so oft sind Erdbeben eingetreten,
ohne daß an Thieren irgend ein Zeichen der Unruhe be=
merkt worden wäre, sie wurden ebenso unvorbereitet von
demselben betroffen, wie die Menschen.

Dauer der Erdbeben.

Wir müssen zweierlei unterscheiden, wenn wir von
der Dauer eines Erdbebens sprechen, einmal nämlich die
Zeitdauer der von einem Stoße oder Impulse ausgehen=
den Erschütterungen des Bodens und zweitens den Zeit=
raum, über welchen sich die Wiederholungen dieser Stöße in
der Art erstrecken, daß man sie wegen ihres raschen Nachein=
anderkommens alle als Folgen ein und derselben Störung
im Innern der Erde ansehen kann. Die letzteren Verhält=
nisse haben wir im nächsten Kapitel zu betrachten, hier,
wo wir nur die mechanische und physikalische Seite der
Erdbeben ins Auge fassen, haben wir es nur mit der ersten
Art der Zeitdauer, nämlich der der einzelnen Stöße, zu
thun. Wenn man irgend einen elastischen Körper anstößt,
so wird derselbe in Erschütterungen versetzt, die, immer
schwächer werdend, längere Zeit andauern. Von wesent=
lichem Einflusse auf die Dauer dieser Erzitterungen oder
Schwingungen ist die Stärke des Stoßes und der Grad der
Elasticität. Eine angeschlagene Glocke, ein angeschlagenes

Glas zeigen uns schon einen Unterschied in der letzteren Eigenschaft durch das ungleich lange Klingen auch bei sonst gleichen Verhältnissen. Noch weniger, aber doch immerhin noch merklich elastisch sind unsere Gesteine, und es ist daher begreiflich, daß einem Stoß, den die Erdrinde erfährt, auch nicht momentan wieder vollständige Ruhe folgen kann. Die fühlbaren Erschütterungen sind aber jedenfalls nur von sehr kurzer Dauer. Wo einigermaßen zuverlässige Zeitangaben vorliegen, dauerten die Erschütterungen eines Stoßes gerade bei den heftigsten Erdbeben nur wenige Secunden. So wurde nach A. v. Humboldt's Bericht die Stadt Caraccas durch drei Erdstöße, deren jeder 3—4 Secunden fühlbar war, vollständig zerstört, in dem so kurzen Zeitraume von noch nicht einer Minute kamen durch dieselben 20,000 Menschen ums Leben.

Eine ähnliche kurze Dauer haben alle furchtbaren Erdbeben gehabt. Das Lissaboner im Jahre 1755 bestand ebenfalls aus drei Stößen, der erste, von einer Dauer von 5—6 Secunden, stürzte schon Kirchen und Paläste ein, nach wenig Minuten folgten rasch auf einander zwei andere, die vollends verwüsteten, was der erste verschont hatte.

Die Erschütterungen begleitende Erscheinungen.

Zu den allerhäufigsten, fast nie fehlenden Erscheinungen, welche im Gefolge von Erdbeben auftreten, gehören, wie bei den vulkanischen Eruptionen, im Boden entstehende Geräusche und Getöse verschiedener Art. Am häufigsten werden sie mit dem Donner verglichen oder dem Getöse, das unterirdische Explosionen verursachen.

Auch als klingend, wie das Rasseln schwerer Wagen auf
holprigem Pflaster, oder das Klirren von Ketten, oder
aneinandergestoßener Massen von Glas oder Porzellan
wird es nicht selten bezeichnet. Die Stärke dieser Geräusche steht in gar keinem Verhältnisse zu der Heftigkeit
der darauf folgenden Erschütterungen; häufig hat man es
schon beobachtet ohne an der Oberfläche wahrnehmbare
Bewegungen. Immer aber gehören sie zu den beunruhi-
gendsten Erscheinungen. „Diese Schall=Phänomene, wenn
sie von gar keinen fühlbaren Erschütterungen (Erdstößen)
begleitet sind, hinterlassen einen besonders tiefen Eindruck
selbst bei denen, die schon lange einen oft erbebenden Boden
bewohnt haben. Man harrt mit Bangigkeit auf das, was
nach dem unterirdischen Krachen folgen wird. Das auf-
fallendste, mit nichts vergleichbare Beispiel von ununter-
brochenem unterirdischem Getöse ohne alle Spur von Erdbeben bietet die Erscheinung dar, welche auf dem mexicanischen Hochlande unter dem Namen des Gebrülles und
unterirdischen Donners (bramidos y truenos subter-
raneos) von Guanaxuato bekannt ist. Diese berühmte
und reiche Bergstadt liegt fern von allen Vulkanen. Das
Getöse dauerte seit Mitternacht den 9. Januar 1784 über
einen Monat. Ich habe eine umständliche Beschreibung
davon geben können, nach der Aussage vieler Zeugen und
nach den Documenten der Municipalität, welche ich benutzen konnte. Es war (vom 13.—16. Januar), als
lägen unter den Füßen der Einwohner starke Gewitter-
wolken, in denen langsam rollender Donner mit kurzen
Donnerschlägen abwechselte. Das Getöse verzog sich, wie
es gekommen war, mit abnehmender Stärke. Es fand sich.

auf einen kleinen Raum beschränkt; wenige Meilen davon, in einer basaltreichen Landstrecke, vernahm man es gar nicht. Fast alle Einwohner verließen vor Schrecken die Stadt, in der große Massen Silberbarren angehäuft waren; die muthigeren, an den unterirdischen Donner gewöhnt, kehrten zurück und kämpften mit der Räuber= bande, die sich der Schätze bemächtigt hatte. Weder an der Oberfläche der Erde, noch in den 1500 Fuß tiefen Gruben war irgend ein leises Erdbeben bemerkbar. In dem ganzen mexicanischen Hochlande ist nie ein ähnliches Getöse vernommen worden, auch hat in der folgenden Zeit die furchtbare Erscheinung sich nicht wiederholt. So öffnen und schließen sich die Klüfte im Innern der Erde, die Schallwellen gelangen zu uns oder werden in ihrer Fortpflanzung gehindert." (Humboldt.)

Ein ganz ähnliches unterirdisches Getöse wurde vom März 1822 an ein paar Jahre hindurch auf der dalma= tischen Insel Meleda gehört. Es glich ganz dem Schalle entfernter Kanonenschüsse, wiederholte sich auch so häufig, daß man z. B. in der Nacht vom 22. auf den 23. Sep= tember über hundert Mal dasselbe vernahm. Auch hier erregte es solches Entsetzen unter den Einwohnern, daß sie die Insel verließen. Aeußerst selten waren diese Geräusche von leichten, fühlbaren Erschütterungen der Erde begleitet, die meisten gingen ohne irgend welche merkliche Erzitterung des Bodens vorüber.

Schnelligkeit der Fortpflanzung der Erdbeben.

Für die Frage nach dem Sitze und der Ursache der Erdbeben ist die Schnelligkeit, mit welcher es sich auf der

Oberfläche der Erde fortpflanzt, von der größten Wichtig=
keit, da, wie wir später bei Erörterung derselben sehen
werden, eine ganz genaue Zeitbestimmung über das Ein=
treten der Erschütterungen, die von ein und demselben
Stoße ausgegangen sind, uns die wichtigsten Aufklärungen
über die Tiefe geben könnte, aus welcher dieselben an die
Oberfläche gelangen. Leider sind unsere Kenntnisse in
dieser Beziehung noch sehr mangelhaft und wir können
nur wenig zuverlässige Angaben in dieser Beziehung ver=
werthen. Es versteht sich ja wohl von selbst, daß bei
heftigen Erschütterungen nicht leicht Jemand im Momente
daran denken wird, auf seine Uhr zu sehen. Die gewöhn=
lichen Uhren geben ja ohnedieß keine zuverlässigen Zeit=
bestimmungen an. Bei sehr weithin sich erstreckenden
Erdbeben fallen diese Fehlerquellen übrigens nicht so sehr
ins Gewicht, wenn man nur die durchschnittliche Ge=
schwindigkeit der Fortpflanzung der Erdbebenwellen be=
stimmen will. Eines der größten Erdbeben, das Lissa=
boner, gab in dieser Beziehung gute Anhaltspunkte, indem
es bis nach Schweden sich fortpflanzte. Aus dem Zeit=
unterschiede, welcher zwischen dem Stoße in Lissabon und
dem Verspürtwerden desselben am Wenersee in Schweden
beobachtet wurde, ergab sich die Schnelligkeit desselben zu
$4\frac{1}{2}$ g. Meilen in einer Minute oder 1650 Fuß in einer
Secunde, was die Schnelligkeit des Schalles in der Luft
(gleich 1020 Fuß) um 630 Fuß übertrifft. Nach den sorg=
fältigsten Untersuchungen des rheinischen Erdbebens vom
Jahre 1846 durch Nöggerath hat man die Geschwindig=
keit dieser allerdings nicht sehr weit sich erstreckenden Er=
schütterung zu 1376 Fuß oder $3\frac{3}{4}$ Meilen in der Minute

berechnet. Ein anderes durch die ganzen vereinigten Staaten hindurch fühlbares Erdbeben vom Jahre 1811—13 hat eine Geschwindigkeit von 2180 Fuß in der Secunde oder $5\,^8/_{10}$ Meilen in der Minute ergeben. Diese verschiedenen Resultate rühren wohl größtentheils von der verschiedenen Beschaffenheit des Bodens her. Directe Versuche ergaben nämlich eine ebenso große Verschiedenheit der Elasticität der Gesteine, von der die Schnelligkeit der Fortpflanzung der Erschütterungen bedingt ist. So zeigte bei solchen Versuchen Granit eine Fortpflanzungsgeschwindigkeit von 1660 Fuß in der Secunde, Kalkstein von 1683, Thonschiefer von 2268 Fuß, also Zahlen, die genau mit den oben berechneten übereinstimmen. Da die Gesteine höchst unregelmäßig in der Erdrinde vertheilt sind und oft mit einander sehr mannichfach wechseln, so werden Unregelmäßigkeiten in der Fortpflanzung wenig auffallen. Dazu kommt noch ein weiterer Umstand, der solche erklärlich macht, nämlich der, daß selbst ein und dasselbe Gestein durchaus nicht ein zusammenhängendes Ganze bildet, sondern daß alle größere und kleinere Zusammenhangstrennungen erkennen lassen. Ueberhaupt ist es, auch abgesehen von ihrer wechselnden mineralogischen Zusammensetzung, eben der Bau unserer Erdrinde, der, ebenso wie auf die Verbreitung der Erdbeben, auch auf die Schnelligkeit der Fortleitung von großem, wenn auch unberechenbarem Einflusse ist. Auch in dieser Beziehung macht unsere Unkenntniß von der Beschaffenheit der Tiefe alle näheren Erklärungen oder Vorausbestimmungen dieser Verhältnisse unmöglich.

Zweites Kapitel.
Räumliche Verhältnisse der Erdbeben.
Geographisches Vorkommen.

Wenn wir die Gegenden der Erde, in welchen Erd=
beben am häufigsten beobachtet werden, auf einer Karte
einzeichnen, so bemerken wir sofort, daß sie in den meisten
Fällen mit den vulkanischen Landstrichen zusammenfallen;
in Europa Unter = Italien, in Amerika die Westküste
Süd=Amerikas sind die Länder, welche am häufigsten und
heftigsten von diesen Schrecken heimgesucht werden. Doch
finden wir auch Erschütterungen von solchen Ländern ver=
zeichnet, welche ferne von allen thätigen Vulkanen liegen.
Unter diesen treffen wir solche an, wo sie ganz vereinzelte
Erscheinungen sind, wie z. B. in England und Däne=
mark, andere in denen sie doch, wenn auch durchschnittlich
etwas stärker nur 1—2 Mal in einem Jahrhundert auf=
tretend, sich doch immer wiederholen. Dahin gehören die
Schweiz, in Süd=Frankreich das Rhonethal, die Pyrenäen
und andere Landstriche. Man hat auch die Gegenden,
welche häufiger von Erdbeben heimgesucht werden, ähnlich
wie die Reihenvulkane, zu einem s. g. Erschütterungs=
gebiet zusammengereiht, daneben muß man aber auch, wie
wir Vulkangruppen unterscheiden, die sich in keine Reihen
unterbringen lassen, isolirte Erdbebengegenden anerkennen.
Auch bei den großen Erschütterungsgebieten ist es mehr ein
geographisches Zusammentreffen einander nahe stehender
Länder, in denen sich Erdbeben finden, als ein nachweis=
barer Zusammenhang der bald hier bald in diesem Gebiete

auftretenden Erdbeben mit einander oder die Erkenntniß
eines gemeinschaftlichen Ausgangspunktes, was dieselben
hat aufstellen lassen. Als solche größere Erschütterungs=
gebiete nennen wir

1) das des mittelländischen Meeres. Denken wir
uns eine Linie vom Südende Spaniens durch Sicilien,
die südlichen Ausläufer von Morea und Klein=Asien bis
an den Demavend südlich vom kaspischen Meere gezogen, so
finden wir, daß zu beiden Seiten dieser Linie die Gegenden
liegen, in welchen Erdbeben sowohl in Europa, wie in
Asien und Afrika ziemlich häufig sind. Man hat selbst in
der Art einen Zusammenhang der Erdbeben in diesen
Ländern angenommen, daß wenn der östliche Theil dieses
Schüttergebietes von Erdbeben oft heimgesucht war, der
westliche verhältnißmäßig mehr Ruhe hatte und umgekehrt,
und daraus geschlossen, daß eine ähnliche Ursache dieser
Thatsache zu Grunde liege, wie der an benachbarten
Vulkanen beobachteten. Solche zeigen nämlich in der Art
eine Abwechselung ihrer Thätigkeit, so zu sagen eine gegen=
seitige Stellvertretung, daß sie nie gleichzeitig thätig sind.
Man hat nun daraus geschlossen, daß in der Erde ein
derartiger Zusammenhang des gemeinsamen Sitzes der
vulkanischen Thätigkeit sich finde, daß wenn den Kräften
der Tiefe durch einen Vulkan ein Ausweg offen stehe, sie
keine Veranlassung fänden, auch durch den andern sich
Bahn zu brechen. Ein ähnliches Verhältniß hat man nun
z. B. für Syrien und Italien angenommen, indem aller=
dings bis jetzt gleichzeitige heftige Erdbeben in diesen
beiden Gegenden nicht wahrgenommen wurden. Doch kann
dieses auch nur Zufall sein. Eine genauere Betrachtung

der einzelnen Stücke dieses s. g. mittelländischen Schütter=
gebietes läßt uns kaum annehmen, daß wirklich in der Tiefe
ein derartiger Zusammenhang stattfinde, sondern daß eine
Anzahl für sich bestehender Erschütterungsmittelpunkte zu=
fällig um und in diesem Meere gelegen sei. Dies zeigt
sich deutlich, wenn wir diese etwas näher betrachten.

In Europa vertheilen sie sich folgendermaßen; als
die hauptsächlichsten, gesonderten und für sich bestehenden
Erdbebenkreise können gelten: die Küste Portugals, die
Südküste Spaniens, die Pyrenäen, das französische Rhone=
thal, Wallis, Unter=Italien, die Küste von Dalmatien,
Süd=Griechenland, das Land um Konstantinopel; in Asien
finden wir: Klein=Asien vom Rhodus bis zum schwarzen
Meere, der Kaukasus, der Landstrich östlich und westlich
vom Ararat, das Südende des kaspischen Meeres, die
Gegenden am unteren Euphrat, Syrien und Palästina.
In Afrika gehört zu diesem mittelländischen Gebiete
Marocco in Algier. So lange wir über die Ursachen der
Erdbeben so wenig Sicheres wissen, wie es bis jetzt der
Fall ist, sind wir nicht berechtigt, diese einzelnen Erd=
bebengebiete zu einem großen Erschütterungsgebiete zu
vereinigen.

Sehen wir uns nun noch nach weiteren ähnlichen
Gegenden, die von Erdbeben häufiger betroffen werden,
um, so finden wir zunächst in Europa nur wenige solche.
Die Moldau und Wallachei, das untere Rheinthal, der
nördlich von den Alpen gelegene Theil der Schweiz,
Holland und Belgien, Skandinavien werden als solche auf=
geführt. Häufig dagegen sind sie auf der Insel Island.
In Asien ist es außer den oben genannten Gegenden

West=Asiens noch die arabische Halbinsel am rothen Meere
hin, das Quellland des Amu (Oxus) und Kabul, in welchem
Erdbeben öfter vorkommen. Ebenso werden von denselben
die Gegenden zwischen dem obern Indus und Ganges
heimgesucht und auch am Ausflusse des ersteren Stromes
sind heftige Erdbeben schon beobachtet worden. Außerdem
sind es noch die Westküsten von Vorder= wie von Hinter=
Indien und die vulkanischen Inseln von Java bis gegen
Neu=Guinea.

Wie an Vulkanen, so ist auch an Erdbebengegenden
Afrika sehr arm; außer Marocco und Algier sind nur
noch zwei Landstriche bekannt, in welchen sie vorkommen,
nämlich das Quellland des Senegal und Gambia und
Abessinien.

In Amerika haben wir außer den bei der Verbrei=
tung der Vulkane schon erwähnten Gegenden, die zugleich
auch als Erdbeben ausgesetzt sich zeigen, noch die Nord=
küste der Provinz Caraccas und die ganze Reihe der
Antillen mit Ausnahme Kubas zu erwähnen.

Auch in Nord=Amerika sind die Erdbeben nicht blos
auf die Gegenden, in welchen sich Vulkane finden, be=
schränkt. Sehr starke Erdbeben hat man auch im Missis=
sippi= und Ohiothale, dann an den Küsten des atlandischen
Oceans vom Ausflusse des Potomac bis über Boston
hinauf und vom Ontario=See durch Unter=Kanada öfter
beobachtet.

Ausbreitung der Erdbeben.

Von dem größten Interesse für die Erdbebentheorie
ist die Betrachtung der Ausbreitung eines Erdbebens,

d. h. die Frage, in welcher Art und in wie weit pflanzt
sich eine Erschütterung des Bodens von der Stelle fort,
wo sie zuerst die Oberfläche getroffen?

Sehen wir in dieser Beziehung die Nachrichten über
die verschiedenen Erdbeben genauer an, so werden wir ge=
wahr, daß man, was zunächst die Art des Fortschreitens
der Erschütterung betrifft, drei Formen der Fortpflanzung
unterscheiden kann, wie dies auch seit längerer Zeit schon
allgemein geschieht, obwohl im Grunde nur zwei von ein=
ander verschiedene Arten der Erschütterung und Fort=
pflanzung anzunehmen sind. Man hat nämlich darnach
unterschieden centrale, transversale und lineare Erdbeben,
die wir etwas näher betrachten wollen.

1) Centrale Erdbeben. Man beobachtet bei diesen
die Erscheinung, daß ein verhältnißmäßig kleiner Raum
gleichzeitig von einem Stoße betroffen wird und daß
sich dann von da an die Erschütterungen radienartig nach
allen Seiten hin ausbreiten und schwächer werden. Die
Erdbebenwelle verhält sich hier ganz genau wie eine
Wasserwelle, welche durch einen Steinwurf auf der Ober=
fläche eines Sees sich bildet. Von dieser Form war das
große kalabrische Erdbeben vom Jahre 1783. Alle auf
einem Kreise um den Mittelpunkt der Erschütterung liegen=
den Orte empfinden den Stoß gleichzeitig, aber immer
später, je größer der Halbmesser des so beschriebenen
Kreises ist. Die meisten Erdbeben gehören in diese
Kategorie.

2) Transversale Erdbeben. Sie zeigen die
Eigenthümlichkeit, daß eine mehr oder weniger lange Linie
gleichzeitig von dem ersten Stoße betroffen wird und daß

dann die Wellen von dieser aus in parallelen Zügen fort=
schreiten. Auf einer Wasserfläche würden wir diese Form
der Wellenfortpflanzung erzeugen, wenn wir einen langen
Stab auf dieselbe fallen ließen, daß er mit allen Theilen
gleichzeitig die Fläche berührte. Gerade für einige der
größten Erdbeben ist diese Art der Fortpflanzung nicht zu
bezweifeln. Sie ist z. B. von den Gebrüdern Rogers für
das große Erdbeben nachgewiesen worden, das am 6. Januar
1843 die Vereinigten Staaten fast in ihrer ganzen Aus=
dehnung in Bewegung setzte. Die Linie, in welcher hier
die Erschütterung zuerst und gleichzeitig gefühlt wurde,
ging von Cincinnati über Nashville an die Westgrenze von
Alabama in einer Länge von 80—90 g. Meilen. Man
hat zwar diese Art der Erdbebenausbreitung anzuzweifeln
gesucht, aber die Thatsachen, wie auch theoretische Be=
trachtungen über die Fortpflanzung von Erschütterungen
lassen solche Zweifel unbegründet erscheinen. Viel be=
gründeter sind dagegen solche gegen die dritte Art.

3) Die linearen Erdbeben. Man versteht dar=
unter diejenigen Erdbeben, bei welchen die Erschütterung
von einem Punkte ausgeht, sich aber nur nach zwei Seiten
hin in einer Linie fortpflanzt und auf einen schmalen
Streifen beschränkt bleibt. Solche Erdbeben sind offenbar nur
centrale, bei denen durch den localen Bau der Erdrinde
die Ausbildung der Kreisform der Wellen unmöglich ge=
macht wird. Sie finden sich daher nur an Meeresküsten,
denen zugleich höhere Gebirge parallel laufen. Die süd=
amerikanischen Erdbeben zeigen meistens diese Eigenthüm=
lichkeit, die Erschütterung bleibt auf einem schmalen Saum
an der Küste hin beschränkt, so weit sich dieselben auch nach

Norden und Süden fühlbar machen, was manchmal bis auf 200 g. Meilen der Fall ist.

Was nun die geographische Ausbreitung, d. h. den Flächenraum anbelangt, über den sich die Erschütterungen eines und desselben Erdbebens fühlbar machen, so bewegt sich dieselbe zwischen außerordentlich weiten Grenzen. Die centralen und transversalen Erdbeben nehmen den größten, die linearen auch bei ungleich weiterer Erstreckung in einer Richtung den kleinsten Raum ein. Von wesentlichem Einflusse auf die Ausdehnung ist natürlich die Heftigkeit des Stoßes neben den Verhältnissen der Erdrinde im Schüttergebiete und wohl auch die Tiefe, in welcher die Erschütterung der Erdrinde stattfand.

Manche Erdbeben erreichen die Oberfläche nicht und werden nur zufällig in der Tiefe empfunden. So fühlten 1812 die Bergleute zu Marienberg im Erzgebirge in der Tiefe eine starke Erschütterung, so daß sie voller Entsetzen die Grube verließen, während auf der Oberfläche des Bodens nicht das geringste Erzittern verspürt worden war. Andere werden nur auf einem ganz kleinen, eng begrenzten Bezirke bemerkt, und so finden wir Beispiele für alle möglichen immer weiter ausgedehnten Räume von wenigen Quadratmeilen bis zu hunderten, tausenden, ja zehn= und hunderttausenden von Quadratmeilen.

Eines der größten Erdbeben, über das wir sichere Nachrichten haben, war das Lissaboner vom 1. November 1755. Dasselbe verbreitete sich über die ganze iberische Halbinsel, Frankreich, die Schweiz, Italien, Bayern und Böhmen; es wurde an den Küsten von Dänemark bis nach Schweden verspürt, in gleicher Weise machte es sich

durch plötzliche heftige und ungewöhnliche Bewegungen
des Meeres an den Küsten von England und Schottland
bemerklich. Nach Süden wurde es bis Marocco ver=
spürt und nach Westen reichte es bis in die Vereinigten
Staaten, indem Boston, New=York und Philadelphia er=
schüttert wurden, ja selbst noch der Ontario=See in heftige
Wallungen davon gerieth. Der Flächenraum der bei diesem
Erdbeben ergriffenen Länder= und Meeresstrecken betrug
700,000 g. O.=Meilen, kommt demnach dem 13. Theile
der gesammten Erdoberfläche gleich.

Von wenigstens gleicher Ausdehnung, wie das Lissa=
boner Erdbeben, wahrscheinlich dasselbe hierin übertreffend,
war dasjenige, welches am 7. November 1837 am heftig=
sten bei Valdivia in Chili verspürt wurde. Während
seine Ausbreitung nach Osten durch die Anden fast auf=
gehoben wurde, erstreckte es sich nach Westen hin in unge=
heuere Entfernungen, über mehr als $\frac{1}{4}$ des ganzen Erd=
umfanges. Auf den Schiffer=Inseln, 100 Grad westlich
von Chili, machten sich die Erdbeben noch bemerklich, heftige
Bewegungen des Meeres, als plötzlich eintretendes starkes
Steigen und Fallen sich zu erkennen gebend, wurde an
den genannten, dann an den gleich weit westlich gelegenen
Pavao=Inseln, ebenso auch auf den 62 Breiten= und 84
Längengrade von Valdivia entfernten Sandwichinseln in
Folge dieses Erdbebens wahrgenommen.   Denken wir
uns die genannten Punkte, die Sandwich= und Freund=
schafts=Inseln, durch eine Linie verbunden, ziehen wir von
dieser eine Linie nach Valdivia und ebenso eine solche von
den Sandwich=Inseln an die Westküste von Süd=Amerika
auf den Aequator, so wird durch dieselben ein Raum ein=

geschlossen, der ungefähr 1 Million Quadrat=Meilen ent=
hält, also dem zehnten Theil der Oberfläche der Erde
gleichkommt. So gewaltig ist die Ausdehnung, welche
diese Erderschütterungen zuweilen erreichen. Einen gleichen
Verbreitungsbezirk zeigte das Peruanische Erdbeben oder
richtiger Meeresbeben vom Jahre 1868, auf das wir
später noch näher eingehen werden. Bei dieser Angabe
über die Verbreitung des Erdbebens ist vorausgesetzt, daß
auch der Erdboden, wenn auch nicht in fühlbarer Weise,
ebenso weithin an der Erschütterung Theil genommen
habe, wie das Wasser, was freilich nicht streng zu be=
weisen, wenn auch aus manchen Gründen wahrschein=
lich ist.

Unregelmäßigkeiten in der Verbreitung.

Wir haben oben zur Veranschaulichung der verschie=
denen Fortpflanzungsformen der Erdbeben ihre Bewegung
mit denen des Wassers verglichen. Es bedarf wohl kaum
einer Erwähnung, daß bei den Erdbebenwellen auch da=
durch eine Verschiedenheit in der Ausbreitung sich kund
geben muß, daß die Erdrinde weder von gleichartigen
Stoffen, noch von zusammenhängenden Massen gebildet
wird, sondern von sehr verschiedenartigem Material, das
noch dazu oft sehr unregelmäßig über einander gelagert ist.
Das letzte Beispiel, das wir für die große Ausdehnung
der Erdbeben anführten, das Erdbeben von Valdivia,
zeigte uns schon eine derartige Ungleichheit, indem von
dem Punkte der heftigsten Erschütterung an diese sich nur
nach einer Seite nach Westen ausbreiteten, die östliche
Hälfte des Erschütterungskreises fehlte so gut wie ganz.

Halten wir uns zunächst an die vorliegenden That=
sachen, so können wir daraus folgende Schlüffe ziehen:

Die Fortleitung der Erdenbebenwellen ist wesentlich
von dem Baue der Erdrinde abhängig; es sind nament=
lich die großen sehr hohen Gebirge, welche den Verlauf
derselben sehr merklich beeinfluffen.

Was die letzteren betrifft, so üben sie in den meisten
Fällen einen hemmenden Einfluß in der Art aus, daß sie
wie einen Wall der Fortbewegung entgegensetzen. Aeußerst
selten pflanzen sich die Erdbeben quer durch die Gebirge
fort. Sehr deutlich zeigt sich dies in Süd=Amerika, so
außerordentlich heftig sie an der Küste und der Nordseite
des Küstengebirges von Caraccas sich zeigen, wie die
fürchterlichen Verwüstungen bei den Erdbeben von Val=
divia, Lima, Callao, Riobamba, Cumana und Caraccas
erkennen laffen, so geringfügig, ja meist ganz unbemerkt
gehen sie an der Ostseite jener und der Südseite dieses
Gebirges vorüber. Ganz ähnlich zeigte sich der Einfluß
der Apenninnen bei dem Erdbeben von Kalabrien, das
auch auf die Westseite derselben beschränkt blieb. Hier
und da gehen allerdings auch die Erschütterungen durch
die Gebirgsketten hindurch, namentlich sind solche Fälle
in Central=Asien schon öfter beobachtet worden, wo sie
sowohl durch den Hindukusch, wie durch den Thian=Schan
sich fortsetzten.

Die Lage und Neigung der verschiedenen festen Ge=
steine, die Mächtigkeit (Dicke) der ihnen aufgelagerten
lockeren Maffen muß jedenfalls auch von dem größten
Einfluffe auf die Stärke sein, mit der sich ein Erdbeben
geltend macht.

Denken wir uns z. B. in Fig. 31 feste Gesteine c d und in der Richtung der Pfeile pflanze sich eine Erschütterung aus der Tiefe fort, so werden in diesem Falle dieselben in den lockeren aufgelagerten Massen bei a sehr wenig bemerklich sein, während c und d dieselben gleich stark empfinden werden; sind die in b eingelagerten Massen sehr dick, so werden an der Oberfläche die Wirkungen

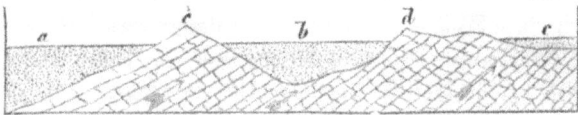

Fig. 31.

gering sein, in dem Falle wie e, wenn sie sehr wenig dick sind, werden dieselben aber als in der Richtung des Stoßes gelegen ungemein heftig betroffen werden. Wenn wir etwas näher die Wirkungen der Erdbeben betrachten, werden wir mehrere Beispiele erwähnen, wo sich derartige Ungleichheiten in der Wirkung an unmittelbar neben einander liegenden Punkten sehr augenfällig bemerklich machten.

Von eben so großem Einflusse müssen auch die im Innern der Erde vorhandenen Hohlräume sein.

Fig. 32.

Es sei z. B. unter a eine Höhlung oder auch nur eine von oben nach unten schmale, aber nach den beiden andern Richtungen weite Spalte, wie sie die Wässer erzeugen

können, so wird eine aus der Tiefe kommende Erschütter=
ung wohl bei b und c empfunden werden, aber nicht bei a.

Wir begreifen aus den angeführten Verhältnissen,
daß es in einem größeren Erschütterungsgebiet einzelne
Stellen geben kann, die von den Bewegungen ganz frei
bleiben. In Peru sind derartige stets ruhig bleibende
Orte längst bekannt, die Eingebornen sagen, daß die=
selben „eine Brücke bilden", unter der die Bewegung
fortschreitet.

Auch in dieser Beziehung müssen wir uns mit der
Angabe der verschiedenen Möglichkeiten, wie solche Un=
regelmäßigkeiten in der Fortpflanzung der Erschütterungen
eintreten können, begnügen; da wir die Verhältnisse der
Tiefe nicht kennen, müssen wir uns eben an solchen Ver=
muthungen genügen lassen.

Drittes Kapitel.

Zeitliche Verhältnisse der Erdbeben.

Dauer.

Wir haben schon oben über die Dauer der einzelnen
Stöße, d. h. über die Länge der Zeit, in welcher die von
einem Stoße an der Oberfläche erzeugten Schwingungen
empfunden werden, das Nöthige unter den physikalischen
Verhältnissen angegeben. Hier haben wir nur noch auch
die Dauer eines ganzen Erdbebens zu besprechen, indem
es nur äußerst seltene Fälle sind, daß ein solches mit einem
Stoße beendigt ist. In der Regel wiederholen sich die=

selben nach längeren oder kürzeren Intervallen. Bei den meisten heftigen Erdbeben kamen die ersten und stärksten Stöße rasch hinter einander, oft nur eine Pause von wenigen Secunden zwischen sich lassend.

So dauerte das Erdbeben, das im Jahre 1839 die kleinen Antillen, vorzüglich aber die Insel Martinique heimsuchte, nur 30 Secunden, d. h. nach dieser Zeit trat wieder eine absolute, Jahre lang dauernde Ruhe der Erd= rinde ein. Das Erdbeben von Jamaica im Jahre 1692 dauerte 3 Minuten, das Lissaboner 5 Minuten. Häufiger dagegen sind die Fälle, in denen ein und dieselbe Gegend, wenn einmal die Erschütterungen begonnen, Wochen, ja Monate und Jahre nicht mehr zur Ruhe gelangte. Auch für solche länger sich fortsetzende Erdbeben wollen wir nur einige Beispiele anführen.

Das Erdbeben, welches in einem Theile Savoyens 1808 stellenweise mit sehr heftigen und zerstörenden Wirk= ungen sich äußerte, hatte eine Dauer von 7 Wochen, vom 2. April bis 17. Mai. 1663 wurde Kanada von einem Erdbeben heimgesucht, welches 6 Monate lang täg= lich mit mehrfachen Stößen sich bemerklich machte. Das furchtbare Erdbeben, welches 1766 gleich mit seinen ersten Stößen Cumana zerstörte, hat fast 14 Monate angehalten; im Anfange traten die Erschütterungen fast jede Stunde ein, erst gegen Ende desselben machten sie Pausen von Wochen und Monaten.

Das schon öfter erwähnte Erdbeben im Missisippi= thale dauerte sogar 2 Jahre; auch hier machten sich an einigen Punkten fast von Stunde zu Stunde wiederkehrende Stöße bemerklich. Noch furchtbarer war die ungemein

lange Beunruhigung der Erde bei dem Kalabrischen Erd=
beben vom Jahre 1783, die erst nach 4 Jahren ein Ende
fand. Anfangs kehrten auch hier die Erschütterungen
täglich wieder, so daß im Jahre 1783 selbst zu Monte=
leone in Kalabrien nicht weniger als 949 Stöße verspürt
wurden, von denen 98 sehr heftig waren.

Regelmäßige Wiederkehr der Erdbeben.

In einigen Gegenden, welche schon öfter von Erd=
beben betroffen wurden, hat sich die Meinung im Volke
festgesetzt, daß die Wiederkehr dieser Naturerscheinung
eine regelmäßige nach bestimmten Zwischenräumen eintre=
tende sei. So ist in Kanada der Glaube verbreitet, daß
alle 25 Jahre ein starkes Erdbeben von 40 tägiger Dauer
kommen müsse. In Chili erwartet man sie dagegen
schon alle 23 Jahre. Dem letzteren Glauben liegt die
eine Thatsache zu Grunde, daß die Stadt Copiapo da=
selbst dreimal nach solchen 23 jährigen Ruhezeiten von
Erdbeben verheert wurde, nämlich 1773, 1796 und 1819.
Doch waren dieß nicht die einzigen Erdbeben, unter wel=
chen sie litt, und es mag ähnlich wie bei den Wetter=
prophezeiungen durch Zufall ein oder das andere Mal
das Vorhergesagte eingetroffen sein, man verschweigt dann
die Ausnahmen und stellt gerne eine Regel als fest hin,
wenn auch die ersteren viel häufiger sind, als die Bei=
spiele, welche für die letztere sprechen. Ein irgendwie
haltbarer Grund für eine Regelmäßigkeit der Wiederkehr
läßt sich auch durchaus nicht auffinden. Schon die außer=
ordentlich große Verschiedenheit der

Häufigkeit

der Erdbeben in den verschiedenen, Erschütterungen öfter
ausgesetzten Gegenden läßt uns erkennen, daß hier von
einer Regelmäßigkeit nicht die Rede sein könne. Wenn wir
von der Zahl der Erdbeben an einer Stelle reden wollen,
so müssen wir sogleich aussprechen, daß es schon aus dem
Grunde unmöglich ist, sichere Zahlen anzugeben, weil wir
in vielen Fällen ganz unsicher darüber sind, was wir als
ein Erdbeben ansehen dürfen und was nicht. Wir haben
eben von der Dauer der Erdbeben gesprochen und solche
angeführt, die Wochen, Monate, Jahre gedauert haben.
Wir können nun allerdings für solche Gegenden, in denen
Erdbeben seltener sind, mit einigem Rechte annehmen, daß
wenn dieselben von zahlreichen Erdstößen heimgesucht wer=
den, die anfangs nach sehr kurzen, allmählich nach längeren
Pausen wiederkehren, alle diese zu einem Erdbeben zu=
sammengefaßt werden dürfen; aber wie verhält es sich mit
solchen Gegenden, wo Erdstöße sehr oft mit sehr unregel=
mäßigen Pausen wiederkehren? Hier kann der eine Natur=
forscher eine Zahl von Erschütterungen zu einem Erd=
beben zusammenfassen, während der andere vielleicht zwei
oder drei Erdbeben daraus macht. Man sieht eben, daß
hierbei die Vorstellung, welche man sich von der Ursache
der Erdbeben macht, eine sehr wichtige Rolle spielt. Wir
haben nur von wenigen Gegenden, in denen Erdbeben
häufiger sind, genaue Verzeichnisse über dieselben. Aber
aus allen Nachrichten, die wir darüber besitzen, zeigt sich,
daß sie viel häufigere Erscheinungen sind, als man ge=
wöhnlich annimmt. Nach A. v. Humboldt dürfte wohl
keine Stunde ohne ein Erdbeben einer Stelle der Erde

vorübergehen, und je näher wir mit allen Vorgängen auf
unserem Planeten bekannt werden, desto mehr zeigt sich
die Richtigkeit dieses Ausspruches. Es sind gerade in den
letzten Decennien genauere Nachforschungen über die Zahl
der Erdbeben in Europa und Asien angestellt worden,
namentlich hat sich Perrey in Dijon mit außerordentlichem Fleiße diesen Untersuchungen gewidmet und für ein
kleineres Gebiet, die Schweiz, hat Volger ebenso mit
großer Sorgfalt bis in das 9. Jahrhundert zurück die
Nachrichten gesammelt, welche über Erdbeben zu finden
waren. Es bedarf wohl kaum der Erwähnung, daß wir
aus den früheren Jahrhunderten nur sehr spärliche Kunde
von derartigen Ereignissen besitzen und daß uns aus diesen
nur die heftigsten Erderschütterungen überliefert worden
sind, die bei Weitem größte Zahl aber der schwächeren
Erdbeben uns unbekannt sein muß. Nichtsdestoweniger
hat Volger doch ca. 1400 Erdbeben für die Schweiz verzeichnet gefunden, 500 schon in diesem Jahrhundert bis
1854, 458 im siebzehnten, 177 im sechszehnten Jahrhundert. Er führt 29 verschiedene Stoßgebiete der Schweiz
oder der unmittelbar angrenzenden Länder auf, in denen
die Erdbeben ziemlich häufig auftreten.

Aus den Zusammenstellungen Perrey's ergibt sich,
daß vom Jahre 1801—1843 in Europa und den unmittelbar dabei liegenden Theilen Asiens und Afrika's 914
Erdbeben sich aufgezeichnet finden. Für den nördlich von
den Alpen gelegenen Theil Europa's hat v. Hoff für den
zehnjährigen Zeitraum von 1821—1830 115 Erdbeben
gefunden.

Noch häufiger scheinen dieselben in Süd-Amerika aufzutreten, wie aus den wenigen Angaben hervorgehen dürfte, die wir darüber haben. So berichtet Castelnau, der Führer der großen französischen Expedition durch Süd= Amerika, daß vom Jahre 1811—1844 in Arequipa, west= lich vom Titicacasee, allein nicht weniger als 928 Erd= beben verspürt wurden, 50 im Jahre 1813.

Vertheilung auf die verschiedenen Jahreszeiten.

Man hat aus der großen Anzahl der Erdbeben, über die wir genauere Angaben besitzen, auch die Frage zu be= antworten gesucht, ob dieselben an gewisse Jahreszeiten gebunden sich zeigten oder ob sie wenigstens häufiger in der einen, als in der andern aufträten.

In der That ergibt sich auch aus den vorliegenden Nachrichten, daß eine derartige Ungleichheit der Jahres= zeiten hinsichtlich des Eintretens der Erdbeben stattfinde. Sie treten in den meisten Gegenden am häufigsten im Herbst= und Winterhalbjahre (September bis Februar) ein, geringer ist die Zahl im Frühling= und Sommerhalb= jahre (März bis August). Ordnen wir sie nach den meteo= rologischen Jahreszeiten, mit dem März beginnend, so finden wir nach Perrey's Zusammenstellung folgende Re= sultate. Von den 728 Erdbeben, welche vom 4. bis 18. Jahrhundert mit genauerer Zeitangabe von ihm angeführt werden, findet sich die Vertheilung also: Es treffen auf den Frühling 182, auf den Sommer 150, auf den Herbst 172 und auf den Winter 238 Erdbeben. Von den von Volger aufgeführten Erdbeben fallen nach seinen Angaben auf den Frühling 315, auf den Sommer 141, auf den Herbst 313, auf den Winter 461.

Wir theilen hier noch einige Zusammenstellungen der Art von Perrey übersichtlich mit. Nach ihm vertheilten sich für die verschiedenen Erschütterungsgebiete die Erdbeben auf die Jahreszeiten also:

	Frühling	Sommer	Herbst	Winter	Summa
Süd = Europa					
1801 — 1846	206	207	224	277	926
Frankreich	150	123	158	227	656
Skandinavien	50	40	54	70	214
Rhonegebiet	37	29	46	70	184
Rheinbecken	117	95	130	187	529
Savoyen	262	226	219	277	984
	822	720	831	1108	3493

Bei der großen Anzahl von Beobachtungen ist kaum daran zu denken, daß hier ein Zufall walten könne, wiewohl andererseits die Zusammenfassung der Erdbeben nach Monaten und einzelnen Localitäten doch ein etwas anderes Bild liefert und auch in dieser Beziehung die Frage, was ein Erdbeben sei, welche Stöße zu einem zusammenzufassen seien, von der größten Wichtigkeit ist. Die Regelmäßigkeit des Eintreffens von Maximum und Minimum schwankt auch, wenn man Perrey's Angaben durchgeht, sehr in verschiedenen Jahrhunderten für denselben Ort, und wenn man alle Localitäten zusammenrechnet, so wird die Zahl für die verschiedenen Jahreszeiten ziemlich gleich, da in manchen Gegenden die Maxima auf den Sommer oder Herbst fallen, z. B. auf den Antillen und in den Pyrenäen. In Italien fielen von den 463 Erdbeben des 19. Jahrhunderts (bis 1843) 233 auf Frühling und Sommer, 230 auf Herbst und Winter, von den 389 des

18. Jahrhunderts 190 auf Frühling und Sommer, 199 auf Herbst und Winter. Betrachtet man das Eintreffen nach den Monaten, so zeigt sich hier für verschiedene Localitäten ein sehr verschiedenes Verhalten, wie aus den folgenden Zusammenstellungen nach Perrey hervorgeht, in denen die des 18. und 19. Jahrhunderts theilweise getrennt aufgeführt sind:

			Januar	Februar	März	April	Mai	Juni	Juli	August	September	October	November	December	Summa
1.	Antillen 18.	Säc.	6	4	1	3	1	3	5	5	8	11	3	3	59
2.	" 19.	"		9	6	11	9	8	13	7	12	10	13	9	121
3.	Italien u. 18.	"	43	35	33	28	30	48	30	21	20	45	28	28	406
4.	Savoyen 19.	"	44	58	47	37	40	30	40	39	25	45	21	37	465
5.	Frankr. u. 18.	"	26	20	17	26	11	18	15	17	13	18	23	28	237
6.	Belgien 19.	"	27	17	21	13	13	8	17	15	15	17	21	25	211
7.	Standinavien		33	20	21	13	16	10	13	17	18	17	19	17	214
8.	Rhonegebiet		26	20	16	10	11	11	9	9	17	15	14	24	184
9.	Rheingebiet		62	54	44	37	36	30	30	35	36	36	58	71	529
															2424

Sehen wir diese Zahlen näher an, so ergibt sich eben eine ziemliche Unregelmäßigkeit. Es fallen nämlich in diesen neun Reihen die Maxima und Minima auf folgende Monate:

Maximum	Minimum
1. October	März und Mai
2. August und November	Juli
3. Juni	September
4. Februar	November
5. December	Mai

	Maximum	Minimum
6.	Januar	Juni
7.	Januar	Juni
8.	Januar	Juli und August
9.	December	Juni und August.

Noch größere Unregelmäßigkeiten kommen in einzelnen kleineren Stoßgebieten vor. So zeigen sich an den ge= sonderten Stoßgebieten der Schweiz nach Volger folgende Vertheilungen:

	Januar	Februar	März	April	Mai	Juni	Juli	August	September	October	November	December	Summa
Mittelwallis	32	16	4	0	0	0	1	0	1	6	5	24	89
Unterwallis	2	4	10	3	2	3	0	3	8	7	1	6	49
Vierwaldstädter G..	2	52	3	17	3	4	0	6	29	2	0	2	120
Glarus	9	10	10	7	5	2	0	5	24	10	11	12	124
Sax=Werdenberg ..	44	11	9	1	1	1	1	0	0	0	1	20	89
Leimen u. Birsthal	12	11	10	1	9	3	6	4	5	13	14	11	100
Summa	101	104	46	29	20	13	8	18	67	38	32	75	571

Die Maxima der einzelnen Gebiete vertheilen sich hier auf die Monate Januar, Februar, März, September und November, die Minima auf April, Mai Juni, Juli, August, September und October. Alle zusammengerech= net, fällt das Maximum auf den Februar, das Minimum auf den Juli.

Man sieht daraus, daß einzelne Localitäten ihre Be= sonderheiten hinsichtlich des Auftretens der Erdbeben be= sitzen. Wir enthalten uns vorläufig aller Schlüsse aus den

angeführten Thatsachen, die ebenfalls zweckmäßiger bei
der Erörterung der Ursachen der Erdbeben in Erwägung
gezogen werden.

Viertes Kapitel.

Die Wirkungen der Erdbeben.

Wir haben schon in den vorhergehenden Kapiteln hie
und da Gelegenheit gehabt, die Wirkungen der Erdbeben
bei Betrachtung der verschiedenen Arten der Bewegungen
und der verschiedenen Dauer derselben zu besprechen. Am
meisten erregen die Aufmerksamkeit diejenigen, welche sich
als zerstörende an volkreichen Städten zeigen, während
außerdem wenig von ihnen gesprochen wird. Sie gehören
in dieser Beziehung aber auch zu dem Furchtbarsten,
was die Menschen betreffen kann, und kein Naturereigniß,
keine Seuche hat so entsetzliche Folgen in der kürzesten
Zeit und ohne alle Vorboten im Gefolge, als stärkere
Erdbeben. Die großen Erschütterungen, welche in Süd=
Amerika, Portugal und Kalabrien auftraten, haben in
wenig Secunden viele Tausende ums Leben gebracht und
volkreiche Städte zu einem ungeheueren Trümmerhaufen
gemacht, in dem man nicht einmal die Lage der einzelnen
Gebäude mehr bestimmen konnte.

Statt systematischer Aneinanderreihung einzelner Bei=
spiele für verschiedene Arten und Grade solcher Verheerun=
gen wollen wir auch hier lieber die Original=Berichte von
Augenzeugen, welche einige der heftigsten Erdbeben uns

geschildert, folgen lassen. Spiegelt sich doch in ihnen besser als in jeder nachträglichen zusammengetragenen Schilderung der Eindruck, den es auf den Menschen macht, wie auch der Einfluß der Zeiten auf die Anschauung und Auffassung solcher Schrecknisse der Natur.

Wir beginnen mit den Nachrichten über eines der größten Erdbeben, das in historischer Zeit die Erde heimgesucht, nämlich das, welches am 1. November 1755 Lissabon zum Mittelpunkt seiner verheerenden Wirkungen hatte. Wir haben darüber eine Reihe von Briefen, welche in den Verhandlungen der Akademie der Wissenschaften zu London von demselben Jahre aufbewahrt sind. Ein englischer Wundarzt, Wolfall, berichtet, mit Hinweglassung der Einleitung des Briefes also:

„Wenn Sie andere Korrespondenten hier haben, werden Ihnen diese ohne Zweifel einen befriedigenderen Bericht von dem schrecklichen Erdbeben geben, als ich es mir einbilde, thun zu können; wenn Sie diese aber nicht haben, so wird ein Bericht, so wie ihn die Aufregung meines Gemüths zu geben vermag, ohne Zweifel angenehmer sein, als die unsicheren Berichte, welche Sie in den Zeitungen finden werden. Alles, was ich gegenwärtig erstreben kann, ist, Ihnen eine runde, ungeschminkte Erzählung zu geben, und das will ich thun mit aller denkbaren Wahrheit und Offenheit.

Vielleicht dürfte es nöthig sein vorauszuschicken: daß wir seit dem Anfange des Jahres 1750 viel weniger Regen hatten, als je seit Menschengedenken bekannt ist mit Ausnahme des letzten Frühjahrs, das eine große Fülle von Regen gab. Der Sommer war kühler als gewöhnlich, die

letzten 40 Tage war schönes, klares Wetter, was nichts
Bemerkenswerthes ist. An dem ersten dieses Monats,
etwa 40 Minuten nach 9 Uhr Vormittags, fühlte man
einen sehr heftigen Erdbebenstoß; er schien den zehnten
Theil einer Minute zu dauern, und sofort stürzte jede
Kirche, jedes Kloster in der Stadt ein, ebenso des Königs
Palast, das prächtige Opernhaus, kurz, es war in der
ganzen Stadt kein einziges großes Gebäude, das dem Ein-
sturze entging. Von den Wohnhäusern mag etwa ein
Viertel gefallen sein, die nach einem sehr mäßigen An-
schlage den Verlust von 30,000 Menschenleben verursachten. Das Entsetzen des Anblicks der todten Körper zusammen mit dem Rufen und Geschrei derer, welche unter
den Trümmern halb begraben waren kann nur der kennen, der Augenzeuge davon war. Es übersteigt weit alle
Schilderung, denn die Angst und Verwirrung war so
groß, daß selbst die Entschlossensten nicht einen Augenblick
stehen zu bleiben wagten, um wenige Steine wegzuwälzen
von ihren liebsten Freunden, obwohl vielleicht Mancher
gerettet worden, wenn es geschehen wäre; aber an nichts
wurde gedacht, als an Selbsterhaltung; auf offene Plätze
und in die Mitte der Straßen zu gehen, brachte am ersten
Sicherheit. Diejenigen, welche in den oberen Stöcken der
Häuser sich befanden, waren im Allgemeinen glücklicher,
als die, welche durch die Hausthüre zu entfliehen versuchten; denn diese wurden mit dem größten Theile der Fuß-
gänger unter den Ruinen begraben. Diejenigen, welche
in Wägen waren, entkamen am besten, wenn auch ihre
Thiere und deren Treiber ernstlich beschädigt wurden, aber
die Zahl derer, welche in Häusern und in den Straßen

umkamen, ist viel geringer, als die derjenigen, welche
unter den Trümmern der Kirchen begraben wurden. Denn
da es eben ein großer Festtag war und die Zeit des
Hochamtes, waren alle Kirchen der Stadt vollgefüllt, und
die Zahl der Kirchen hier ist größer, denn die von London
und Westminster, und da die Thürme hier hochgebaut
waren, fielen sie meistens mit dem Kirchendache ein, und
die Steine sind so groß, daß wenige davon kamen.

Hätte der Schaden damit sein Ende genommen, es
hätte bis zu einem gewissen Grade wieder gut gemacht
werden können; denn obwohl Leben nicht wieder gebracht
werden können, so hätten doch die ungeheueren Schätze,
die unter den Ruinen lagen, theilweise wieder ausgegra=
ben werden können; aber die Hoffnungen darauf sind
größtentheils verschwunden, denn zwei Stunden nach dem
Stoße brach an drei verschiedenen Stellen der Stadt
Feuer aus, das dadurch entstand, daß Herdfeuer und
Meubles alles übereinander gestürzt wurde. Um dieselbe
Zeit erhob sich der Wind, der bis dahin sich vollkommen
gelegt hatte, ziemlich lebhaft und fachte das Feuer zu
solcher Wuth an, daß am Ende des dritten Tages die
ganze Stadt in Asche lag.

Es schien in der That, als hätten sich alle Elemente
zu unserem Untergange verschworen; denn bald nach dem
Stoß, der nahe zur Zeit der Fluthöhe eintrat, erhob sich
plötzlich das Wasser 40 Fuß höher, als es je beobachtet
wurde, und fiel dann eben so plötzlich. Wäre daß letztere
nicht der Fall gewesen, würde die ganze Stadt unter Wasser
gesetzt worden sein. Sobald wir Zeit uns zu sammeln
fanden, zeigte sich unseren Vorstellungen nichts als Tod.

Denn erstens lag die schreckliche Vermuthung nahe, daß bei der allgemeinen Verwirrung die große Zahl der Leichen bei dem Mangel von Menschen, dieselben zu begraben, eine Pestilenz erzeugen würde, doch verzehrte sie das Feuer und kam diesem Uebel zuvor.

Zweitens: Die Furcht vor einer Hungersnoth war sehr groß; denn Lissabon ist das Kornhaus für das ganze Land auf 50 Meilen in der Runde; indessen waren glücklicher Weise einige der Vorrathshäuser erhalten, und obwohl die drei dem Erdbeben folgenden Tage eine Unze Brod ein Pfund Gold werth war, so wurde doch nachher Brod wieder ziemlich reichlich und wir wurden alle glücklich aus unserer Hungersnoth errettet.

Der dritte große Schrecken war, daß der niedrige, verworfene Theil des Volkes aus der Verwirrung Gewinn zu ziehen suchen und die Wenigen morden und berauben würde, welche etwas gerettet hatten. Dieß trat auch wirklich zum Theil ein, worauf der König sofort Befehl gab, rings um die Stadt Galgen zu errichten, und nachdem gegen hundert Hinrichtungen vorgenommen waren, worunter auch die einiger englischen Matrosen, war diesem Uebel Einhalt gethan.

Wir sind noch immer in einem Zustande der größten Unsicherheit und Verwirrung, denn im Ganzen hatten wir seit der ersten Erschütterung noch 22 Stöße, aber keinen so heftig, daß er Häuser in den Resten der Stadt eingestürzt hätte, welche dem ersten widerstanden; aber Niemand wagt es, noch in den Häusern sich aufzuhalten, und obwohl wir im Allgemeinen im Freien leben, da wir nicht die nöthigen Stoffe haben, um uns Zelte zu machen, und

Regen verschiedene Nächte fiel, so bemerkte ich doch, daß die zartesten und schwächsten Leute diese Beschwerden mit eben so wenig Nachtheil aushalten, als die stärksten und gesündesten. Alles ist noch mit uns in der denkbar größ= ten Verwirrung, wir haben weder Kleider, noch irgend eine Bequemlichkeit, auch nicht Geld, um uns solche aus andern Gegenden kommen zu lassen. Ganz Europa ist stark betheiligt bei dem großen Verluste an ungeheueren Geldmassen und Waaren, aber kein Volk so viel, als das unsrige, das Alles verloren hat, was es hier hatte. Wenig Engländer verloren ihr Leben im Vergleich mit andern Nationen, aber eine große Anzahl ist verwundet; und was das Unglück erhöht, ist der Umstand, daß wir wohl drei englische Aerzte sind, aber weder Instrumente, noch Van= dagen, noch Kleidungsstücke haben, ihnen zu helfen. Zwei Tage nach dem ersten Stoße wurde Befehl gegeben, den Verschütteten nachzugraben, und eine große Menge wurden herausgezogen und erholten sich wieder. Einige Fälle von solchen Errettungen, die ich Ihnen berichten könnte, sind ganz erstaunlich; es ist jedoch zum Verwundern, daß wir nicht Alle verloren sind. Ich wohnte in einem Hause, in dem 38 Insassen waren und nur 4 gerettet wurden. Im städtischen Gefängnisse gingen 800 zu Grunde, 1200 im allgemeinen Krankenhause, eine große Anzahl von Klöstern mit je 400 Bewohnern gingen ebenso zu Grunde, der spanische Gesandte mit 35 Dienern. Es würde zu er= müdend sein, in Einzelheiten einzugehen; denn ich erhielt dieses Papier durch einen bloßen Zufall und schreibe dieß auf einer Gartenmauer. Wenn Sie den Inhalt desselben Ihrer Akademie mittheilen wollen, so bitte ich Sie, ihn

gefälligst vorher in eine etwas andere Form zu bringen.
Glücklicherweise traf es sich, daß der König und die könig=
liche Familie in Belem waren, einem Palaste, ungefähr
eine Meile von der Stadt. Der Palast in der Stadt
stürzte beim ersten Stoße ein, die Bürger hier bestehen
jedoch darauf, daß die Inquisition das erste Gebäude ge=
wesen sei, welches einfiel. Die Erschütterung wurde über
das ganze Königreich gefühlt, jedoch auf der Seite dem
Meere zu stärker. Fora, St. Ubals und einige der großen
Handelsstädte sind womöglich in noch schlimmerer Lage,
als wir, obwohl die Stadt Porto ganz unversehrt blieb.

Es ist möglich, daß die Ursache von diesem Unfall
aus der Tiefe unter dem westlichen Ocean kam, denn ich
hatte eben ein Gespräch mit einem Schiffscapitän, der ein
sehr verständiger Mann zu sein scheint, und mir erzählte,
daß er 50 Meilen von hier in der See gewesen sei und
daß die Erschütterung dort so heftig gewesen sei, daß sie
das Verdeck seines Schiffes stark beschädigte. Es kam
ihm bei diesem Ereignisse der Gedanke, daß er einen Fehler
bei seiner Ortsberechnung gemacht habe und auf einen
Felsen gestoßen sei. Sie setzten sofort ihr Langboot aus,
um sich zu retten, brachten aber dann ihr Schiff, obwohl
sehr beschädigt, glücklich in den Hafen.

Gibt es noch fernere Umstände, hinsichtlich derer ich
Ihre Wißbegierde befriedigen kann, so will ich sehr gern
versuchen, dieß zu thun ꝛc."

Es sind diesem Briefe noch eine große Reihe anderer
beigefügt, welche theils aus der Nachbarschaft von Lissabon,
theils aus entfernteren Gegenden datirt sind, so von Oporto,
Cadix, Gibraltar, Madrid, Neufchatel, Madeira, welche

alle die ungemein große Ausdehnung dieses Erdbebens constatiren und andere merkwürdige Erscheinungen, namentlich höchst gewaltige Bewegungen des Meeres erwähnen, auf die wir später noch zurückkommen werden.

An zerstörenden Wirkungen dem Lissaboner Erdbeben nicht nachstehend und merkwürdig durch seine ungewöhnlich lange Dauer war dasjenige, welches im Jahre 1783 Unter-Italien, vorzugsweise Kalabrien heimsuchte. Wir haben über dasselbe einen sehr genauen, auf eigener Beobachtung beruhenden Bericht des englischen Gesandten in Neapel, Hamilton, welcher mit unermüdlicher Ausdauer die vulkanischen Erscheinungen Italiens zum Gegenstande langjähriger Untersuchungen machte. Wir geben auch diesen, wie er in einem Schreiben vom 23. Mai 1783 an die Royal Society von London, gerichtet an Sir J. Banks, enthalten ist.

„Ich bin glücklich, jetzt in der Lage zu sein, Ihnen und meinen Brüdern von der Royal Society eine kleine Vorstellung von dem ungeheueren Schaden und den mancherlei Erscheinungen der Erderschütterungen zu geben, welche am 5. Februar begannen und noch deutlich, wenn auch weniger heftig bis zu diesem Tage gefühlt werden in beiden Kalabrien, zu Messina und in den Theilen von Sicilien, welche dem Festlande am nächsten liegen. Aus den zuverlässigsten Erzählungen und den amtlichen Berichten, welche ich von dem Staats-Secretär Ihrer Sicilianischen Majestät erhielt, ermittelte ich im Allgemeinen Folgendes: Der Theil von Kalabrien, welcher am stärksten von diesem schweren Unglücke betroffen wurde, ist der zwischen dem 38. und 39. Grad gelegene. Die größte Ge-

walt schien das Erbbeben von dem Fuße der Berge der
Apenninen ausgeübt zu haben, welche als Monte Deio,
Monte Sacro und Monte Caulone bezeichnet werden, und
sich westwärts gegen das tyrrhenische Meer erstreckt zu
haben. Die Städte, Dörfer und Höfe, welche diesen Bergen
am nächsten lagen, sie mochten nun auf Hügeln oder in der
Ebene stehen, wurden vollständig eingestürzt schon durch
den ersten Stoß am Nachmittag des 5. Februar. Hier
gingen auch die meisten Menschen zu Grunde. In dem
Verhältnisse, als die Städte und Dörfer diesem Centrum
entfernter lagen, war auch der Schaden geringer, der sie
betraf. Aber eben diese entfernteren Orte wurden stark
beschädigt durch die folgenden Stöße, besonders durch die
am 26. und 28. Februar und am 1. März. Von dem
ersten Stoße am 5. Februar an war die Erde in einem
beständigen Zittern, mehr oder weniger stark. Die Stöße
wurden zeitweise lebhafter in einigen Theilen der betroffenen Provinzen empfunden, als in andern. Die Bewegung
der Erde war verschieden und nach der Bezeichnung der
Italiener vorticoso, orizontale und oscilattorio, entweder wirbelnd, wie ein horizontaler Strudel, oder wie
pulsirend und schlagend von unten nach oben. Die Ab-
wechslung dieser Bewegungen vermehrte die Besorgnisse
der unglücklichen Bewohner dieser Gegenden, die jeden
Augenblick erwarteten, daß sich die Erde unter ihren Füßen
öffnen und sie verschlingen würde. Dazu kamen anhal-
tende heftige Regengüsse, häufig begleitet von Blitzen und
unregelmäßigen, wüthenden Windstößen. Durch alle diese
Ursachen ist die Gestalt der Erde in diesem Theile von
Kalabrien stark verändert, namentlich auf der Westseite

der eben genannten Berge. Es bildeten sich große Oeff=
nungen und Risse, mehrere Höhen wurden erniedrigt,
andere ganz eingeebnet, in den Ebenen entstanden tiefe
Spalten, durch welche manche Straßen ganz unwegsam
wurden. Hohe Berge wurden auseinander gerissen und
Theile davon eine große Strecke fortgeschleudert. Tiefe
Thäler wurden von den Bergen, welche sie bildeten, ganz
ausgefüllt, indem sie durch die Gewalt des Erdbebens los=
gerissen und mit einander verbunden wurden. Der Lauf
mehrerer Flüsse wurde verändert, Quellen entstanden an
Orten, die vorher vollkommen trocken waren, dagegen
verschwanden an anderen Stellen solche, die dort be=
ständig flossen, vollständig. Bei Laureana in Calabria
Ultra wurde die eigenthümliche Erscheinung erzeugt, daß
zwei ganze Pachtungen mit großen Oliven und Maul=
beerbäumen, welche in einem vollkommen ebenen Thale
lagen, durch das Erdbeben losgerissen und, ohne daß die
Bäume ihre Stelle veränderten, auf eine Entfernung von
einer Meile von ihrem früheren Platze versetzt wurden,
und daß aus der Stelle, an welcher sie früher standen,
heißes Wasser bis zu einer beträchtlichen Höhe empor=
sprang, gemischt mit einem rostigen Sande; daß auch
nahe dieser Stelle einige Landleute und Schäfer mit
ihren Ochsengespannen und Schaf= und Ziegenheerden ver=
schlungen wurden.

Kurz von Amantea am tyrrhenischen Meere in Ca=
labria Citra an entlang der Westküste bis Cap Spartivento
in Calabria Ultra und dann an der Ostküste aufwärts bis
zu Cap Alice ist keine Stadt oder Dorf weder an der Küste,
noch im Innern, die nicht entweder vollständig verwüstet

oder mehr oder weniger beschädigt wäre, im Ganzen an 400, wie sie es hier nennen, Paeses (ein Ort über 100 Einwohner).

Die größte Sterblichkeit fällt auf die Städte und Orte, welche in der Ebene an der Westseite der Berge Dejo, Sacro und Caulone liegen. In Casal=Nuovo verloren die Prinzessin Gerace und gegen 4000 der Ein= wohner ihr Leben; in Bagnara beträgt die Zahl der Todten 3017, Radicina und Palmi rechnen ihren Verlust auf 3000 jedes, Terra=Nuova auf 1400, Senninari noch mehr. Die ganze Zahl der Umgekommenen in Ka= labrien und Sicilien durch das Erdbeben allein ist nach den beim Staats=Secretär in Neapel eingegangenen Be= richten 32,367; ich habe jedoch guten Grund zu glauben, daß, die Fremden mitgerechnet, die Zahl der ums Leben Gekommenen beträchtlich größer gewesen sein muß; 40,000 muß man wenigstens und ohne alle Uebertreibung zu= geben.

Von derselben Behörde hörte ich, daß die Einwohner von Scilla nach dem ersten Stoß am 3. Februar aus ihren Häusern auf die Klippen geflohen waren und, dem Bei= spiele ihres Prinzen folgend, an der Küste Schutz suchten, daß aber zur Nachtzeit derselbe Stoß, welcher am Anfange der Meerenge von Messina das Meer so gewaltig erhoben und beunruhigt und so viel Schaden angerichtet hatte, hier mit noch größerer Heftigkeit gewirkt hatte; die Woge, von der man sagte, daß sie kochend heiß gewesen und, zu ge= waltiger Höhe sich erhebend, viele Menschen verbrüht habe, stürzte wüthend 3 Meilen weit in das Land und riß bei ihrem Rückzuge 2473 Einwohner von Scilla mit dem

Prinzen an ihrer Spitze mit sich fort, die eben zu dieser Zeit entweder am Strande oder in Booten nahe am Ufer sich befanden. Durchgängig beobachtete man, daß das Erdbeben seine größte Heftigkeit auf der Westseite der Apenninen, namentlich des berühmten Sila der alten Brutier hatte, und daß alle Landschaften östlich des Sila die Erdbebenstöße wohl fühlten, aber ohne einigen Schaden davon zu erleiden. —

In den letzten Berichten von dem am meisten heimgesuchten Theile Kalabriens werden zwei eigenthümliche Erscheinungen erwähnt. Ungefähr 3 Meilen von der verwüsteten Stadt Oppido befand sich ein Hügel (sein Boden ist ein sandiger Thon) ungefähr 500 Palms*) hoch und 1300 im Umfange an seiner Basis. Es wird gesagt, daß dieser Hügel durch den Stoß vom 5. Februar auf eine Entfernung von ungefähr 4 Meilen von der Stelle der Ebene Campo di Bussano, wo er vorher stand, gesprungen sei. Zu derselben Zeit spaltete sich der Hügel, auf welcher die Stadt Oppido stand, der eine Ausdehnung von 3 Meilen hat, in zwei Theile, und da er zwischen zwei Flüssen lag, füllten seine Trümmer das Thal aus und hemmten den Lauf der Flüsse; zwei große Seen bildeten sich und nehmen täglich an Größe zu. Von Sicilien lauteten die schlimmsten Berichte dahin, daß der größte Theil der prächtigen Stadt Messina durch den Stoß am 5. Februar und Theile des Restes durch die später folgenden zerstört sei, daß der Quai am Hafen beträchtlich gesunken und an einigen Stellen $1\frac{1}{2}$ Palm unter Wasser sei, kurz, daß

----

*) Eine Palm hat 26,3 Centimeter oder nahezu $^9/_{10}$ rhein. Fuß.

Messina nicht mehr sei, und daß dieselbe heiße Woge, welche so viel Unheil in Scilla angerichtet habe, an der Spitze der Meerenge über das Land gegangen und etwa 24 Menschen mit hinweggenommen habe.

Das, mein Herr, war die Kunde, die ich Ende des letzten Monats besaß; da ich aber besonders begierig bin, wie Sie wissen, auf vulkanische Erscheinungen, und überzeugt war, daß einige große chemische Vorgänge von der Natur der vulkanischen die wirkliche Ursache dieser Erdbeben war, faßte ich den Entschluß, etwa 20 Tage (mehr konnte ich nicht) zu verwenden und die Reise nach solchen Theilen von Kalabrien in Sicilien zu machen, welche am meisten von den Erdbeben heimgesucht wurden, und mit eigenen Augen die oben bezeichneten Erscheinungen zu untersuchen, in der Absicht, manche Punkte aufzuklären und zur Wahrheit zu kommen, was, wie Sie wohl wissen, außerordentlich schwer ist. Ich steuerte auf Pizzo in Calabria Ultra los, wo ich am Abend des 6. Mai landete. (Wir übergehen hier die Beschreibung des ersten Theiles der Reise über das vollständig zerstörte Rosarno, in dessen Nähe die beiden Pachthöfe standen, welche von ihrer Stelle gerückt wurden. Die Thatsache, die nicht zu bezweifeln ist, glaubt Hamilton durch die Annahme erklären zu können, daß sie unterwaschen, auf einer schlammigen, thonigen Masse fortgeschwemmt worden seien, und fährt dann fort):

Von hier ging ich durch dasselbe herrliche Land nach Polistene. Durch ein so reiches Land zu ziehen und nicht ein einziges Haus mehr stehen zu sehen, ist in der That äußerst melancholisch; wo ein Haus stand, sieht man jetzt einen Trümmerhaufen und eine elende Baracke mit zwei

oder drei unglücklichen, traurigen Gestalten in der Thür
sitzend, hier und da einen verstümmelten Mann oder Frau
oder Kind auf Krücken sich hinschleppend. Statt einer
Stadt sieht man ein wirres Durcheinander von Trüm=
mern und rings um dieselben eine Anzahl elender Hütten
oder Baracken mit einer etwas größeren, die als Kirche
dient, die Glocken an einer Art von niederm Galgen hän=
gend; jeder Bewohner mit kummervoller Miene und Zeichen
der Trauer um verlorene Angehörige.

Vier Tage reiste ich in dieser Ebene in der Mitte von
Jammerscenen, die sich nicht beschreiben lassen. Die Ge=
walt des Erdbebens war hier so groß, daß alle Einwohner
der Städte entweder todt oder lebendig, mit einem Male
von ihren einstürzenden Häusern begraben waren. Poli=
stene war eine große, aber zwischen zwei Flüssen übel ge=
legene und Ueberschwemmungen ausgesetzte Stadt. 2100
Bewohner von 6000 verloren ihr Leben an dem unglück=
seligen 5. Februar. Der Marquis St. Giorgio, der Herr
dieses Landes, den ich hier traf, war eifrig beschäftigt,
seinen Untergebenen beizustehen. Er hatte die Straßen
der zerstörten Stadt vom Schutt reinigen lassen und hatte
für die Ueberlebenden Baracken auf einem gesunden Orte
in der Nähe der Stadt errichtet. Ebenso hatte er der=
gleichen größere für Seidenraupen aufgeführt, die ich in
denselben eben bei ihrer Arbeit traf. Die Thätigkeit und
Freigebigkeit dieses Prinzen ist höchst lobenswerth und, so
weit ich bisher hier gesehen habe, unübertroffen. Ich be=
merkte, daß die Stadt St. Giorgio auf einem Hügel 2 Meilen
von Polistene, obwohl unbewohnbar gemacht, keineswegs so
vollständig eingestürzt war, wie die Städte der Ebene. In

Poliftene war ein Nonnenkloster; da ich begierig war, die Nonnen zu sehen, welche entkommen waren, bat ich den Marquis, mir ihre Baracken zu zeigen; aber wie es scheint, wurde nur eine von den 23 lebendig aus ihrer Zelle gezogen, und sie war 48 Jahre alt.

Nachdem ich mit dem Marquis in seiner niedrigen Baracke neben den Ruinen seines prachtvollen Palastes gespeist hatte, ging ich durch einen schönen Olivenwald und einen anderen von Wallnußbäumen nach Casal-Nuova; hier zeigte man mir die Stelle, an welcher das Haus meiner unglücklichen Freundin, der Prinzessin Gerace Grimaldi, gestanden war, die mit mehr als 4000 ihrer Unterthanen ihr Leben durch die urplötzliche Explosion (denn eine solche scheint es gewesen zu sein) am 5. Februar verlor, welche die Stadt in Atome verwandelte. Einige, die noch lebendig ausgegraben wurden, sagten mir, sie hätten, ohne vorher auch nur das Geringste bemerkt zu haben, gefühlt, wie ihre Häuser ganz aufgehoben wurden. In den anderen Städten stehen doch noch einige Mauern und Theile von Häusern, aber hier kann man Straßen und Häuser nicht unterscheiden, alles liegt da als ein wirrer Trümmerhaufen. Ein Bewohner von Casal-Nuova erzählte mir, er sei eben auf einem Hügel gewesen, als das Erdbeben begann, und habe die Ebene übersehen. Als er die Erschütterung verspürte, habe er sich nach der Stadt umgewendet, aber statt derselben an der Stelle, wo sie stand, nur eine dicke weiße Staubwolke, wie ein Rauch gesehen, die natürliche Folge des in Folge der einstürzenden Gebäude auffliegenden Staubes.

Von hier ging ich durch Castellace und Milicusco

(beide in demselben Zustande wie Casal=Nuova) nach Terra=
Nuova, in derselben lieblichen Ebene gelegen, zwischen zwei
Flüssen, welche mit den Bergströmen im Lauf der Zeiten
tiefe und weite Schluchten in den weichen, sandigen Lehm=
boden geschnitten haben, aus dem die ganze Ebene besteht.
Bei Terra=Nuova ist das Thal oder die Schlucht nicht
weniger als 500 Fuß tief und $^1/_4$ Meilen breit. Was alle
Berichte von den Wirkungen dieses Erdbebens in der
Ebene so verwirrt macht, ist der Umstand, daß in den=
selben die Natur des Bodens und seine Lagerung nicht
hinreichend auseinander gesetzt ist. So sagen sie aus, daß
eine Stadt eine Meile weit von der Stelle weggeführt
worden sei, wo sie stand, ohne ein Wort von einer Schlucht
zu erwähnen, daß Wälder und Kornfelder in derselben
Weise entfernt worden seien, während in Wahrheit hier
bloß in größerem Maaßstabe geschah, was wir täglich in
kleinerem sehen, wenn Stücke der Wände eines Hohl=
weges, wenn sie durch Regen unterwühlt waren, in den=
selben durch ihre eigene Last hinabrutschen. Hier wurden
durch die große Tiefe der Schlucht und die heftige Be=
wegung der Erde zwei ungeheure Stücken des Grundes, auf
dem ein großer Theil der Stadt stand, aus einigen hun=
dert Häusern bestehend in die Schlucht und beinahe über
dieselbe hinüber eine halbe Meile weit geworfen und, was
ganz außerordentlich ist, einige der Bewohner dieser Häuser,
welche diesen eigenthümlichen Sprung in ihnen mit=
gemacht hatten, wurden nichtsdestoweniger lebend, einige
selbst unbeschädigt, ausgegraben. Ich sprach selbst mit
einem, der diese außerordentliche Reise in seinem Hause
gemacht hatte zusammt seiner Frau und einer Magd.

Weder er noch seine Magd waren beschädigt, aber er sagte
mir, seine Frau sei ein wenig verletzt worden, sei aber jetzt
fast ganz wieder hergestellt. Ich fragte ihn zufällig, welche
Verletzung seine Frau erlitten habe. Seine Antwort ob=
wohl ernsthafter Natur, wird nichtsdestoweniger bei Ihnen
Lächeln erregen, wie es bei mir der Fall war. Er sagte,
sie hätte ihre beiden Beine und einen Arm gebrochen, auch
hätte sie ein Loch am Kopfe bekommen, so daß das Gehirn
sichtbar war. Es scheint mir, die Kalabreser haben mehr
Festigkeit, als die Neapolitaner, in der That scheinen sie
auch ihr gegenwärtiges außerordentliches Unglück mit
wahrhaft philosophischer Geduld zu ertragen. Von 1600
Bewohnern Terra=Nuova's kamen nur 400 mit dem Leben
davon.

Mein hiesiger Führer, Priester und Arzt, wurde
durch den ersten Stoß unter den Trümmern seines Hauses
verschüttet, und herausgeworfen und befreit durch den fol=
genden, welcher dem ersten unmittelbar folgte. Es liegen
mehrere wohlbeglaubigte Fälle vor, die in gleicher Weise
an anderen Orten Kalabriens vorkamen.

An anderen Theilen der Ebene neben der Schlucht
nahe bei Terra=Nuova sah ich manchen Morgen Landes
mit Bäumen und Kornfeldern, welche in die Schlucht ge=
stürzt waren, oft ohne umgekehrt zu sein, so daß die
Bäume und Aehren so gut weiter wuchsen, als wenn sie
hier gepflanzt worden wären. Andere ähnliche Stücke
lagen auf dem Grunde in geneigter Lage und wieder andere
ganz umgewendet. An einer Stelle waren zwei solcher
ungeheueren Stücke von beiden Seiten gegen einander ge=
fallen, hatten das Thal ausgefüllt und den Lauf des

Flusses gehemmt, dessen Wasser nun einen großen See bildeten, und dieß ist der wahre Sachverhalt dessen, was die Berichte als Berge bezeichnen, die sich fortbewegt, vereinigt, den Flußlauf gehemmt und einen See gebildet hätten. Im Augenblicke des Erdbebens verschwand hier, wie in Rosarno der Fluß, kehrte aber bald wieder, den Grund des Thales 3 Fuß hoch überschwemmend, so daß die armen Leute, die mit ihren Häusern vom Rande der Schlucht herabgestürzt und mit zerbrochenen Beinen davon gekommen waren, nun in Gefahr standen, zu ertrinken. Man versicherte mir, das Wasser sei salzig gewesen, wie das des Meeres, doch scheint dieser Umstand der Bestätigung zu bedürfen. Die ganze Stadt Mollocchi di Sotto bei Terra=Nuova wurde in gleicher Weise in die Schlucht gestürzt, und ein Weingarten von mehreren Morgen bei derselben befindet sich jetzt auf dem Grunde des Thales, wie ich sah, in bester Ordnung, aber in geneigter Lage; ein Fußsteig ging durch diesen Weinberg; es macht einen ganz eigenthümlichen Eindruck, wenn man seine gegenwärtige, ihn ganz unbrauchbar machende Stellung betrachtet.

Einige Wassermühlen, die sich an dem Flusse befanden und zwischen zwei solche losgelöste Stücke Landes, wie ich sie oben beschrieb, eingeklemmt wurden, sieht man jetzt, durch dieselben in die Höhe gehoben, viele Fuß hoch über dem Wasserspiegel. Ohne genaue Untersuchung ist es sehr begreiflich, daß solche Thatsachen wie Wunder erscheinen. Ich beobachtete an verschiedenen Stellen der Ebene, daß der Boden mit hohen Bäumen und Kornähren mehrere Morgen groß und 8 und 10 Fuß unter die Fläche der

Ebene gesunken war, an anderen dagegen, daß er sich um
eben so viel gehoben habe. Es ist nöthig, daran zu er=
innern, daß der Boden hier aus Thon mit Sand gemischt
besteht, der leicht in jede Form gebracht werden kann.
In der Ebene, nahe den Stellen, von denen die oben
erwähnten Stücke sich in die Schlucht gestürzt hatten,
waren mehrere parallele Risse, so daß, wenn die Heftig=
keit der Erdbeben fortgedauert hätte, auch diese Stücke
gefolgt wären. Ich bemerkte durchgängig auf meiner
Reise, daß nahe jeder Schlucht oder jedem Hohlweg die
benachbarten Theile des Bodens voll von langen parallelen
Rissen waren. Die Erde, die mit Gewalt hin und her
schwankt und hier nur auf einer Seite Unterstützung hat,
gibt uns den Grund für diese Erscheinung.

Von Terra=Nuova ging ich nach Oppido. Diese
Stadt ist auf einem eisenschüssigen Sandsteine gelegen,
abweichend von dem Thonboden ihrer Nachbarschaft, und
ist umringt von zwei Flüssen in einem Thal, tiefer und
breiter als das von Terra=Nuova. Statt daß der Berg,
auf dem Oppido stand, in zwei Theile getrennt und
durch seinen Sturz auf die Flüsse diese gehemmt und
große Seen gebildet hätte, wie man gesagt hatte, waren
es hier, wie in Terra=Nuova, große Stücke von dem
Rande am Abhange über den Thälern, die herabgestürzt
waren und dieselben fast nun ausgefüllt und dadurch
Veranlassung zur Bildung zweier Seen gegeben hatten.

Es ist richtig, daß ein Theil des Felsens, auf dem
Oppido stand, mit einigen Häusern in das Thal gestürzt
wurde, aber das ist eine Kleinigkeit im Vergleich mit den
sehr großen Massen Landes mit großen Pflanzungen von

Wein und Oelbäumen, welche von einer Seite des Thales gerade hinüber auf die andere Seite geworfen wurden, obschon die Entfernung mehr als eine halbe Meile be= trägt. Es ist wohl verbürgt, daß ein Landmann, der eben in dieser Gegend sein Feld mit einem Paar Ochsen pflügte, mit seinem Felde und seinem Gespanne rein weg von einer Seite des Thales auf die andere versetzt wurde und daß weder er noch seine Ochsen beschädigt wurden. Nach dem, was ich selbst sah, glaube ich sehr wohl, daß so etwas stattfand.

Ein dicker Band könnte angefüllt werden mit den sonderbaren Erscheinungen und Zufällen dieser Art, die das Erdbeben in diesem Thale herbeiführten, und ich ver= muthe, daß manche erwähnt werden dürften in dem Be= richte über das letzte furchtbare Erdbeben, den die Academie in Neapel zu veröffentlichen beabsichtigt, zu welchem Be= hufe der Präsident bereits 15 Mitglieder mit Zeichnern abschickte, um die Thatsachen zu sammeln und Zeichnungen zu machen, nur in der Absicht, um dem Publikum eine befriedigende und ausführliche Erzählung von dem letzten Unglücksfalle zu geben. Wenn sie jedoch nicht, wie ich es that, ihre Aufmerksamkeit auf die Natur des Bodens der= jenigen Stelle richten, an der sich solche Erscheinungen er= eigneten, werden ihre Berichte wohl wenig Glauben finden, ausgenommen bei denjenigen, welche ausgesprochene Lieb= haber von Mirakeln sind, und deren gibt es nicht wenige in diesem Lande. Ich traf hier einen bemerkenswerthen Fall, zu welchem Grade augenblicklichen Ungemachs die Einwohner der zerstörten Städte gebracht waren. Don Marcello Grillo, ein reicher Edelmann mit großem

Landbesitz, war aus seinem Hause in Oppido entflohen, das durch das Erdbeben zerstört wurde, und da sein Geld (nicht weniger als 12,000 Goldstücke) unter den Trümmern desselben begraben war, blieb er mehrere Tage ohne Nahrung und Obdach während heftiger Regengüsse, und war dankbar, von einem Einsiedler in der Nachbarschaft ein Hemd zu erhalten.

Nachdem ich die Ruinen von Oppido durchwandert, stieg ich in das Thal hinab und untersuchte es genau und vollständig. Hier sah ich in der That die wunderbare Gewalt des Erdbebens, die genau dieselben Wirkungen, aber in unendlich höherem Grade, hier gehabt hatte, wie ich sie bei Terra = Nuova beschrieben habe. Die ungeheueren Massen, welche von der Ebene zu beiden Seiten des Thales losgelöst wurden, liegen zuweilen in wirren Haufen, wirkliche Berge formend, da, und da sie den Lauf zweier Flüsse, deren einer sehr beträchtlich ist, gehemmt haben, so bildeten sich bereits zwei große Seen. Wird denselben nicht durch Hilfe der Kunst oder Natur ihr gehöriger Lauf wieder verschafft, so muß unfehlbar eine allgemeine Seuche in der Umgegend ausbrechen. Zuweilen traf ich ein von der Oberfläche der Ebene losgerissenes Stück (mehrere Morgen groß) mit großen Eichen und Oelbäumen, mit Lupinen oder Korn unter ihnen, so gut weiter wachsend und in so guter Ordnung unten auf dem Boden des Thales, wie ihre Gefährten, von denen sie getrennt wurden, auf ihrem heimathlichen Grunde auf der Ebene mindestens 500 Fuß höher und in einer Entfernung von beiläufig $\frac{3}{4}$ Meilen. Ganze Weinberge traf ich in ungestörter Ordnung im Grunde, die ebenso dieselbe Reise

gemacht hatten. Da die Ränder des Thales da, wo diese
Stücke losgerissen wurden, jetzt entblößt und senkrecht da=
stehen, sah ich, daß der obere Boden eine röthliche Erde
war, der untere ein weißer, sandiger Thon, sehr fest und
wie ein weicher Stein. Der Stoß, den diese ungeheueren
Massen erhielten, sei es von der gewaltigen Bewegung
der Erde allein, sei es von dieser unterstützt durch die
vulkanischen in Freiheit gesetzten Ausströmungen, scheint mit
größerer Gewalt auf die tieferen und festeren Lagen, als
auf die obere lockere Rinde gewirkt zu haben; denn ich
bemerkte beständig, daß da, wo diese cultivirten Inseln
(denn als solche erschienen sie auf dem sonst unfruchtbaren
Grunde des Thales) lagen, die untere Lage von festem
Thone einige hundert Ellen weiter getrieben worden war
und in Blöcken, manche von würfliger Form regellos um=
her zerstreut war. Der untere Boden, der eine stärkere
Bewegung hatte und den oberen bei seinem Fortfliegen
zurückließ, läßt uns die Ordnung begreifen, in welcher die
Bäume, Weinberge und die übrige Vegetation fiel und
auf dem Grunde des Thales gegenwärtig bleibt. An einer
andern Stelle des Grundes ist ein Berg aus demselben
Thonboden, augenscheinlich ein Stück der Ebene, durch
ein früheres Erdbeben losgerissen; er ist ungefähr 250
Fuß hoch und hat an seiner Basis etwa 400 Fuß im
Durchmesser. Dieser Berg, wie wohl verbürgt ist, ist
thalabwärts beinahe 4 Meilen gewandert, in Bewegung
gesetzt durch den Erdstoß vom 5. Februar. Die große
Menge des Regens, die damals fiel, das hohe Gewicht
der frisch herabgestürzten Stücke, die ich auf seinem Rücken
aufgehäuft sah, die Natur des Bodens, aus dem derselbe

zusammengesetzt ist, und vorzugsweise seine Stellung auf
geneigter Unterlage, erklärt sehr wohl diese Erscheinung,
während die Berichte, welche nach Neapel kamen, von
einem Berge in einer vollkommenen Ebene, der 4 Meilen
weit gesprungen sei, vielmehr wie ein Wunder aussehen.
Ich fand einige hohe Stämme mit einem Ballen ihres
heimischen Bodens an den Wurzeln aufrecht im Grunde
des Thales stehen, die ebenfalls von der oben erwähnten
Ebene hierher geworfen worden waren. Ebenso bemerkte
ich, daß manche unregelmäßige Haufen von dem losen
Boden durch das Erdbeben von den Ebenen auf jeder
Seite des Thales losgerissen, wirklich wie ein Lavastrom
(wahrscheinlich durch den starken Regen unterstützt), durch
einen großen Theil des Thales hinabgeflossen waren und
manche Wirkungen, ähnlich denen der Lava, auf ihrem
Laufe hervorgebracht hatten.

Zu Santa Cristina, in der Nachbarschaft von Oppido,
findet man auch die gleichen Erscheinungen, und die Haupt=
macht des Erdstoßes vom 5. Februar scheint in diesen
Gegenden, zu Casal=Nuova und Terra=Nuova, gewirkt zu
haben. Die Erscheinungen, welche das Erdbeben in ande=
ren Theilen der Ebenen von Calabria Ultra darbot, sind
von derselben Natur, aber geringfügig im Vergleich mit
denen, die ich geschildert habe. Die Baracken, welche für
den Rest der Bewohner der alten Stadt Oppido, die nun
in Trümmern liegt, errichtet sind, liegen an einem gesun=
den Orte, etwa 1 Meile von der alten Stadt; dort fand
ich den Herrn dieses Landstriches, den Prinzen von Ca=
riati, sehr wohlthätig bemüht, seinen unglücklichen Unter=
thanen beizustehen. Er zeigte mir zwei Mädchen, eines

etwa 16 Jahre alt, das 11 Tage ohne Nahrung unter den Trümmern eines Hauses in Oppido zugebracht hatte; sie hatte ein 5 bis 6 Monate altes Kind auf dem Arme, welches am vierten Tage starb. Das Mädchen machte mir eine genaue Beschreibung seiner Leiden; da es etwas Licht durch eine kleine Oeffnung erhielt, konnte es genau die Tage zählen, die es hier begraben war. Es schien nicht in leidendem Zustande zu sein, trank ohne Beschwerden, kann aber nur mit Mühe feste Speisen hinunterbringen. Das andere Mädchen war etwa 11 Jahre alt, es mußte nur 6 Tage unter den Trümmern bleiben, aber in so peinlicher Lage eingezwängt, daß eine seiner Hände, die gegen ihre Wange gedrückt war, ein Loch fast durch dieselbe hervorgebracht hatte.

Von Oppido zog ich durch dasselbe wundervolle Land, durch zerstörte Städte und Dörfer nach Seminara und Palmi. Die Häuser des ersteren sind nicht in einem so ganz zerstörten Zustande, wie die des letzteren, das tiefer und näher der See liegt. 1400 Menschen gingen in Palmi zu Grunde und alle die Leichen sind noch unausgegraben und unverbrannt, wie in den meisten Orten, die ich besuchte. Ich sah selbst zwei, die man eben herauszog, während ich hier weilte, und ich werde die traurige Gestalt einer Frau nie vergessen, die tief betrübt auf den Trümmern ihres Hauses saß, ihren Kopf in den Händen auf die Kniee gestützt und mit ängstlich gespannten Blicken jedem Hiebe der Hacken folgend, mit denen Arbeiter den Schutt wegzuräumen bemüht waren, in der Hoffnung, wenigstens die Leiche ihres Lieblings, ihres Kindes, zu finden.

Diese Stadt war ein Hauptmarktplatz für Oel, von
dem sich bis zu 4000 Tonnen in der Stadt befanden, als
sie zerstört wurde, so daß, da Fässer und Krüge zerbrachen,
ein Strom von Oel mehrere Stunden lang sich in das
Meer ergoß. Das verschüttete Oel, vermischt mit dem
Getreide der Kornböden, und die verwesenden Leichen
haben merklich die Luft verdorben. Das mag, wie ich
fürchte, für den unglücklichen Rest der Bewohner von
Palmi sehr verderblich werden, wenn die Hitze zunimmt,
da sie in Baracken nahe bei der zerstörten Stadt leben.
Mein Führer erzählte mir, daß er unter den Trümmern
seines Hauses durch den ersten Stoß begraben worden sei
und daß er sich nach dem zweiten, der unmittelbar folgte,
auf dem Aste eines Baumes reitend fand, wenigstens
15 Fuß über dem Boden. Ich hörte manche solcher außer=
ordentlichen Errettungen in allen Theilen der Ebene, wo
das Erdbeben seine größte Gewalt gehabt hatte."

Wir folgen dem Berichterstatter nicht weiter nach den
weniger heimgesuchten Gegenden Kalabriens und Siciliens,
an denen die Wirkungen des Erdbebens ähnlich, aber viel
geringer waren. Wir erwähnen nur noch eines, was ihm
in Messina berichtet wurde, auch von einigen Gegenden
von Kalabrien, daß Feuer aus den Spalten hervorge=
brochen sei, die sich in der Erde bildeten, ohne daß jedoch
nach dem Erdbeben irgendwo eine Spur von vulkanischen
Producten angetroffen worden wäre. Ganz Aehnliches
wurde auch von dem Lissaboner Erdbeben berichtet. Das
Centrum des Erschütterungsgebietes war nach unserem
Berichterstatter Oppido; in einem Umkreis von 22 ital.
Meilen um diese Stadt waren alle Gebäude der ebenen

Gegenden zerstört, die· Erschütterungen wurden merklich noch in einem Umkreise von 72 Meilen verspürt.

Ueber dasselbe Erdbeben hatte dann auch die von Hamilton oben erwähnte Kommission der Academie zu Neapel ausführliche Nachrichten gegeben. Sie gaben zum Theil sehr merkwürdige Beispiele der so heftigen und großartigen Bewegungen des Lebens.

Was zunächst die bei keinem heftigen Erdbeben fehlenden Spaltungen der Erdrinde betrifft, so zeigten sich dieselben hier in außerordentlichem Maßstabe; von leicht zu überschreitenden Ritzen in geringer Länge an fanden sich dieselben in allen Stufen bis zu stundenlangen Klüften. Grimaldi, neapolitanischer Kriegs=Secretär zu jener Zeit, besuchte auf Befehl des Königs ebenfalls jene Gegenden und widmete seine Aufmerksamkeit vorzugsweise den bleibenden Veränderungen der Erdrinde durch das Erdbeben, maß auch genau die Länge, Breite und Tiefe der Spalten und Schlünde. Im Districte Plaisano fand er eine solche von 105 Fuß Breite und einer Länge von fast einer Meile, eine andere in derselben Gegend hatte bei einer Tiefe von 100 Fuß eine Breite von 150.

Wirkungen des Erdbebens auf das Meer.

Wir haben schon in den vorausgegangenen Berichten über das Erdbeben von Lissabon und Kalabrien erwähnt gefunden, daß an den Küsten das Meer in eine heftige Bewegung versetzt worden sei, ohne jedoch näher auf diese Erscheinung, der man in verschiedenen Theorien über die Erdbeben eine große Bedeutung beigelegt hat, einzugehen. Man hat sie selbst als eine selbstständige unter dem Namen

Meeresbeben aufgeführt. Die Erscheinung selbst gibt sich
in folgender Weise kund: Wo ein etwas stärkeres Erd=
beben an einer nahe dem Meere gelegenen Stelle eintritt,
bemerkt man meistens auch, nachdem bereits die Erdstöße
verspürt wurden, ein ungemein heftiges und gewaltiges
Schwanken des Meeresspiegels, indem sich derselbe ebenso=
wohl wie eine ungeheuere Fluthwelle weit über den höch=
sten Stand der Hochfluthen erhebt, als auch eben so rasch
wieder weit unter den tiefsten Stand der Ebbe erniedrigt
und den Meeresgrund vom Ufer aus weit sichtbar macht.
Gewöhnlich wiederholen sich rasch nach einander diese
Schwankungen, immer schwächer werdend, mehrmals, bis
das Meer wieder seinen gewöhnlichen Stand einnimmt.

    Bei dem Erdbeben von Lissabon war diese Bewegung
des Meeres außerordentlich gewaltig. Ein Bericht des
Spaniers Don Antonio d'Ulloa meldet darüber aus Kadix:
Am 1. d. M. (November) hatten wir hier ein Erdbeben.
3 Minuten nach 9 Uhr*) Morgens, welches 5 Minuten
dauerte. Daß nicht Alles zerstört wurde, verdankt man
besonders der soliden Bauart der Häuser. Die Einwohner
hatten eben angefangen, sich von ihrem ersten Schrecken
zu erholen, als sie sich in neue Angst versetzt sahen.
10 Minuten nach 11 Uhr sah man eine Fluthwelle auf
dem Meere gegen die Stadt herrollen, die 60 Fuß hoch
über den gewöhnlichen Wasserstand die Wälle überströmte.
30 Minuten nach 11 kam eine zweite Fluth und diesen
beiden folgten noch vier derselben Art, um 11 Uhr 50 M.,
12 Uhr 30 M., 1 Uhr 10 M. und 1 Uhr 50 M. Sie

---

*) Ein anderer Brief aus Kadix gibt kurz vor 10 Uhr an.

zerstörten 100 Klafter des Walles, von dem Stücke 3 Klafter lang und in ihrer ganzen Dicke 50 Schritte weit weggespült wurden.

In Madeira wurde der Stoß des Erdbebens um $9\frac{1}{2}$ Uhr verspürt, um 11 Uhr zog sich das Meer plötzlich einige Schritte zurück und überfluthete dann äußerst rasch, 15 Fuß über den Stand der höchsten Fluth steigend, die ganze Küste. Auch hier wiederholten sich diese Schwan= kungen noch 4—5 Mal, worauf wieder Ruhe eintrat. Ueber den ganzen atlantischen Ocean hinüber bis nach Martinique wurde dieses Meeresbeben wahrgenommen; auf der Insel Barbados stieg die Welle noch 20 Fuß über den gewöhnlichen Stand des Meeres. In Europa machten sich diese Schwankungen nicht nur an den Küsten des atlantischen Oceans bemerklich, sie zeigten sich auch in auffallender Weise an Landseen, namentlich an dem Loch Neß und Loch Lomond in Schottland. Auch von dem Neuenburger See werden ähnliche Bewegungen am 1. November angeführt.

Von ganz besonderer Heftigkeit zeigen sich diese Be= wegungen regelmäßig bei den Erdbeben, welche die Küsten Süd=Amerika's so häufig heimsuchen. Bei demjenigen, welches Lima 1746 zerstörte, schwoll das Meer in dem benachbarten Callao 80 Fuß über seinen gewöhnlichen Stand und verheerte die ganze Stadt vollständig. Von den 24 Schiffen, welche im Hafen lagen, gingen 19 zu Grunde, 4 wurden von dem Wasserberge eine halbe Meile weit in das Land getrieben und dort sitzen gelassen.

Sehr genaue Nachrichten haben wir über diese Be= wegungen des Meeres, die bei dem letzten gewaltigen Erd=

beben, das Peru am 13. August 1868 so fürchterlich
heimsuchte, an sehr vielen Punkten des großen Oceans
mit großer Genauigkeit beobachtet wurden. Das Erd=
beben hatte sein Centrum bei der Stadt Arica, gerade
da gelegen, wo die Küste Süd=Amerika's aus ihrer nord=
südlichen Richtung in die von Südost nach Norstwest über=
geht. Es wurde die Erschütterung sehr deutlich von hier
bis nach Callao im Norden und nach Copiapo im Süden,
beiläufig vom 11.—24.⁰ südl. Br., also etwa 200 g. M.
in der Länge verspürt. Ueber die Bewegung des Meeres
in Iquique, nahe dem Centrum der Erschütterung, haben
wir eine sehr lebendige Schilderung in einem von F. Mohr
mitgetheilten Briefe eines Bewohners jener Stadt. Der=
selbe schreibt: Ich ging, als der Boden wieder einiger=
maßen in Ruhe gekommen war, die Treppe hinunter und
fand vor der Kirche die weiblichen Mitglieder unseres
Haushaltes in einem erbarmungswürdigen Zustande. Ich
suchte sie zu beruhigen; aber vergebens. Sie fürchteten,
die Sache sei noch nicht vorbei; ich brachte sie deshalb
nach der Verschiffungsbrücke, wo sie, wie ich ihnen ver=
sicherte, vollkommen sicher seien, wenn auch das ganze
Haus zusammenfiele. Nachdem ich noch den Schornstein
der Küche, der umgefallen war, hatte aufrichten lassen,
um Feuersgefahr zu vermeiden, ging ich ins Haus, um
den Schaden anzusehen. Da sah es allerdings bunt ge=
nug aus. Gläser, Flaschen, Blumentöpfe, auch manche
Möbel lagen auf dem Boden, aber das Haus selbst war
ganz unversehrt und wir beruhigten uns bald hinreichend,
um auch auf die Straße zu gehen, wo alle übrigen sich
aus dem Hause befanden.

Als ich an der Ecke des Hauses angekommen war, von welcher eine kurze Straße nach dem Meere führt, sah ich mit Entsetzen, daß eine kleine Welle gerade bis an die Thür des Comptors reichte, denn das Meer war buchstäblich in gleicher Höhe mit der Straße. Zugleich kamen die auf der Landungsbrücke in Sicherheit gebrachten Frauen, welche dort natürlich das Steigen des Meeres bemerkt hatten, mit Zetergeschrei herab und liefen mit der uns gegenüberwohnenden Familie den Bergen zu.

Ich mochte ebenfalls unwillkührlich an Callao und St. Thomas denken. Jetzt sah ich mit erneutem Entsetzen das Meer sich zurückziehen, nicht langsam, wie es gestiegen war, sondern mit einer grauenerregenden Heftigkeit; vor mir hob und hob sich das Ufer, daß ich bald zur Insel hin vom Meere nichts mehr sah. Einige behaupteten, es sei bis dahin trocken gewesen. Da zeigte sich auf einmal in einiger Entfernung hinter der Insel eine lange hohe Welle, die nach dem Lande zu mit großer Regelmäßigkeit vordrang. Nun schien mir kein Augenblick mehr zu verlieren. Ich rief den beiden im Hause befindlichen Freunden zu, heraus zu kommen, um sie auf die Gefahr aufmerksam zu machen. Dieselben kamen, meinten indeß, die Welle werde sich an der Insel brechen. Wir warteten nun auch dies noch ab und hatten so das großartige Schauspiel, das Meer mit einer Gewalt über die Insel weggehen zu sehen, daß das Wasser zum Himmel zu spritzen schien. Aber für uns war auch der letzte Augenblick zur Rettung gekommen. Unter dem stets wachsenden Getöse des sich heranwälzenden Wassers, und als die Welle dem Lande schon näher war, als der Insel, fingen wir drei endlich an, der Höhe

zuzulaufen. Für den letzten von uns, welcher sich etwa
zehn Schritte zurückbefand, schon fast zu spät, denn er
wurde vom Wasser erreicht und fortgeschleudert, während
er sich inmitten der Trümmer der rechts und links vor ihm
zusammenstürzenden Häuser, die ihn an mehreren Stellen
verletzten, aufraffte, aufs Neue erfaßt und fortgeschleudert
wurde. Er blieb endlich, als das Meer das Gleichgewicht
wieder erlangt hatte, auf dem Trockenen, ohne zu wissen
wie. Ich glaubte eine Zeit lang allein von uns dreien die
Gefahr begriffen zu haben, als ich die andern aufforderte,
die Thüre zu schließen und der Höhe zuzueilen; und doch,
nachdem ich nicht weit gelaufen war, blieb ich stehen und
sah zurück, um die Wirkung der Welle zu sehen, was ich
sicher nicht gethan haben würde, wenn ich von der Gewalt
derselben eine Ahnung gehabt hätte; so kommt es, daß ich
mich des Augenblicks, in welchem die Welle am Lande
anlangte, mit solcher Lebhaftigkeit erinnere, daß der Anblick mir immer vor Augen stehen wird. Die Welle,
schwarz von dem Sande und Schmutz, den sie bereits
aufgewühlt hatte, mochte etwa 30 Fuß hoch sein; sie
reichte bis zum Balkon des Hauses, von wo Wasser und
Schaum noch über das Haus wegspritzten.

Wenn ich noch einen Augenblick die Hoffnung gehegt
hatte, die Häuser würden im Stande sein, dem Andrange
des Wassers zu widerstehen, so wurde ich dieser Täuschung
sofort entrissen. In diesem einzigen kurzen Augenblick verschwand unter dem entsetzlichsten Getöse von den zusammenstürzenden Häusern die ganze Straße de la Pantilla
und das Meer verlor dadurch so wenig an seiner Heftigkeit, daß es, obschon es nun ganze Berge von Holz und

Trümmern vor sich herzuwälzen hatte, doch die nachfolgen=
den Gebäude wegfegte, bis mit dem Ansteigen des Terrains
auch die Welle an Höhe und dadurch an Kraft verlor. Ich
lief so schnell ich konnte. Als ich etwa 200 Schritte weit
gekommen war, sah ich zu meiner Linken an der ganzen Seite
der Pantilla, wie das Meer, welches das ganze Ufer kahl
gewaschen und die unförmlichen Trümmerhaufen der zahl=
reichen Häuser, die dort standen, vor sich herwälzend, in
unaufhörlichem Vorrücken begriffen war. Da verließ mich
mit den Kräften auch der Muth. Das Meer auf der Ferse
und nun auch von der Seite sich heranwälzend, gab ich
mich verloren und blieb stehen. Aber es ließ mich am
Leben, und als ich zurückblickte, hatte es sein natürliches
Niveau erreicht und zog sich in sein früheres Bett zurück,
nachdem es nur noch zwei Schritte von mir entfernt ge=
wesen war. Alles vom Zollhause bis zum äußersten Ende
der Pantilla war verschwunden; gerettet wurde nur der
höher gelegene Theil um die Kirche herum. — Nach an=
deren Nachrichten betrug die Höhe dieser größten, Alles
verwüstenden Welle 40 Fuß. Welche ungeheuere Gewalt
ein solcher Wasserberg haben muß, das können wir schon
daraus schließen, daß das Gewicht des Meerwassers etwa
1000 mal größer ist, als das der Luft, und daß die Fort=
pflanzungsgeschwindigkeit der Wasserwellen bei Erdbeben,
wie wir gleich näher sehen werden, 4—5 mal größer ist,
als die der heftigsten Orkane. F. v. Hochstetter, dem be=
kannten Novara = Reisenden, verdanken wir eine höchst
werthvolle und gründliche Zusammenstellung und Prüfung
der zahlreichen Nachrichten über dieses Meeresbeben aus
dem ganzen Bereiche des großen Oceans. (Sitzungsber.

der K. Acad. der Wissensch. in Wien 1868 und 1869.) Aus denselben geht zunächst hinsichtlich der Ausdehnung desselben Folgendes hervor:

Das Meeresbeben erstreckte sich fast über den ganzen großen Ocean; es wurde längst der Westküste von Amerika bis hinauf nach Kalifornien und westlich bis nach Neusee= land und Tasmanien, so wie über die Sandwich=Inseln bis nach Japan hin beobachtet. An der Banks=Halbinsel, die von der Südinsel Neu=Seelands auf deren Ostseite weit vorspringt, berichtete der Hafenmeister von Lyttelton: Die Nacht von Freitag den 14. auf Samstag den 15. August war ungewöhnlich schön, das Barometer hoch und steigend und nichts ließ schließen, daß der gewöhnliche durch Ebbe und Fluth verursachte Wechsel im Meeres= niveau in irgend einer Weise gestört werden könne. Zwi= schen 3 und 4 Uhr Morgens jedoch zog sich die See während einer halben Stunde mit einer Geschwindigkeit von 12 Knoten per Stunde mehr und mehr vom Ufer des Hafens zurück, bis die kleine Bucht, an deren Ufern die Stadt Lyttelton gebaut ist, gänzlich trocken gelegt war, so daß alle Schiffe auf den Grund geriethen. Da gerade halbe Ebbezeit und das Wasser um 18 Fuß gefallen war, so stand es um 15 Fuß tiefer, als bei voller Ebbe. Ungefähr um $4\frac{1}{2}$ Uhr kehrte das Wasser mit fürchterlichem Getöse zurück und bildete einen schäumenden Wall von 10 Fuß Höhe, durch welchen die Schiffe in einem Augenblicke in die Höhe gehoben und viele von ihren Ankerketten losge= rissen wurden. Nachdem diese furchtbare Welle das Ufer erreicht hatte, stieg das Wasser noch eine Viertelstunde lang, und zwar 3 Fuß, über die höchste Springfluth, so daß es also sein Niveau in kurzer Zeit um 25 Fuß verändert hatte*). Dieses Anschwellen und Sinken wieberholte sich noch drei Mal, selbst das vierte Mal (um $10^1/_2$ Uhr) betrug der Unterschied zwischen dem niederften und höchsten Stand des Meeres noch 18 Fuß.

Die Wogen kamen bei Neu=Seeland und Neu=Holland überall von Often her, so daß alle weiter westlich gelegenen Punkte später von denselben betroffen wurden, namentlich zeigte sich dies auch sehr deutlich aus den Beobachtungen an einigen der zwischen Amerika und Neu= Seeland gelegenen Inseln, wie z. B. der Chatam=Insel, die 12 Grad öftlich von der Banks=Insel liegt, einigen der Fidschi=Inseln, den Samoa=Inseln.

Berechnet man nun aus den verschiedenen Zeitangaben über das Eintreffen der Wellen an den verschiebenen Orten die Geschwindigkeit der Fortpflanzung der großen Meereswellen, unter der Voraussetzung, daß bieselben durch das Erdbeben in Peru veranlaßt waren, so ergibt sich nach v. Hochstetter eine Fortpflanzungsgeschwindigkeit von 533—746 Fuß für die Secunde im freien Meere und von 479 Fuß an der Küste Süd=Amerika's. Ganz ähnliche Zahlen ergibt die Berechnung der Fortpflanzungsgeschwindigkeit der Fluthwellen, welche das Erdbeben von Samoda in Japan 1854 erzeugt hatte, die sich bis nach Kalifornien hin bemerklich machten. Sie ergaben, für zwei verschiedene Punkte der Küste dieses Landes berechnet, eine Geschwindigkeit von 617 und 597 Fuß

---

*) Der Niveauunterschied von Ebbe und Fluth beträgt im Hafen von Lyttelton 7 Fuß.

für die Secunde, so daß wir in runden Zahlen aus
diesen Beobachtungsreihen 600 Fuß für die Secunde an=
nehmen können. Die Ungleichheit der Zahlen nach den
verschiedenen Angaben und Beobachtungsorten sind zum
Theil auf Beobachtungsfehler, im vorliegenden Falle
mangelhafte oder unrichtige Zeitangaben, zurückzuführen,
dieß jedoch nur zum geringsten Theile, indem ein Irrthum
in der Zeit selbst von einer halben Stunde bei so großen
Entfernungen nur wenig für das Rechnungsresultat aus=
machen kann. Der größere Theil dieser Ungleichheit wird
durch die Verschiedenheit der Umstände im Meere selbst,
namentlich durch seine verschiedene und ungleich wechselnde
Tiefe erzeugt werden.

Vergleichen wir diese Fortpflanzungsgeschwindigkeit mit
der der Erdbeben auf dem festen Lande, so finden wir,
daß sie kaum die Hälfte von dieser beträgt. Diese That=
sache erklärt auch, warum überall, wo Erdstöße und
Meeresbeben empfunden werden, die letzteren stets später
kommen, als die ersteren. Dagegen ist die Ausdehnung,
der Wirkungskreis der Bewegung des Meeres ein ungleich
größerer und ausgedehnterer. Bei dem Peruanischen Erd=
beben z. B. war die größte Entfernung der Orte, bis zu
welcher die Bodenerschütterung verspürt wurde (Callao bis
Copiapo), 210 g. Meilen, so daß also vom Centrum der
Erschütterung aus 105 Meilen weit die Bewegungen des
Bodens noch bemerkbar wurden. Dagegen erstreckten sich
die Bewegungen des Meeres bis nach Süd=Australien auf
eine Entfernung von 1850 g. Meilen von dem Centrum
der Erschütterung, demnach 18 mal weiter, als die wahr=
nehmbaren Erzitterungen des Bodens. Auch das hat nichts

Befremdliches und ist durch die Natur der beiden Massen, des Festen und des Flüssigen bedingt. Ein Tropfen, der auf eine ruhige Wasserfläche auffällt, erzeugt weithin verfolgbare Wellchen, die sich ringförmig immer weiter und weiter ausbreiten; lassen wir denselben Tropfen auf eine Steinplatte fallen, so können wir seine erschütternde Wirkung hier kaum in dem kleinsten Umkreise wahr= nehmen. Im Großen muß natürlich derselbe Unterschied sich geltend machen.

Wie diese merkwürdige Erscheinung zu Stande komme, darüber sind sehr verschiedene Ansichten ausgesprochen worden. So viel geht aus allen Beobachtungen hervor, daß sie im innigsten Zusammenhange mit den Erdbeben stehen und ohne solche bis jetzt nie wahrgenommen wurden. Wenn wir die Ursache dieser besprechen, werden wir auch auf die Ursache der Bewegungen des Meeres noch einmal zurückzukommen haben.

Bleibende Niveau-Veränderungen als Wirkungen der Erdbeben.

Zu den am meisten besprochenen und widersprochenen Wirkungen oder richtiger Folgen der das Erdbeben erzeu= genden Vorgänge gehören die bleibenden Lageveränderungen größerer Theile der Erdrinde. Man hat dieselben als Hebungen und Senkungen bezeichnet, je nachdem man be= obachtete, daß nach dem Erdbeben eine höhere oder tiefere Lage, als die vor der Bodenerschütterung vorhanden war, an ausgedehnteren Massen des Landes eingetreten sei. Da die Hebungen sowohl wie die Senkungen stets nur einen geringen Betrag haben, die stärksten Erdbeben bisher auch immer an Meeresküsten eintraten, so ist es sehr begreiflich, daß diese Erscheinungen nur von diesen bekannt sind. Weil hier natürlich jede Niveau-Veränderung des Landes sofort durch eine scheinbare Veränderung des Meeresspiegels sich zu erkennen gibt, indem jede Senkung des Landes ein weiteres Eindringen, also ein scheinbares Steigen des Meeres zur Folge hat, und umgekehrt jede Hebung des Landes ein scheinbares Zurückweichen des Meeres, so werden hier auch um so leichter geringere Veränderungen der Lage des Landes sich bemerklich machen. Ist ja doch auch der Meeresspiegel diejenige Ebene, die wir als feststehend annehmen und auf die wir alle unsere Höhenangaben des Landes und der Berge zurückführen.

Das Meer ist aber keine feste und keine unbewegliche Masse, Ebbe und Fluth, Land- wie Seewinde bedingen ein unaufhörliches Schwanken und es bedarf daher auch längere Zeit hindurch fortgesetzter Beobachtungen, um an einem Meere den mittleren Stand zwischen diesen Auf- und Abschwankungen, den idealen Meeresspiegel, von dem aus wir rechnen, festzustellen und zu bestimmen. Außer diesen Beobachtungen macht uns jedoch das Meer selbst auch bestimmte Zeichen über seinen Stand, sowohl über seinen höchsten, wie über seinen niedrigsten, die uns für die Beantwortung der Frage, ob nach einem Erdbeben eine Hebung oder Senkung eingetreten sei, von der größten Wichtigkeit sind.

Was zunächst den höchsten Stand des Meeres betrifft, so wird uns derselbe durch einen Saum bezeichnet, der aus Bruchstücken und Resten einer großen Menge von Pflanzen und Thieren besteht, welche die Wellen ans Land werfen; an felsigen Gestaden ist derselbe auch an den Ver-

änderungen erkenntlich, welche das Seewasser theils durch
seine mechanischen, theils durch seine chemischen Kräfte
hervorruft. Außerdem wird auch meistens die lebende
Pflanzenwelt des Landes durch ihre Ausbreitung nach
dem Wasser hin zeigen, wo ihr das Meer ein gebiete=
risches Halt! zuruft.

Auch an Zeichen, welche uns den tiefsten Stand
des Meeres zur Zeit der Ebbe erkennen lassen, fehlt es
nicht; für diese sorgen die Seethiere, die, ähnlich wie die
Landpflanzen nach unten hin, so weit nach oben hin sich
drängen, als es ihnen möglich ist. Namentlich sind es
an felsigen Küsten die auf dem Gesteine festgewachsenen
Thiere mit kalkigen Schalen oder vor Allem die in die
Felsen sich einbohrenden Muscheln, welche uns zeigen,
wie weit das Meer sich zurückzieht, indem diese Thiere
zu Grunde gingen, wenn sie zur Zeit der Ebbe nicht
mehr vom Wasser bedeckt wären.

Denken wir uns nun, daß plötzlich das Land um
einige Schuhe in die Höhe gerückt würde. Was würden
wir dann am Meere wahrnehmen? Offenbar würde zu=
nächst oben jener Saum von Resten gar nicht mehr vom
Wasser erreicht werden, es würde weiter unten ein zweiter
entsprechend dem jetzigen Fluthstande des Meeres sich bil=
den; die Landpflanzen würden diese alte s. g. Strand=
linie überschreiten und auf dem vor der Hebung von
ihnen unbetretbarem Boden fortwachsen, dagegen würden
nun zur Zeit der Ebbe eine Menge jener festgewachsenen
Seethiere sichtbar sein und absterben. Eine Hebung wür=
den wir daher auch an Küsten, die nicht von Menschen
bewohnt und mit Werken der Menschenhand versehen sind,

immer leicht nachweisen können. Schwieriger ist es da=
gegen, eine Senkung in einem solchen Falle zu erkennen,
da durch ein Sinken des Landes das Meer weiter herauf=
rückt und uns die früheren Marken verdeckt. Nur wenn
sich noch Landpflanzen, namentlich Baumstämme, in natür=
licher Stellung unter dem Wasser finden, können wir
diese Niveau=Veränderung wahrnehmen, die alte Strand=
linie wird natürlich in der kürzesten Zeit von den Wellen
zerstört. Leicht ist es begreiflicher Weise da, wo bewohnte
Küsten eine Senkung erleiden; das weitere Heraufreichen
des Meeres macht sich an den Häusern und Straßen so
bemerklich, daß es sofort in die Augen fallen muß.

Nachdem wir so in der Kürze die Merkmale besprochen,
welche uns eine Veränderung in der gegenseitigen Lage
von Land und Meer erkennen lassen, geben wir einige
der bekanntesten Beispiele dieser Art.

Am 19. November 1822 wurde die Küste von Chili
von einem sehr heftigen Erdbeben heimgesucht, das eine
ungewöhnlich große Ausdehnung hatte, indem der Stoß
fast gleichzeitig auf eine Länge von 480 g. M. verspürt
und die Städte St. Jago und Valparaiso fast ganz ver=
wüstet wurden. Es befand sich damals gerade eine natur=
forschende Engländerin, Mrs. Graham, dort. Diese be=
richtete nach Europa, daß nach den vorgenommenen Unter=
suchungen ein großer Theil der Küste, etwas mehr als
40 g. Meilen lang, in die Höhe gehoben worden sei. Zu
Valparaiso habe die Hebung 3 Fuß, etwas weiter nördlich
bei Quintero selbst 4 Fuß betragen. Außer den ins Trockene
gerathenen Resten von Meerbewohnern beobachtete man
auch landeinwärts, daß das Wasser einer ungefähr eine

Meile vom Ufer entfernten Mühle auf 300 Fuß 14 Zoll an Fall gewonnen hatte, woraus hervorgeht, daß die Hebung nach dem Innern des Landes zu noch etwas beträchtlicher gewesen sein muß. Ein zu derselben Zeit in jener Gegend weilender englischer Botaniker, Cruikshanks, fand bei Quintero Grünsteinfelsen mehrere hundert Yards von dem Strande entfernt, die vor dem Erdbeben unter dem Wasser lagen, schon bei halber Ebbe über dasselbe hervorstehend. Er gibt auch an, daß alle Fischer der dortigen Küste behaupteten, das Meer sei seichter geworden und habe sich von der Küste zurückgezogen.

So wohl beglaubigt nun durch die angegebenen leicht zu erkennenden Thatsachen diese Erscheinung war, so wurde sie doch allgemein in Europa, wo Aehnliches noch nicht beobachtet war, als ein Märchen oder als höchst zweifelhaft angesehen. Es war daher sehr natürlich, daß alle Naturforscher, die später dieselben Gegenden besuchten, ihre Aufmerksamkeit darauf richteten, jenen Bericht zu bestätigen oder zu widerlegen. Wir erwähnen von den namhafteren zunächst Meyen aus Berlin, der im Jahre 1831 Chili besuchte. Er konnte sämmtliche Angaben von Mrs. Graham bestätigen, so weit dies nach neun Jahren noch möglich war. Er fand noch wohl erhalten an den Felsen die Reste von festsitzenden Seepflanzen und Thieren, welche durch jene Hebung ins Trockene gekommen waren. Jetzt stets über dem Wasser sich befindende Muschelbänke von Arten, wie sie in dem dortigen Meere noch leben, beobachtete er an verschiedenen Punkten. Trotzdem wurde auch nach diesem Zeugnisse noch die aus jenen Beobachtungen erschlossene Hebung des Landes von Vielen geläugnet.

Eine zweite an derselben Stelle wenige Jahre später auf-
tretende Hebung bei einem folgenden Erdbeben machte nun
diese Erscheinung viel wahrscheinlicher, da sie von einem
Naturforscher untersucht werden konnte, dessen Namen
unstreitig gegenwärtig der am meisten genannte von allen
ist, von Darwin.   Er befand sich eben damals mit einer
wissenschaftlichen englischen Expedition an jener Küste, und
zwar in Valdivia, als am 20. Februar 1835 ein außerordentlich heftiges Erdbeben eintrat, welches sein Centrum
etwa 40 g. M. weiter nördlich bei Concepcion hatte und
diese Stadt völlig zerstörte. Am 4. März schon war er an
der Stelle dieser Stadt selbst.   Von ihm selbst, wie von
Kapitän Fitzroy wurde die Gegend genau untersucht, um
die Streitfrage zu entscheiden, ob Hebungen durch Erdbeben in jenen Gegenden stattfänden.   Die Erscheinungen
sprachen auf das Allerentschiedenste dafür.   Sie constatir-
ten eine Hebung des Festlandes von 4—5 Fuß durch dieses
Erdbeben, die sich jedoch wieder etwas verringerte und im
April noch 2—3 Fuß betrug. Besonders stark und merkwürdig zeigten sich die Hebungserscheinungen an der kleinen 6 Meilen von Concepcion liegenden Insel Sta. Maria.
Bei einer Länge von $1^1/_2$ Meile in der Richtung von Nord
nach Süd betrug der Unterschied in der Hebung an dieser
Insel 2 Fuß, indem das nördliche Ende 10, das südliche
nur 8 Fuß sich gehoben zeigte. Nicht nur durch die Untersuchungen an den Ufern wurde diese Hebung jener Gegend
nachgewiesen, sondern auch durch die Sondirungen des
Meeresgrundes, der sich nach dem Erdbeben überall seichter zeigte. Namentlich zeigte sich auch ein großes flaches
Felsenriff nördlich von der genannten Insel so weit ge-

hoben, daß es nun mit Tausenden von Muscheln über
das Wasser kam, die durch ihre Verwesung einen entsetz=
lichen Geruch verbreiteten.

Nachdem nun diese beiden Hebungen durch zwei Erd=
beben constatirt waren, lag es nahe, nach Beweisen für
solche aus früheren Zeiten zu suchen, da ja jene Gegen=
den, so weit zurück unsere Nachrichten über dieselben gehen,
vielfach von gewaltigen Erdbeben heimgesucht werden.
Schon Mrs. Graham hatte auf solche Erscheinungen hin=
gewiesen, welche ein beträchtlich höheres Herauftragen des
Meeres an der Küste Chili's in früheren Zeiten bekundeten
Darwin hat nun auch diesem Gegenstande besondere Auf=
merksamkeit gewidmet und die Westküste Südamerika's
nach dieser Seite hin genau untersucht. Er fand nun,
was wohl nichts Befremdliches mehr hatte, eine ganze
Reihe solcher alter Strandlinien und Muschellager an den
Felsen der Küste und in den Thälern der Flüsse weit ins
Innere hinreichend über einander. In regelmäßigen ein=
ander parallelen Streifen und gleichsam Terrassen bil=
dend, fand er diese Ablagerungen, sämmtlich nur Reste
von jetzt in den dortigen Meeren lebenden Geschöpfen ent=
haltend, in den verschiedensten Höhen und an verschiedenen
Punkten in wechselnder Anzahl an der Küste selbst 4 bis
500 Fuß über dem jetzigen Meeresspiegel, ja an einer
Stelle traf er solche Muschelreste in einer Höhe von 1300
Fuß. Nach dem Innern des Landes zu stiegen sie noch
etwas höher. Daß diese Hebungen in historischer Zeit er=
folgt sein müssen, schließt Darwin aus dem Umstande,
das er hie und da Gegenstände menschlicher Kunst, wie sie
leicht ins Meer gerathen können, baumwollenes Garn,

17*

Geflechte von Baſt, unter dieſen Muſcheln fand. An der
Küſte von Koquimbo (30° ſüdl. Br.) konnte er 5—7 ſol=
cher alter Strandlinien nachweiſen, bei Callao (12° ſüdl.
Br.) 3 bis zu 170 Fuß Höhe. Auch an der Oſtküſte Süd=
Amerika's hat Darwin 8 verſchiedene Hebungen und zwar
in Patagonien bis zu 400 Fuß Höhe aufgefunden. Aehn=
liche Unterſuchungen ſtellte ſpäter Alcide d'Orbigny an der
Oſtſeite Süd=Amerika's, namentlich im Flußgebiete des
Plata, an, und beſtätigte durch dieſelben, daß auch in die=
ſen Gegenden Hebungen, und zwar plötzlich eintretende,
ſtattgefunden haben müſſen. Zwiſchen den Flüſſen Colo=
rado und Negro, im Hintergrunde der Bay von San
Blas, 6000 Fuß von dem jetzigen Meeresufer entfernt,
zeigte ſich eine mächtige Sandſchicht, in welcher eine Menge
von Muſcheln in ihrer natürlichen Stellung, die beiden
Schalen noch vereinigt, ſich fanden, $1\frac{1}{2}$ Fuß über dem
Niveau der höchſten Fluthen, die dort 24 Fuß hoch ſteigt,
daß alſo jene Ablagerung von Muſcheln, die ja, wie
ſchon erwähnt, ſtets unter dem tiefſten Ebbeſtand bleiben,
26 Fuß zum wenigſten gehoben worden ſein muß. Bei
Montevideo und ebenſo bei San Pedro, 21 g. M. von
Buenos Ayres landeinwärts, zeigten ſich 92 Fuß über dem
Spiegel des Fluſſes 6—9 Fuß hohe Sandhügel, ganz er=
füllt mit noch jetzt an der Mündung des Stromes leben=
den Konchylien. D'Orbigny hebt beſonders hervor, daß
die Art der Erhaltung und Stellung dieſer Muſcheln in
dem Sande entſchieden zeige, daß ſie plötzlich und mit
einem Male dem Bereiche des Waſſers entrückt worden
ſein müſſen, weil ſie außerdem, durch den Wellenſchlag
zertrümmert, zerbröckelt und hin und hergerollt, jedenfalls

aus ihrer natürlichen, stehenden Stellung im Sande ge=
bracht worden wären.

Obwohl wir nun für diese Hebungen die Erdbeben
nicht kennen, auch die Zeit nicht näher bestimmen können,
in welcher sie stattgefunden haben, so dürfen wir sie doch
eben so sicher auf Erdbeben zurückführen, wie die älteren
an den Westküsten Süd=Amerika's, deren Eintritt wir auch
durch keine historischen Nachrichten genauer festzusetzen im
Stande sind.

Es liegen uns übrigens auch von andern Theilen der
Erde beglaubigte Berichte über ähnliche Ereignisse vor.

Am 16. Juni 1819 wurde das Indusdelta von einem
starken Erdbeben heimgesucht, durch das unter andern
die etwas südlich von dem Delta gelegene Stadt Bhooj
ganz zerstört wurde. „Unmittelbar nach dem Erdstoße
sahen die Einwohner von Sindree in einer Entfernung
von 5$\frac{1}{2}$ Meilen von ihrem Dorfe einen langen, erhabe=
nen Wall, wo sie vorher nur eine niedrige und vollkom=
men gleiche Ebene gesehen hatten. Diesem emporgehobenen
Landstriche gaben sie den Namen Ullah=Bund oder Gottes=
Damm, um ihn von einem künstlichen, vorher durch einen
Arm des Indus gezogenen Damm zu unterscheiden. Der
neu emporgehobene Landstrich ist an 50 Meilen von
Osten nach Westen lang und dehnt sich von der Puchum=
Insel nach Gharee aus; ihre Breite von Norden nach
Süden beträgt an einigen Punkten 16 Meilen und ihre
größte bestimmte Höhe über dem urspünglichen Niveau
des Delta's 10 Fuß, eine Erhebung, die dem Anscheine
nach auf der ganzen Strecke sehr ungleich ist." (Lyell.)

Eines der jüngsten Ereignisse dieser Art fand auf der

Insel Neu=Seeland statt, wo im Jahre 1855 durch ein
Erdbeben am 23. Januar eine Hebung nördlich von der
Cooks=Straße bis zu 9 Fuß Höhe eintrat. Was auch
an anderen Orten bei Hebungen bemerkt wurde, zeigte
sich auch hier, nämlich, daß dieselbe ungleich war, nach
Süden immer geringer wurde, so daß selbst eine Senkung
anderer Strecken eintrat, welche letztere Bewegung von
der Cooks=Straße südlich bemerkbar wurde. Die gehobene
Masse wurde von einem schon vor dem Erdbeben dort
lebenden englischen Ingenieur, welcher sie genau unter=
suchte, auf 4600 engl. □.=Meilen berechnet.

Seltener als Hebungen treten im Gefolge von Erd=
beben Senkungen ein. Dieselben sind bis jetzt auch
nie in der großen Ausdehnung beobachtet worden, wie
die Hebungen. Die in ganz kleinem Maßstabe auftre=
tenden Senkungen, wie z. B. die des Quais bei dem
Lissaboner Erdbeben, sind wohl nur durch Hinabsinken
kleinerer Stücke der Erdrinde in große Spalten zu er=
klären, wie dieses auch bei dem Erdbeben von Kalabrien
häufig beobachtet wurde, ohne daß eine eigentliche Niveau=
Veränderung des Landes eintrat. Bei dem Sinken des
Quais von Messina hat Hamilton auch das als wahr=
scheinlich hingestellt, daß es sich hier nicht einmal um ein
Versinken, sondern nur um ein seitliches Umfallen in das
Meer handle.

Von solchen Senkungen, die in historischer Zeit ein=
getreten sind, finden wir nur eine sichere verzeichnet, näm=
lich diejenige, welche bei dem oben erwähnten Erdbeben am
Indusdelta im Jahre 1819 eintrat. An dem östlichsten
Zweige des Indus nach seiner Zertheilung in dem Delta

lag das Fort Sindree mit dem Dorfe gleichen Namens. Die Senkung, die nach dem Erdstoße eintrat, ging so allmählich und ohne alle Erschütterungen vor sich, daß die Einwohner erst durch das in die Senkung einströmende Meerwasser von derselben etwas bemerkten. Sie mußten sich zum Theil auf den höchsten Punkt des Forts flüchten und wurden von dort am andern Tage durch Boote abgeholt. Noch im Jahre 1838 ragte der Thurm und der obere Theil der Wälle aus dem Wasser hervor.

Wir haben nun allerdings von einer großen Anzahl von Punkten der Erdoberfläche Beweise, daß dieselben gesunken sind, aber nicht, daß diese Senkungen durch oder nach Erdbeben stattgefunden haben. So wie eine solche Senkung nur etwas länger vorübergegangen ist, wird es nicht mehr möglich sein, zu entscheiden, ob dieselbe auch nur plötzlich eingetreten sei, ja sie wird uns mit der Zeit vollständig verwischt werden, wenn nicht zufällig Gebäude oder Wälder an den Küsten durch solche Ereignisse unter das Wasser gebracht wurden. Da aber auch diese der Bewegung und den zersetzenden Wirkungen des Wassers unmöglich lange widerstehen können, so werden wir Senkungen aus früheren Jahrhunderten kaum je zu erkennen im Stande sein.

In der Gegenwart, d. h. in historischer Zeit, sind ohnedieß Hebungen nach Erdbeben viel häufiger beobachtet worden, als Senkungen, so daß auch aus diesem Grunde die Spuren von solchen noch seltener angetroffen werden können.

Von den Ursachen der Erdbeben.

In noch viel höherem Grade, als bei der Erklärung
der Erscheinungen der feuerspeienden Berge, gehen die
Meinungen der Geologen hinsichtlich der Ursachen der
Erdbeben auseinander. Die einen bringen sie in den
engsten Zusammenhang mit den Vulkanen, die anderen
behaupten, sie hätten gar nichts mit denselben zu schaffen,
seien durchaus nicht auf dieselben Ursachen zurückzuführen.
Ebenso nehmen die ersteren an, daß die Erdbeben durch
in der Tiefe wirkende Kräfte erzeugt würden, während
letztere dieselben zu einem zufälligen Phänomen, abhängig
von äußeren meteorologischen Verhältnissen, stempeln wollen.
Auch über einzelne bei und mit dem Erdbeben auftre=
tende Erscheinungen gehen die Ansichten ebenso ausein=
ander, wie z. B. über die Bewegungen des Meeres, die
Hebungen von Theilen des Festlandes. Wir würden die
Grenzen des uns hier zugemessenen Raumes weit über=
schreiten, wenn wir näher auf alle diese verschiedenen An=
sichten eingehen wollten. Bei der großen Unsicherheit, die
jedoch über diesen Gegenstand noch herrscht, wird es aber
nöthig sein, die wichtigsten derselben kurz zu erörtern.

Ueber einen Punkt, der für die Theorie der Erdbeben
und die Frage nach ihrer Ursache von besonderer Bedeut=
ung ist, können wir jedoch noch etwas zuverlässigere Un=
tersuchungen anstellen, nämlich über die Frage, wo denn
eigentlich der Sitz der Erdbeben, der Ausgangspunkt der=
selben, zu suchen sei. So viel steht fest, daß wir denselben
unter der Oberfläche der Erde anzunehmen haben und daß
die Verhältnisse an der Oberfläche nach den mechanischen
Gesetzen des Stoßes elastischer Körper beurtheilt werden

müssen. Denken wir uns, irgend ein elastischer Körper
— und als solche zeigen sich ohne Ausnahme alle festen
Gesteine unserer Erdrinde — werde an irgend einer Stelle
durch irgend welche Veranlassung angestoßen, so beobach=
ten wir, daß sich von diesem Punkte aus die Erschütte=
rung, so lange die Elasticität des Körpers die gleiche bleibt,
mit gleichmäßiger Geschwindigkeit radienartig nach allen
Seiten hin ausbreitet, ähnlich wie ein ins Wasser ge=
worfener Stein auf der Oberfläche Wellen erzeugt. Diese
Erschütterungskreise oder Erschütterungswellen werden sich
je nach dem Grade der Elasticität der verschiedenen Ge=
steine mit verschiedener Schnelligkeit und verschiedener
Stärke fortpflanzen. Die Stärke der Erschütterung bei
einem Erdbeben muß deßwegen auch eine immer geringere
werden, je weiter der erschütterte Punkt von dem Aus=
gangspunkte, dem Centrum der Bewegung, entfernt liegt.
Ebenso muß auch die Richtung des Stoßes, je weiter von
dem Centrum der Erschütterung entfernt ein Ort liegt,
eine immer mehr aus der senkrechten zu der horizontalen
Lage sich neigende werden. Unsere Erde ist nun eine
Kugel und diese ihre Form bedingt es, daß die Erschei=
nungen des Fortschreitens und der Stärke der Erschütterung
an der Oberfläche, an der allein wir sie beobachten können,
eine ganz verschiedene werden muß, je nachdem wir
den Ausgangspunkt derselben in verschiedener Tiefe an=
nehmen. Hier finden nun offenbar zwei Extreme statt,
die uns die folgende Figur veranschaulichen kann.

Wäre die Erde eine homogene Kugel und würde die
Erschütterung im Mittelpunkte beginnen, so würde sie dann
auf der ganzen Oberfläche der Erde gleichzeitig und gleich

ſtark empfunden werden. Etwas Aehnliches findet aber
auch ſchon ſtatt, wenn wir den Siß des Erdbebens ſehr
tief annehmen, wie in Fig. 33.

Es ſei C das Centrum der Kugel, in A beginne die
Erdbebenwelle; offenbar würde in dieſem Falle, wenn die
erſte Wirkung davon bei a an die Oberfläche gelangt, die
mit dem Halbmeſſer Aa gezogene Kugel alle die Punkte
enthalten, welche in demſelben Augenblicke und mit der=
ſelben Stärke erſchüttert werden. In derſelben Zeit ferner,
in welcher ſich die Erſchütterung um das Stück 1—2 in

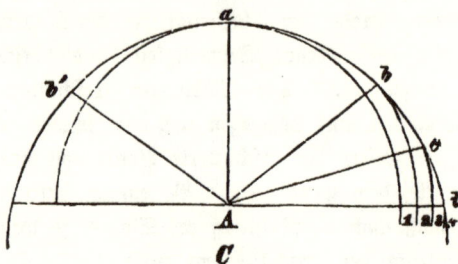

Fig. 33.

der Tiefe fortgepflanzt, würde ſie ſich an der Oberfläche
um das Stück ab weiter verbreiten. Ziehen wir nun
noch weitere Kreiſe mit Halbmeſſern, welche ſtets um
daſſelbe Stück 2—3, 3—4 größer werden, ſo ſehen wir
ſofort, daß die Fortpflanzungsgeſchwindigkeit an der Ober=
fläche ſtets eine ungleich größere ſein muß, als in der
Tiefe, indem ſie an der Oberfläche zwiſchen 2 und 3
durch das Stück bc, zwiſchen 3 und 4 durch das Stück
cd beſtimmt wird. Zugleich ſehen wir auch, daß die
Fortpflanzung an der Oberfläche mit ſtets abnehmen=
der Geſchwindigkeit erfolgen müßte.

Hinsichtlich der Ausbreitung und der Stärke der Erd=
beben können wir unserer Figur Folgendes entnehmen:

1) Die Ausbreitung würde in diesem Falle eine
außerordentlich beträchtliche sein müssen; kleinere, auch
nur auf etliche hundert g. O.=Meilen beschränkte Erd=
beben würden kaum beobachtet werden können, indem schon
die Linien b A b' einen Winkel von ca. 100° einschließen,
die lineare Erstreckung eines solchen Erdbebens auch nur
von b' bis b' 1500 g. Meilen betragen würde.

2) Was die Stärke des Stoßes an der Oberfläche
anbelangt, so würde dieselbe zwischen a und b, b und c
sehr wenig verschieden sein, die Heftigkeit würde sehr all=
mählich abnehmen, es wäre eine sehr bedeutende Wirkung
auch bei a kaum zu erwarten.

Nehmen wir nun den anderen Fall an, daß der Sitz
der Erschütterung nahe der Oberfläche liege, näher, als
wir es bei diesem Maaßstabe der Figur zeichnen können,

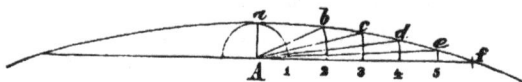

Fig. 34.

etwa in A, so sehen wir wieder sofort, daß dann die
Erscheinungen an der Oberfläche sich ganz anders ver=
halten müssen, und zwar so, daß 1) die Fortpflanzungs=
geschwindigkeit an der Oberfläche überall so ziemlich gleich
bleibt und nicht merklich größer wird, als die der Ela=
sticität der Gesteine entsprechende 1—2, 2—3, 3—4
u. s. f.; 2) daß die Stärke auch an der Oberfläche sehr
rasch abnehmen und die Richtung des Stoßes sich sehr

rasch ändern muß und 3) das Erdbeben auch von nicht
sehr großer Verbreitung wohl begreiflich sind.

Wir brauchen wohl nicht erst hervorzuheben, daß nur
dieser zweite Fall allein mit den Beobachtungen übereinstimmt, daß also der Sitz der Erdbeben in verhältnißmäßig geringer Tiefe zu suchen ist.

Ein um die Feststellung der mechanischen Verhältnisse
der Erdbeben sehr verdienter englischer Naturforscher,
Mallet, hat selbst noch näher die Tiefe des Ausgangspunktes der Erschütterungen zu bestimmen gesucht, und
zwar bei dem Erdbeben, welches 1857 Kalabrien heimsuchte. Betrachtet man die Fig. 34, so bemerkt man sofort, daß die Richtung des Stoßes nur bei a senkrecht
ist, bei allen andern Punkten einen immer größeren
Winkel mit der senkrechten Linie bildet, indem überall die
Radien Ab, Ac, Ad u. s. f. die Richtung des Stoßes
anzeigen. Darnach werden denn auch die Wirkungen an
der Oberfläche, namentlich Spalten in Mauern, sich in
verschiedener Lage gegen den Horizont zu erkennen geben,
und wenn man nur eine größere Anzahl solcher an von
einander entfernten Punkten untersuchen kann, wird es
möglich sein, die Lage des Punktes A zu bestimmen. Für
das Erdbeben von 1857 hat Mallet die Tiefe von $1\frac{1}{2}$
g. Meilen auf diese Weise gefunden, und weiter, daß der
Ausgangspunkt eines Erdbebens nie tiefer als $7\frac{1}{2}$ g. M.
unter der Oberfläche angenommen werden könne.

Gehen wir nun nach dieser Beantwortung der Frage,
wo der Sitz der Erdbeben zu suchen sei, an die, welche
Kraft diese Erschütterungen des Bodens erzeugen, so finden wir drei so weit als möglich auseinandergehende und

auch gar nichts mit einander gemeinschaftlich habende Antworten auf diese Frage, die wir alle drei kurz erörtern wollen.

Die erste lautet: Durch Niedersinken großer Massen der festen Erdrinde wird beim Aufstoßen derselben in der Tiefe die Erschütterung erzeugt.

Die zweite geht dahin: Da die Erde größtentheils eine flüssige Masse ist, die nur mit einer verhältnißmäßig dünnen Rinde überzogen ist, so muß, gerade so wie das Meer, diese flüssige Masse Ebbe= und Flutherscheinungen zeigen; die stärkeren Fluthen — die analog den Spring= fluthen des Meeres sind — erzeugen durch ihren Anstoß an die Rinde die Erdbeben.

Die dritte von den Vulkanisten gegebene Antwort heißt: Wie die Erscheinungen an den feuerspeienden Bergen, werden auch die Erdbeben von hoch gespannten Dämpfen und Gasen erzeugt, die in unterirdischen Hohl= räumen erhitzt, ähnlich wie in einem verschlossenen Dampf= kessel, die Erdrinde, gleichsam die Wände des Kessels, erschüttern.

Betrachten wir nun diese drei Erdbebentheorien, die für dieselben sprechenden Erscheinungen und die ihnen entgegenstehenden Schwierigkeiten etwas näher.

In der neueren Zeit haben Volger und Mohr die zuerst bezeichnete Erklärung der Erdbeben, die schon von Boussingault für die Erdbeben an dem Fuße der Anden angenommen wurde, wenn auch nicht vollständig in Ueber= einstimmung mit einander, weiter entwickelt und zu be= gründen versucht. Nach diesen entstehen die Erdbeben, namentlich die größeren, dadurch, daß durch die atmosphä=

rischen Wasser in der Tiefe durch theilweises Auflösen der
Gesteine größere oder kleinere Hohlräume entstehen, welche
dann ein Niedersinken der oberen Massen erzeugen. „Bil=
den sich durch Auszehrung löslicher Schichten, sagt Vol=
ger*), Hohlräume unter dem Grunde der Thäler, so wird
das überlagernde Gebirge durch die Spannung, mit wel=
cher es auf die zur Seite des unterhöhlten Bezirkes liegen=
den Massen sich aufstützt, getragen, bis daß endlich die
Spannung der Ausdehnung des Hohlraumes nicht mehr
gewachsen ist. Nunmehr erfolgt eine plötzliche Senkung
entweder ein Zusammenrutschen bei muldenförmiger Lager=
ung oder ein stoßweises Niederrucken der unterhöhlten
Decke. Diese Bewegung bildet an der Oberfläche der Erde
das Erdbeben. Ist die sich niedersetzende Gebirgsmasse sehr
mächtig, so muß nicht allein an sich schon der in Bewegung
gerathende Bezirk weit größer sein, als wo die Unterhöhl=
ung in geringer Tiefe unter der Oberfläche stattfand, son=
dern die unermeßliche Wucht der niederruckenden Masse
ertheilt auch der Grundlage einen Stoß, welcher die Starr=
heit des Felsgebäudes überwindet und dasselbe in wogende
und ringsum auskreisende Wellenbewegung versetzt.“

Diese Theorie geht zunächst von der nicht zu läugnen=
den Thatsache aus, daß jedes in die Tiefe bringende Wasser
Theile der Gesteine auflöst und mit sich hinwegführt, daß
also jedenfalls je nach der Löslichkeit der Gesteine bald
rascher bald langsamer die Masse derselben verringert
wird. Es ist ferner physikalisch ebenfalls unbestreitbar,
daß jede sich bewegende Masse, welche auf eine andere

---

*) Volger, Erde und Ewigkeit S. 252.

ruhende aufstößt, dieselbe, wenn sie, wie dies bei allen
unseren festen Gesteinen der Fall ist, elastisch ist, in Er=
schütterungen oder Schwingungen versetzt, deren Stärke
abhängig ist von der Masse des stoßenden Körpers und
von der Schnelligkeit der Bewegung, die er hatte, so daß,
wenn eine Masse, etwa wie die des Montblanc, plötzlich
niedersinken und auf ihre Unterlage aufstoßen würde,
nothwendig eine sehr gewaltige Erschütterung, ein Erd=
beben erfolgen müßte. Von dieser Seite aus läßt sich
gegen die Theorie nichts einwenden; sie ist vom physikali=
schen Standpunkte aus sehr wohl möglich, es fragt sich
nur, ob in der Natur die Verhältnisse von der Art sind,
wie sie diese Theorie voraussetzt, ob auch wirklich Erdbeben
in dieser Weise entstehen. Da erheben sich aber die ge=
wichtigsten Bedenken dagegen. Die Theorie erfordert
namentlich zur Erklärung der stärkeren Erdbeben ein
plötzliches Niederfallen, einen wirklichen Stoß ge=
waltiger Masse auf ihre Unterlage. Das ist aber für
größere Massen ganz unmöglich. Denn es sind für
diese unter den natürlichen Verhältnissen nur zwei Fälle
möglich, entweder sie finden sich so zwischen anderen ein=
gekeilt, wie die Steine eines Brückenbogens, dann dürfen
sie noch so sehr unterwaschen sein, sie können nicht nieder=
sinken, oder sie werden nicht von den seitlichen Massen ge=
tragen, die einzelnen Theile der Masse sind durch die nie
fehlenden Spalten und Klüfte so getrennt, daß sie fallen
können, wenn ihre Unterlage weggenommen wird, so kann
es auch in diesem Falle nie zu einem plötzlichen Nieder=
fallen kommen, weil die Unterlage nicht auf einmal weg=
genommen, sondern äußerst langsam und allmählich von

dem Wasser weggespült wird und in demselben Grade die
oben liegenden Schichten nachrücken müssen. Ein Beispiel
mag diesen Vorgang veranschaulichen. Denken wir uns
einen schweren Felsblock auf einer Eisscholle liegend und
diese schmilzt allmählich zusammen. In diesem Falle wird
der Block nie einen Stoß auf der Unterlage, der Eisscholle,
erzeugen können, ebenso wenig kann eine auch noch so
schwere Gebirgsmasse einen solchen hervorbringen, wenn
sie auch durch Wegnahme ihrer Unterlage sich senken kann
so wie dieses Wegnehmen sehr langsam und allmählich vor
sich geht, wie dies nothwendig bei der „Auszehrung löslicher Schichten" der Fall sein muß.

Dazu kommt noch Folgendes: Nach Volger ist jedes
Erdbeben Folge einer Senkung, eine Hebung des Theiles
unter welchem das Centrum der Erschütterung liegt, ist
nach seiner Theorie absolut unmöglich und gar nicht mit
ihr zu vereinigen. Wir müßten also alle Berichte über
Hebungen durch Erdbeben für falsch und unrichtig erklären
und annehmen, daß Alle, welche solche beobachtet haben,
sich gröblich getäuscht haben. Und diese Konsequenz reicht
schon hin, diese erste Theorie als vollständig ungeeignet
hinzustellen, eine befriedigende Erklärung für das Phänomen der Erdbeben zu geben. Doch soll damit durchaus
nicht gesagt sein, daß nicht hie und da kleinere Erschütterungen der Erde von Einstürzen der Decken in Höhlungen
oder ähnlichen Vorgängen erzeugt würden. Auch das soll
hier noch erwähnt werden, daß diese Theorie uns zwingt,
den Sitz der Erdbeben ganz nahe an die Oberfläche der
Erde zu versetzen. Besehen wir nämlich unsere Quellen
hinsichtlich ihrer Temperatur, so bemerken wir, daß sie

mit verschwindenden Ausnahmen nicht aus größerer Tiefe
kommen können, weil sie in weitaus überwiegender Mehr=
zahl keine merklich höhere Temperatur besitzen, als die
mittlere Jahrestemperatur des Ortes, an dem sie ent=
springen. Da nun überall die Temperatur mit der Tiefe
zunimmt, beiläufig auf 110 Fuß um 1^0 C., so würde
eine auch nur 1100 Fuß unter die Oberfläche hinabge=
drungene Wassermasse schon eine um 10^0 höhere Tem=
peratur haben, als die mittlere Jahrestemperatur. Die
Bestandtheile der kalten, d. h. also fast aller Quellen
können daher auch nur aus der obersten Rinde genommen
sein und es konnte daher auch nirgends eine sehr dicke
Schichte zum Niedersinken durch die Auszehrung von den
Quellen gebracht werden. Auf Beobachtungen gegründete
Berechnungen, wie die rein theoretischen, die wir oben
entwickelten, ergeben aber für die einigermaßen stärkeren
Erdbeben einen Sitz von mehr als Meilentiefe, so daß
auch in dieser Beziehung diese erste Erdbebentheorie nicht
den Verhältnissen in der Natur entspricht.

Der zweiten Theorie nach, die ebenfalls früher schon,
wenn auch nur andeutungsweise und nicht consequent durch=
geführt, von Perrey ausgesprochen wurde, werden die
Erdbeben durch die Fluthwelle erzeugt, welche die flüssige
Erdmasse wie das Meer an seiner Oberfläche durch die
Anziehungskraft der Sonne und des Mondes entweder
wirklich erzeugt, wenn Raum dazu vorhanden ist, oder zu
erzeugen strebt, wenn die Erdrinde fest dem flüssigen Erd=
kerne sich anschließt und keine Zwischenräume läßt. Sie
ist in der jüngsten Zeit von R. Falb in einer besonderen

Schrift*) ausführlich entwickelt worden. Der Verfasser
geht von den beiden ebenfalls unumstößlichen Thatsachen
aus, daß Sonne und Mond eine anziehende Wirkung auf
die flüssige Erdmasse ausüben müssen, also wenn die
Rinde nicht vorhanden wäre, eine Ebbe und Fluth erzeu=
gen würden, und daß die Fluthhöhe auch im Meere ab=
hängig ist von der Tiefe des Meeres. Je tiefer dasselbe,
desto höher wird die Fluth anschwellen. Da nun der
flüssige Erdkern gleichsam ein Meer von beiläufig 1700 g.
Meilen Dicke darstellt, so müßte auch die Fluth eine ganz
ungemeine Höhe erreichen. Wenn nun auch die Erdrinde
der flüssigen Masse sich anschließt, so muß doch das Be=
streben derselben, der Anziehung des Mondes und der
Sonne zu folgen, als ein starker Druck von unten nach
oben auf die feste Erdrinde sich zu erkennen geben. Dieser
Druck wechselt aber wie die Stellung des Mondes und
der Erde beständig seine Stelle, wie die Fluthwelle im
Meere, er kreist beständig um die Erde und wechselt so=
wohl hinsichtlich seiner Lage, wie seiner Stärke nach mit
dem stetigen Wechsel der Lage von Sonne, Mond und
Erde gegen einander, indem die beiden erstgenannten der
Erde bald näher, bald ferner sind, bald nach derselben
Seite hin wirken (Springfluthen), bald sich entgegen=
wirken, so daß dadurch eine ungemein große Verschieden=
heit und Mannichfaltigkeit in dem Effekte der beiden
Himmelskörper entsteht. Diese Verschiedenheit wird noch
gesteigert durch die jedenfalls in der Erdrinde selbst auch

---

*) Falb, Grundzüge zu einer Theorie der Erdbeben und
Vulkanausbrüche.

vorhandene Ungleichheit der Zusammensetzung, der Dicke, Schwere und Festigkeit.

Diese letzteren Verhältnisse sollen es nun nach Falb bedingen, daß nicht täglich zweimal wie die Meeresfluth auch überall zu beiden Seiten des Aequators Erdbeben entstehen, überhaupt so mancherlei Unregelmäßigkeiten auch in der Zeit des Eintretens derselben sich zeigen. — Falb hat es sich vorbehalten, in genauerer, streng mathematischer Form diese bis jetzt nur in populärer Darstellung gegebene Theorie weiter zu entwickeln. Ob sich jedoch dadurch die großen Bedenken, welche sich gegen dieselben erheben, entkräften lassen, erscheint noch zweifelhaft. Was zunächst das Eintreten eines Erdbebens betrifft, als eines von unten nach oben gerichteten heftigen Stoßes, so ist dasselbe überall da nicht begreiflich, wo die Erdrinde unmittelbar dem flüssigen Kerne sich anschließt. Hierbei kann die Anziehungskraft von Sonne und Mond auf den flüssigen Inhalt des Innern nicht einen Stoß, sondern nur einen Druck nach oben erzeugen, Veranlassung zu einer Erschütterung ist nicht gegeben. Wo aber ein Hohlraum zwischen der Rinde und dem flüssigen Inhalte sich befindet, da kann allerdings eine wirkliche Fluthwelle entstehen und diese als ein gewaltiger Stoß empfunden werden. Wo das aber der Fall ist, wo eine solche Beschaffenheit der Erdrinde sich findet, müßte jeden Tag zweimal, so sicher wie die Fluth des Mondes, ein Erdbeben, wenn auch von ungleicher Stärke, eintreten. Eine solche Regelmäßigkeit derselben findet sich aber nirgends auf der ganzen Erde. Falb gibt zwar an, daß bei sehr günstigen Umständen, d. h. wenn die anziehenden Kräfte von Sonne und Mond am

stärksten und besten zusammenwirken, wenn dadurch nun
der Widerstand der Erdrinde überwunden ist, die Erschüt=
terungen in der That dann häufiger wiederkehren: „Die
Häufigkeit der Erderschütterungen steht im directen Ver=
hältnisse zur Stärke derselben", aber er ist uns die Erklä=
rung schuldig geblieben, wie es möglich sei, daß nach einem
sehr heftigen Stoße eine so außerordentlich große Anzahl
im Verlauf von 24 Stunden stattfinden könne, in welcher
Zeit doch nur zweimal Fluth eintreten kann, wie in dem
von ihm selbst angeführten Beispiele des Erdbebens von
Lima 1846, bei welchem in 24 Stunden gegen 200 sehr
heftige Stöße verspürt wurden. Wenn sich nun auch der
auffallende Mangel an Regelmäßigkeit und Gesetzmäßigkeit
im Eintreten einer Erscheinung, die von einer höchst regel=
mäßig wiederkehrenden, nur hinsichtlich der Stärke wech=
selnden Ursache abhängig gemacht wird, damit erklären
läßt, daß eben dieser Wechsel in der Stärke die ganze Er=
scheinung bald nicht zum Eintritt kommen lasse, bald wie=
der sehr stark, so kann doch damit der Umstand nicht er=
klärt werden, daß diese Unregelmäßigkeit im Eintreten der
Erdbeben nicht eine andere Regel einhalte. Bekanntlich
kehren nach dem s. g. Mondcyclus, d. h. nach je 19 Jahren,
die gegenseitigen Stellungen von Sonne, Mond und
Erde genau wieder. Man ist daher berechtigt zu erwarten,
daß sich diese Periode auch in dem Auftreten der Erd=
beben zu erkennen gebe. Es ist aber trotzdem, daß vielfach
nach den Perioden im Auftreten von Erdbeben gesucht wurde,
nichts von einer solchen Periodizität bekannt geworden.
Gerade die stärksten Erdbeben ein und derselben Stelle der
Erde lassen sie durchaus nicht erkennen. Wir müssen da=

her auch diese Theorie über die Ursache der Erdbeben
vorläufig als den Erscheinungen in der Natur nicht ent=
sprechend bezeichnen.

Die dritte und letzte ist die s. g. vulkanistische oder
plutonistische Theorie. Nach derselben sind die Erdbeben
ähnlich den Eruptionen der Vulkane, erzeugt durch die
Hitze der in der Tiefe vorhandenen Dämpfe und Gase,
namentlich der Wasserdämpfe. Wenn Wasser in die Tiefe
dringt und hier in Berührung mit den glühendheißen
Massen sich in Dampf verwandelt, entständen durch das
Bestreben desselben, sich auszudehnen und die Wände des
unterirdischen Kessels zu beseitigen, die heftigen Erschüt=
terungen, welche wir als Erdbeben wahrnehmen. Wir
haben schon oben bei der Besprechung der Erscheinungen
an den Vulkanen die Thatsache erwähnt, daß fast ohne
Ausnahme die vulkanischen Eruptionen durch mehr oder
weniger heftige Erdbeben eingeleitet werden, die in keiner
Weise von den in anderen Gegenden ferne von Vulkanen
auftretenden Erdbeben verschieden sind. Dieselben Er=
schütterungen und Bewegungen des Erdbodens, dieselben
Wirkungen auf die Erdrinde, Spalten, Hebungen und
Senkungen, finden sich auch bei ihnen. Sie hören in
der Regel auf, wenn der Krater geöffnet ist und eben
die Wasserdämpfe in so ungeheuerer Masse demselben
entströmen. Sollten diese offenbar während der Erup=
tion hervorbrechenden glühendheißen Dampfmassen, die
ganze Felsen mit sich fortreißen, keine Wirkung haben,
so lange sie in der Erde eingeschlossen sind?

Man hat daher nicht angestanden, auch die Erdbeben
die ohne Vulkanausbrüche auftreten, doch auf dieselben

Ursachen zurückzuführen und auch außerdem eine Reihe
von Erscheinungen angeführt, welche den Zusammenhang
zwischen Erdbeben und Vulkanen darthun sollten. Dahin
gehört vor allem die Beobachtung, daß, rein geographisch
beobachtet, die Erdbeben am häufigsten sind, wo sich auch
Vulkane finden. So ist es Süd=Amerika's Westküste,
Italien, die Antillen und Sunda=Inseln, wo die gewal=
tigen Erdbeben, aber auch die meisten Vulkane sich
finden. Als weitere Thatsache, die für die Verwandtschaft
der Grundursache der Vulkanausbrüche und Erdbeben
sprechen soll, hat man die aufgeführt, daß eben in den
Gegenden, wo beide Erscheinungen häufiger auftreten,
dieselben nicht zusammen vorkommen, in den Gegenden,
wo viele Vulkane sich befinden, die Dämpfe und Gase
ausstoßen, die Erdbeben sehr selten sind, während ihnen
benachbarte, aber nicht mit Vulkanen versehene, von sonst
gleicher Beschaffenheit, häufig davon heimgesucht werden.

Aber alle diese für die Verwandtschaft beider Er=
scheinungen angeführten Verhältnisse und Thatsachen, ebenso
wie die hie und da beobachtete oder angegebene Theilnahme
der Vulkane an Erdbeben, die sich als plötzliche Thätig=
keitseinstellung oder auch als Beginn derselben geäußert
haben soll, haben durchaus nichts dazu Zwingendes, diese
Verwandtschaft anzunehmen, Alle diese Erscheinungen können
eben so gut zufällig neben einander hergehen, sie fehlen
auch zu oft, zeigen zu wenig Regelmäßigkeit ihres Zusammen=
fallens, als daß man auf sie ein großes Gewicht legen könnte.

Hinsichtlich der näheren Angaben, wie die Dämpfe
und Gase entstehen, welche die Erdrinde erschüttern sollen,
ja ob sie allein oder zunächst es sind, welche den ersten

Anstoß von unten erzeugen oder ob nicht ein Anprallen des flüssigen Erdkernes an die Rinde, ähnlich wie es Falb durch die Attraction von Sonne und Mond entstehen läßt die Erschütterung hervorruft, oder selbst ein ruckweises Einsinken durch die Abkühlung der Rinde, die dadurch jedenfalls eine Spannung erleidet (Dana), darüber gehen die Ansichten der Vulkanisten noch sehr auseinander. Nach manchen wird dieses Wogen des flüssigen Erdinhalts nur durch den Druck sich entwickelnder Dämpfe und starke Gase auf denselben erzeugt, nach anderen wieder sind es neben diesen Vorgängen Senkungen einzelner Theile der Erd= rinde, welche dieses Fluthen erzeugten, das sich dann an anderen Stellen als Erdbeben zu erkennen gäbe. Gegen diese letztere Meinung läßt sich aber genau dasselbe vor= bringen, wie gegen die Ansicht Volger's. Ein plötzliches Niederfinken ist kaum denkbar, also auch kein plötzliches Anprallen des flüssigen Erdinhaltes an einer andern Stelle, welches ein Erdbeben erzeugen könnte. Die Erscheinungen bei allen Erdbeben zeigen auf das deutlichste, daß sie urplötzlich eintreten, als ein sehr heftiger Stoß von unten nach oben empfunden werden, wir müssen daher auch noth= wendig eine plötzlich und momentan wirkende Kraftäußerung für dieselbe annehmen, wie wir sie erhalten, wenn wir uns vorstellen, daß Dämpfe und Gase von hohem Hitzegrade entweder sehr rasch sich entwickeln oder ein ihnen entgegenstehendes Hinderniß plötzlich überwältigen, auf diese Weise direct die oberen Erdschichten erschüttern oder ein heftiges Fluthen und Anstoßen des flüssigen Erd= kernes vermitteln.

Da wir, wie schon öfters erwähnt wurde, bis jetzt

nicht im Stande sind, uns genauere Kenntniß von der
Dicke der Erdrinde und der Anordnung und Beschaffenheit
der Gesteine in der Tiefe zu verschaffen, so lassen sich höch=
stens Vermuthungen über die Art und Weise anstellen, wie
diese Vorgänge in der Tiefe vermittelt werden.   Wir
kommen damit zugleich zu dem Haupteinwande, den man
gegen die plutonistische Theorie erhoben hat, nämlich dem:
Wie es möglich sei, daß Wasser in die heiße Tiefe ge=
langen und sich hier in Dämpfe verwandeln oder selbst
zersetzen und in seine beiden Gase, Sauerstoff und Wasser=
stoff auseinander gehen könne.   „In der That, fragt Volger,
ist es denn denkbar, daß Wasser tiefer in den Erd=
boden eindringe, als bis zu dem Punkte, wo die Spann=
kraft des Dampfes dem Drucke des Wassers gewachsen
ist? — ist es denn denkbar, in eine glühende Kugel Wasser
zu infiltriren?“

  In der Weise allerdings nicht, wie es sich Volger
gedacht hat. Von einem Infiltriren, d. h. von einem gleich=
mäßigen stetigen Hinabbringen des Wassers in den feinen
Spalten der Erde bis zur glühenden Masse kann nicht die
Rede sein, aber unseres Wissens hat das auch Niemand
behauptet. Es ist aber gewiß sehr wohl möglich und denk=
bar, daß Wasser aus einer Tiefe, wo es noch als flüssiges
Wasser bestehen kann, durch eine Kluft rasch hinabstürzt
auf eine glühende oder wenigstens sehr heiße Masse und
sich hier in Dampf verwandelt oder selbst zersetzt, und daß
derartige Vorgänge auf mancherlei Weise sich in der Erde
vereinigen können, ist ganz unbestreitbar. Es fehlt ja nicht
an Spalten und Klüften, an großen und kleinen Hohl=
räumen, die mit Wasser gefüllt sind und sich in die Tiefe

entleeren können. Die Möglichkeit läßt sich also durchaus nicht bezweifeln, daß Wasser in das heiße Innere gelange. Es ist allerdings nöthig, ferner anzunehmen, daß dazu besondere Umstände zusammenwirken müssen; aber eben das vollständige Fehlen der vulkanischen Erscheinungen in vielen Ländern, das seltene Auftreten derselben da, wo sie überhaupt zum Vorschein kommen, stimmt mit einer solchen Annahme wohl überein. Würden solche ganz besondere Umstände nicht nöthig sein, so würden die vulkanischen Erscheinungen auch überall eintreten müssen und unmöglich weiten Strecken der Erde vollständig fehlen.

Man hat ferner den Einwand gemacht, die Kraft des Dampfes reiche nicht hin, um ganze Stücke der Erdrinde in die Höhe zu heben, allein auch dieser Einwand ist nicht von so großem Gewicht, als es von den Gegnern der vulkanischen Theorie behauptet wird. Zunächst ist hier zu erwähnen, daß wir über die Gewalt des Dampfes nur bis zu einem verhältnißmäßig niedrigen Grade der Erhitzung sichere, auf Beobachtungen beruhende Rechnungen besitzen, die nicht weiter als bis zu einem Drucke von $23^1/_2$ Atmosphären gehen. Wie sich bei Hitzegraden zwischen 1000 und 2000° der Dampf verhalte, ob hier nicht nothwendig stets eine Zersetzung des Wassers, somit eine Bildung der ganz anderen Gesetzen der Spannung folgenden permanenten Gase, Sauerstoff und Wasserstoff, eintrete, wissen wir nicht. Es läßt sich weder beweisen, daß es so sein muß, noch daß es nicht so sein könne. Je nach dem Geschmacke muß man allerdings dem einen erlauben, zu sagen, ich glaube, daß es so sei, und dem anderen, ich halte es für unmöglich. Bei dem gegenwärtigen Stand=

punkte unseres Wissens ist daher dieser letzte Einwurf von
keiner Bedeutung.

Ueberhaupt muß daran erinnert werden, daß mit
dem Nachweis der Möglichkeit, daß eine Erscheinung in
dieser oder jener Weise eintreten könne, nicht auch die
Wirklichkeit oder Nothwendigkeit derselben erwiesen sei.
Dieses letztere kann nur, wo es sich um natürliche Vorgänge handelt, durch weitere Thatsachen oder Beobachtungen geschehen. So werden wir auch bei den Erdbeben uns
nach solchen umzusehen haben. Fragen wir nun, ob derartige Thatsachen vorliegen, so können wir anführen, daß
bei manchen Erdbeben in der That das Aufsteigen von
Dämpfen und Gasen, selbst von Flammen beobachtet worden ist. Sowohl bei dem Erdbeben im Mississippi-Thale
1812, wie bei mehreren Erdbeben in Kalabrien, in Cumana 1797, bei vielen südamerikanischen Erdbeben wurden
solche Erscheinungen wahrgenommen. Auch bei dem großen
Lissaboner Erdbeben war diese Erscheinung sehr auffallend.
Der Hamburgische Konsul Stoqueler schreibt, daß er von
den Bergen eine Flamme sich habe erheben sehen und daß
sich aus einem der Hügel eine große Menge Rauches erhoben habe, die mit der Zunahme des unterirdischen Ge-
räusches ebenfalls zunahm und bis zum Nachmittag des
2. November anhaltend hervorbrach.

Nachdem das Erdbeben vorüber war, untersuchte er
die Stelle genauer, konnte aber keine Spur eines Brandes
oder sonst ein Zeichen erblicken, welches das Hervorbrechen
desselben bezeichnet hätte. Wie oft mögen solche Erscheinungen übersehen worden sein in der Angst und dem Entsetzen, das jedes Erdbeben erregt, wie oft mögen sie ver-

deckt worden sein durch den Staub, den einstürzende Häuser und die Erschütterung des Bodens erzeugt. Freilich liegt auch hier wieder die Gefahr nahe, daß solche Staubwolken mit Rauch und Dampf verwechselt werden. Doch liegen hinreichend zuverlässige Beobachtungen vor, bei denen an eine solche Verwechselung nicht zu denken ist.

Es geht wohl aus Allem, was wir bisher über die Ursache der Erdbeben mitgetheilt haben, hervor, daß uns diese Erscheinung noch viel Räthselhaftes darbietet. Keine der bisher vorgebrachten Erklärungen befriedigt vollkommen, gegen jede erheben sich Bedenken, die sich bis jetzt entweder gar nicht oder nicht vollständig beseitigen lassen. Es muß daher Jedem überlassen werden, sich die ihm am meisten zusagende auszusuchen oder auch zu warten, bis etwa später eine vollkommen befriedigende aufgefunden wird.

Für eine Erscheinung haben wir jedoch noch kurz die Ursache zu besprechen, die mit den Erdbeben im innigsten Zusammenhange steht, nämlich für die so merkwürdige Bewegung des Meeres bei den Erdbeben. Wir haben dieselbe oben ausführlicher besprochen und können uns daher auf obige Schilderung zurückbeziehen. Als das wesentliche davon erkennen wir

1) ein ungemein heftiges Anschwellen des Meeres und
2) ein ebenso starkes Zurückziehen desselben. Beides erfolgt, nachdem die Erschütterung des Bodens vorhergegangen ist.

Auch für diese Erscheinungen sind verschiedene Erklärungen gegeben worden, sie kommen aber im Grunde nur auf zwei verschiedene Ansichten hinaus. Nach der

einen ist die Bewegung dem Wasser nur durch die Erschütterung des Bodens unter ihm mitgetheilt, nach der
andern liegt im Wasser selbst die Ursache der Bewegung
insofern, als es durch Einsinken eines Theiles des Meeresgrundes zu einem heftigen Nachsinken veranlaßt wird.
Man hat selbst dieses Einsinken des Meeresgrundes als
die Ursache des Erdbebens angesehen, z. B. Mohr. Die
letztere Meinung führt nothwendig zu der Annahme, daß
der Sitz der Erschütterung immer in einiger Entfernung
von den Küsten im Meere zu suchen sei und daß jedes
Mal zuerst ein Zurückweichen des Meeres von dem
Ufer stattfinden müsse. Dem widersprechen aber die Erscheinungen auf das Allerentschiedenste. Gerade bei dem
letzten eben geschilderten großen Erdbeben in Peru, das
ein so außerordentlich heftiges und weit verbreitetes
Beben des Meeres zur Folge hatte, wird ausdrücklich von
mehreren und darunter von einem der dem Erschütte-
rungscentrum am nächsten liegenden Orte, von Arica,
bemerkt, daß die erste Bewegung des Meeres ein Steigen
desselben gewesen sei. Wenn nun auch von anderen
Orten als das erste am Meere bemerkbare Zeichen ein
Zurückweichen desselben wahrgenommen wurde, so geht
doch daraus entschieden hervor, daß dieses Zurückweichen
nicht immer das erste sei, wie es jener Theorie nach sein
müßte. Daß es selbst da, wo es als das erste beobachtet
wird, nicht von der Erniedrigung des Wasserspiegels durch
Senkung des Grundes bedingt sein könne, das geht schon
aus der ungeheueren Entfernung hervor, bis zu welcher
jenes Sinken beobachtet wird. Wie aus der Seite 250
gegebenen Schilderung zu entnehmen ist, war auf Neu-

Seeland die erste Bewegung des Wassers ein Sinken. Wollte man nun annehmen, daß durch eine Senkung des Meeresgrundes an der Peruanischen Küste dieses Weggehen des Wassers erzeugt worden wäre, so müßte man annehmen, daß die ganze Wassermasse von dem Er- schütterungsmittelpunkte bis Neu-Seeland zu dieser Senk- ung herbeigeströmt sei und zwar mit der oben gefundenen Geschwindigkeit von beiläufig 600 Fuß in der Secunde, was natürlich ganz unmöglich und unsinnig wäre.

Wir müssen uns daher für so weit sich verbreitende Meeresbeben nach einer andern Ursache umsehen und die bietet uns ganz naturgemäß die andere Ansicht, nach welcher durch die Erschütterung des Meeresgrundes durch die Erdbebenwelle unter ihm ein so heftiges Wallen des- selben erzeugt wird, daß sich dieses dann als Fluthwelle, der natürlich eine Ebbe folgen muß, auf die größten Entfernungen fortpflanzen kann. Bekannt ist es ja, daß die leichteste Erschütterung des Bodens, die wir sonst in keiner Weise wahrzunehmen im Stande sind, sehr deut- lich an den kleinen Wellen erkannt werden, welche sich in einem ruhig dastehenden Gefäße mit Wasser bilden. Jeder kann sich durch den Versuch überzeugen, daß wenn Jemand in einem durch zwei oder drei andere Räume von dem Beobachtungsorte, an dem ein Glas mit Wasser aufgestellt ist, getrennten Zimmer nur einige Schritte macht, dieß sofort durch Bewegungen des Wassers ange- zeigt wird. Dieß kann uns deutlich machen, warum die Bewegungen des Meeres bei Erdbeben so gewaltig sind. Um sich die Kraft dieser Erschütterungen zu vergegen- wärtigen, darf man sich nur an die Wirkungen eines

solchen Erdbebens, wie das Kalabrische, schon auf den
festen Boden erinnern; daß dadurch das flüssige,
bewegliche Element in den gewaltigsten Aufruhr ver=
setzt werde, bedarf dann keiner Erklärung. Ebenso mag
das Verhalten des Wassers, auf das wir schon oben
Seite 253 hingewiesen haben, uns erklären, wie die Be=
wegungen in demselben sich viel weiter fortpflanzen, als
die durch das Gefühl wahrnehmbaren Erschütterungen
des Bodens.

Noch eine Art von Erscheinungen der Erdbeben bleibt
uns zu erörtern übrig, das sind die Senkungen und
Hebungen des Bodens. In den letzteren sehen wir deut=
lich, daß es eine von unten nach oben drängende Kraft
ist, welche in den Erdbeben sich äußert. Die Thatsache
jedoch, daß nicht jedes, ja nur die wenigsten Erdbeben
eine bleibende Niveau=Veränderung erzeugen, führt uns
darauf, das noch andere Verhältnisse hier wirksam sein
oder wenigstens noch besondere Umstände hinzutreten
müssen, um eine bleibende Senkung oder Hebung zu er=
zeugen. Dieß geht auch noch daraus hervor, daß wir
Hebungen und Senkungen in großartigem Maßstabe auch
ohne alle Erdbeben eintreten sehen. Diese und ihre Ur=
sachen zu besprechen, soll die Aufgabe des nächsten Ab=
schnittes sein.

III.

Hebungen und Senkungen des Bodens.

———

Erstes Kapitel.

Hebungen von Küften und Ländern.

Wir haben schon im vorigen Abschnitte bei den Erd=
beben plötzlich und mit einem Rucke eintretende Hebungen
des Bodens von verschiedenen Punkten der Erdoberfläche,
namentlich von den Küsten Süd=Amerika's, kennen ge=
lernt. Wir hatten vorher auch die Zeichen besprochen,
welche uns eine Hebung und Senkung des Landes zu er=
kennen geben und wie deren nähere Betrachtung uns be=
stimmen lasse, ob eine derartige Veränderung mit einem
Male erfolgt sei oder nicht. Alle diese Zeichen werden
jedoch schwächer und undeutlicher, je länger der Zeitraum
ist, welcher zwischen der Hebung und der Untersuchung
der Zeichen für dieselbe verflossen ist, so daß wir in vielen
Fällen uns begnügen müssen, wenn wir eine Hebung
überhaupt noch nachweisen können. Es liegt nun freilich
der Gedanke am nächsten, daß die Hebekraft ruckweise erfolgt
sei, wenn wir sie in solchen Gegenden beobachten, in denen
neuerdings derartige vorgekommen sind. Genauere Unter=

suchungen an den Küsten ergaben jedoch auch das für die
Geschichte der Erde höchst bedeutungsvolle Resultat, daß
noch gegenwärtig, anmerklich und anhaltend, ohne alle
gewaltsamen Bewegungen des Bodens ausgedehnte Land=
striche sich erheben und über das Meer emporsteigen. Das
erste Beispiel der Art, welches bekannt wurde, bezeichnet
einen merkwürdigen Wendepunkt in der Geschichte der
Geologie; die vulkanistische Hebungstheorie verdankt ihren
Ursprung wesentlich der Untersuchung dieses Beispieles
durch L. v. Buch, welches die skandinavische Halbinsel
lieferte. Keines unter allen ist so vielfach untersucht, be=
stritten und besprochen worden, als dieses, das bis in die
neuesten Zeiten stets neuer Prüfung durch neue Natur=
forscher unterworfen wurde. Schon vor fast 130 Jahren
(1743) machte der durch seine Thermometerscala Jedem
bekannte schwedische Naturforscher Celsius Erscheinungen
bekannt, aus denen hervorzugehen schien, daß die Ostsee
an den Küsten Scandinaviens sinke. Nach Berechnungen,
die er anstellte, sollte dieses Sinken des Wasserspiegels
in einem Jahrhundert 45 Zoll betragen. Er glaubte
auch diese Erscheinung durch eine wirkliche Abnahme des
Wassers der Ostsee erklären zu können, eine Annahme, die
allerdings damals, wo noch kein Beispiel einer Hebung
irgend eines Landes in historischer Zeit vorlag, die nächst=
liegende war. Zu Anfang dieses Jahrhunderts wendete
L. v. Buch bei einer Reise durch Schweden und Lappland
seine Aufmerksamkeit auch dieser Erscheinung zu und fand
dabei, daß die Erklärung von Celsius durchaus mit den
Thatsachen an verschiedenen Orten der Küste nicht in Ein=
klang zu bringen sei, daß diese vielmehr eine Hebung des

Landes bei unverändertem Stande des Wasserspiegels be=
zeugten, und sprach diese Meinung im Jahre 1807 öffent=
lich aus.   Daß dieselbe sofort lebhaften Widerspruch
fand, ist wohl nicht zu verwundern.   Um nun genaue
Anhaltspunkte für eine spätere sichere Beantwortung der
Frage: bewegt sich das Land oder das Wasser? zu haben,
wurden nun an besonders günstig gelegenen Orten Zeichen
in die Felsen am Ufer eingehauen.   Als sie nun 1820
und 1821 genau revidirt wurden, zeigte sich schon ganz
deutlich, daß sie über dem Wasser sich befanden.   Der
Umstand, der schon L. v. Buch darauf geführt hatte,
eine Bewegung des Landes und nicht ein Sinken des
Wasserspiegels anzunehmen, zeigte sich auch jetzt in aller
Schärfe, nämlich daß diese Bewegung an verschiedenen
Stellen ungleich sei, an der einen stärker, an der andern
schwächer, an der Südspitze von Schweden gab sich sogar
eine Senkung des Landes zu erkennen.   Ein solches Ver=
halten des Spiegels einer zusammenhängenden Wasser=
masse ist natürlich ganz undenkbar und allen hydrostati=
schen Gesetzen widersprechend.

Trotzdem auf diese Weise die Angabe L. v. Buch's
vollständig gerechtfertigt dastand, unterdessen auch die
Hebungen an der Küste Chili's bekannt geworden waren,
gab es doch noch viele Geologen, welche diese Theorie ver=
warfen und mit der alten Celsius'schen die fraglichen Er=
scheinungen zurechtlegen zu können hofften.   Unter diesen war
auch der berühmte englische Geologe Lyell.   Derselbe besuchte
nun selbst als Gegner der Erklärung v. Buch's Schweden
und Norwegen und kam als ein entschiedener Anhänger
derselben zurück.   Noch kein Geologe, der jene Gegenden

besuchte, hat eine andere Ansicht zurückgebracht. Viele
haben seitdem noch sowohl die Küsten der Ostsee wie der
Nordsee Skandinaviens untersucht, alle haben die Richtigkeit der Theorie v. Buch's anerkannt und zum Theile
sehr wichtige Beobachtungen gemacht, welche für dieselbe
sowie für den bedeutenden Betrag dieser Hebung in unserer jetzigen Schöpfungsperiode sprechen. So hat man
Ablagerungen von Muscheln, wie sie noch jetzt in der
Nordsee an jenen Küsten leben, bis zu fast 600 Fuß
Höhe über dem jetzigen Wasserspiegel aufgefunden. Wir
wollen nur noch eine dieser Beobachtungen hier anführen,
welche ganz entschieden die Bewegung des Landes nach-
weist; sie wurde von Bravais im Altenfjorde bei Ham-
merfest gemacht. Auf dieser weit in das Land eingrei-
fenden Bucht lassen sich auf 16—18 Seemeilen zwei
alte Strandlinien über dem jetzigen Meeresspiegel verfolgen.
Sie erscheinen dem Auge parallel und horizontal, wo man
sie auch beobachtet, aber eine genaue Messung ihres Ab-
standes von einander und von dem jetzigen Meeresspiegel
zeigt, daß sie eine ziemliche Neigung gegen denselben haben.

Die drei Reihen A B C geben den Abstand der zwei
Linien von dem jetzigen Meeresspiegel und zwar A am
Anfang der Bucht, B in der Mitte, C am Ende der-
selben im Lande, in Metern

A	B	C
$28_{,6}$	$51_{,8}$	$67_{,4}$
$14_{,1}$	$20_{,5}$	$27_{,7}$

Für die untere Linie ergibt sich demnach eine Differenz in
der Lage gegen den jetzigen Meeresspiegel zwischen Anfang
und Ende von $13_{,6}$ Metern oder 41 Fuß, bei der zweiten

selbst von fast 40 Metern oder ca. 124 Fuß. Wäre wirklich das Land fest geblieben, so müßte man annehmen, daß der Wasserspiegel in früheren Zeiten eine schiefe Ebene mit einer Neigung von 124 Fuß auf 18 See= meilen oder von 1 auf 840 Fuß gebildet habe, während die Neigung unserer Flüsse selbst bei raschem Laufe oft nur 1 auf 1000 beträgt. Der Inn z. B. hat zwischen Rosenheim und der Donau 1 auf 1400, ebenso die Donau von Ulm bis Donauwörth 1 auf 1400.

Seitdem sind nun die Beweise von Hebungen der Länder an den verschiedensten Meeren nachgewiesen wor= den. Zunächst in der Nachbarschaft Skandinaviens auf Spitzbergen, wo sich ebenfalls Muschelablagerungen jetzt lebender Arten 120 Fuß über dem Strande finden. An der Nordküste Rußlands und Sibiriens sind bis zu 45 g. Meilen landeinwärts und bis 150 Fuß über dem jetzigen Meeresspiegel eben dergleichen Anhäufungen von Meer= thieren aufgefunden worden. Auf einer der am weitesten nördlich gelegenen, je von Menschen erreichten Inseln des amerikanischen Eismeeres, auf der Prince Patrick=Insel (75—77° nördl. Br. und 98—108° westl. L. von Green= wich), hat Mac Clure bis zu 800 Fuß Höhe über dem jetzi= gen Meere ein Walfischskelet gefunden, dessen gegenwärtige Lagerung auch nur begreiflich ist, wenn man annimmt, daß das Thier hier strandete, als dieser Theil der Insel noch vom Meere bespült wurde und durch eine Hebung derselben auf diesen erhabenen Standpunkt versetzt wurde.

Sehr zahlreich liegen solche Beweise für Hebungen von Großbritannien vor und zwar von allen Theilen seiner Westküste. In den verschiedensten Höhen findet man die

19*

deutlichsten Beweise, daß hier einst der Strand des Meeres
gewesen von wenigen Fußen über dem jetzigen Strande
bis zu 200 und 300, ja selbst bis zu 1300 Fuß Höhe.

Gehen wir nun zu andern Meeren, zunächst im Be=
reiche des atlantischen Oceans über, so finden wir zu=
nächst im mittelländischen Meere vielfache Spuren solcher
Hebungen. Der Felsen von Gibraltar zeigt dieselben in
Höhen von 50, 70, 170, 264 und 600 Fuß Höhe. Bei
Palermo hat sie Fr. Hoffmann 250 Fuß hoch über dem
Meere angetroffen und auf dem Aetna sind Strandab=
lagerungen durch Sartorius bis zu 1000 Fuß Höhe
über dem jetzigen Meere nachgewiesen worden. An den
Küsten Afrika's wie Asien's bemerkt man ähnliche Zeichen
eines früheren weiteren Heraufragens des Meeres. An
dem rothen Meere ist es namentlich die Umgegend von
Suez, die bis zu 8 g. Meilen vom jetzigen Strande ent=
fernt und bis zu 8 Fuß Höhe über dem jetzigen Wasser=
stande in dem flachen Boden, der deutlich als aus Kies
und Meeressand gebildet sich zeigt, wohlerhaltene Kon=
chylien des rothen Meeres enthält. Auf der Insel
Mauritius finden sich weit von dem jetzigen Strande,
25 Fuß über dem höchsten Fluthstande, noch auf dem
Boden festsitzende Korallenstöcke von derselben Art, wie
sie die dortige Küste noch jetzt lebend umsäumen. Auch
bei Bombay, an der Insel Ceylon, hat man ähnliche
Beobachtungen gemacht. In dem großen Oceane sind es
die zahllosen über das Meer emporragenden Korrallen=
inseln, welche uns den deutlichsten Beweis liefern, daß
auch der Grund dieses größten aller Meere an vielen
Stellen einer Hebung unterworfen sei.

Wir sehen demnach, daß diese Hebungen, weit entfernt, eine seltene Erscheinung zu sein, zu den allerhäufigsten gehören. Ja es ist eigentlich zum Verwundern, daß dieselben früher Naturforschern wunderbar oder gar als ein Märchen vorkommen konnten, Angesichts der Thatsache, die Jedem täglich in die Augen springt, wohin er auch seinen Fuß setzt, daß wir nämlich auch auf unseren höchsten Bergen immer auf altem Meeresgrunde wandeln.

Neben den Hebungen, oft unmittelbar an dieselben angrenzend, finden wir aber auch die entgegengesetzte Bewegung von Theilen der Erdrinde, nämlich

Senkungen ausgedehnter Landstriche.

Wir haben die Zeichen von diesen ebenfalls schon oben S. 256 besprochen und erwähnt, daß dieses Versinken des Landes schwerer für uns nachzuweisen sei, weil uns das weiter heraufreichende Meer an Inseln und an Küsten des Festlandes den früheren Zustand verberge, und daß wir nur an Bäumen oder Gebäuden und anderen von Menschen auf dem Lande ausgeführten Werken solche Bewegungen des Landes, die sich als scheinbares Steigen des Meeres zu erkennen geben, zu ermitteln im Stande sind. Trotzdem daß wir daher hinsichtlich der Ermittelung von Senkungen uns in ungünstigerer Lage befinden, als in Beziehung des Auffindens von Hebungen, können wir doch auch für das Vorkommen dieser in der gegenwärtigen Periode der Erdgeschichte eine ziemliche Reihe von Beispielen anführen.

Schweden selbst, das wir als erstes für Hebungen überhaupt kennen gelernt hatten, zeigt uns in seinen

südlichsten Theilen ein Sinken des Landes. Schon in der
Gegend von Kalmar ist die Hebung kaum mehr merklich,
noch weiter südlich, z. B. bei Malmöe, findet eine
Senkung statt. Nilsson hat hierfür eine ziemliche Anzahl
von Beweisen angegeben. Man findet in diesem Theile
des Landes zunächst keine Muschelablagerungen über dem
Spiegel des jetzigen Meeres mehr, die weiter nördlich so
häufig sind. Außer diesem negativen Zeichen gibt er aber
noch eine Reihe positiver an. Bei Trelleborg z. B. findet
sich ein Felsblock, dessen Abstand vom Meere Linné im
Jahre 1749 genau bestimmt hatte, um auch hier einen
Anhaltspunkt für die Beantwortung der Frage nach dem
Verhalten des Meeres zum Lande zu haben. 1836 fand
Nilsson das Meer diesem Fels um 380 Fuß näher gerückt.
Eine gepflasterte Straße in Trelleborg liegt so, daß bei
hohem Wasserstande dieselbe überfluthet wird und dennoch
fand man beim Nachgraben 3 Fuß unter derselben ein
anderes Pflaster. In Malmöe zeigen sich dieselben Erscheinungen, sogar 8 Fuß unter dem jetzigen Hochwasser-
stande ist hier ein Straßenpflaster entdeckt worden. Vielfach finden sich an der Küste von Landpflanzen gebildete
4—6 Fuß dicke Torflager 2 Fuß unter dem Spiegel des
Meeres und unter Umständen, welche die Vermuthung,
sie möchten etwa von Flüssen eingeschwemmt sein, vollkommen ausschließen.

Von den Nordpolarländern, die, wie wir gesehen
haben, sich gegenwärtig noch größtentheils im Zustande
der Hebung befinden, können wir auch ein ähnliches Beispiel wie Schweden anführen, nämlich West-Grönland.
Schon 1778 bemerkte Arctander von einer kleinen Insel

der Bucht Igaliko (60⁰ 43 nördl. Br.), daß sie bei Spring=
fluthen fast ganz unter Wasser gesetzt wurde. Dennoch
fanden sich die Mauern eines Hauses auf derselben, die
1830 nur noch in Ruinen aus dem Wasser hervorragten.
Bei Frederikshaab (62⁰ nördl. Br.) und Godthaab (64⁰
nördl. Br.) findet man ebenso Spuren alter Wohnungen,
die jetzt von dem Meere überfluthet werden. Bis zur
Disko=Bay hin, also bis zum 68⁰ nördl. Br., scheint die
ganze Küste einer Senkung unterworfen zu sein.

An den Ostküsten Großbritanniens finden sich in
großer Ausdehnung unter das Meer versenkte Wälder.
Die Reste der Stämme stehen noch festgewurzelt aufrecht
da; wenn auch ganz verweicht, läßt sich doch die Beschaffen=
heit und die Structur des Holzes so wohl erkennen, daß
man mit der größten Bestimmtheit die einzelnen Arten als
ganz gleich mit dem Holze der jetzt in jenen Gegenden vor=
kommenden Bäume bestimmen kann. Auch an der West=
küste, die gegenwärtig größtentheils die Zeichen der He=
bung aufweist, finden sich einzelne Stellen, welche uns
zeigen, daß auch hier Senkungen neben der entgegengesetz=
ten Bewegung benachbarter Theile stattfinden. So kann
man unter dem Meere sich befindende Wälder in großer
Ausdehnung an der Küste von Cheshire, zwischen dem
Mersey und Dee, erkennen, die auch an den Orkney=In=
seln und an einer der Hebriden sich wieder finden.

Von den Küsten Frankreichs sind es namentlich die
der Normandie, sowie der Bretagne, welche ganz gleiche
Senkungserscheinungen darbieten. Bei Morlaix, Beau=
port, Cancale wird man submarine Wälder gewahr, die
bei sehr niedrigem Stande der Ebbe bis zu Punkten er=

kannt werden, welche sich 60 Fuß tiefer unter dem höchsten
Wasserstande befinden, selbst Ruinen von Gebäuden hat
man noch in diesen Wäldern aufgefunden. Von einigen
dieser Wälder liegen Nachrichten vor, daß sie zu Anfange
des achten Jahrhunderts unserer Zeitrechnung, und zwar
plötzlich, versunken seien.

Daß selbst ein und dieselbe Gegend bald nach oben,
bald nach unten hin sich bewegen, sich heben und senken
kann, dafür liefert uns die Gegend von Neapel ein sehr
deutliches Beispiel. Etwas nördlich von Puzzuoli entdeckte
man im Jahre 1750 einige aufrechtstehende Säulenstücke,
die, von Gebüschen versteckt, bis dahin der Aufmerksamkeit
der Alterthumsforscher sich entzogen hatten. Man grub
nun weiter nach und entdeckte bald die Reste eines pracht=
vollen Gebäudes, das, von viereckiger Form, 70 Fuß im
Durchmesser und 46 Säulen hatte, von denen 3 noch auf=
recht standen. Man hielt diese Reste für die eines Serapis=
tempels, und unter diesem Namen werden sie noch immer
bezeichnet, obwohl spätere antiquarische Untersuchungen
diese Deutung derselben stark in Zweifel zogen. Uns inter=
essiren zunächst nur die drei aufrechtstehenden Säulen.
Sie sind 42 Fuß hoch, vollkommen glatt und unversehrt
bis zu einer Höhe von 12 Fuß über dem Boden. Von da
an folgt ein Gürtel von 9—12 Fuß Höhe, innerhalb
dessen der Marmor der Säulen ringsum von einer Bohr=
muschel durchbohrt ist, deren Schalen noch in den ziemlich
tiefen, nach hinten birnförmig sich erweiternden Höhlungen
stecken, woraus deutlich hervorgeht, daß die Säulen lange
Zeit bis zu dieser Höhe unter dem Wasser gestanden waren.
Daß sie nicht schon vom Boden an von den Muscheln an=

gegriffen wurden, erklärt sich daraus, daß sie bis zu der
angegebenen Höhe von vulkanischer Asche und Tuff bedeckt
und so gegen die Angriffe dieser Thiere geschützt waren.
Wir können aus diesem Verhalten der Säulen mit Sicher=
heit schließen, 1) daß sie zum mindesten eine Senkung von
25 Fuß erlitten haben müssen, selbst wenn wir annehmen,
daß der Fußboden dieses Tempels nur einen Fuß über dem
Meeresspiegel bei seiner Erbauung stand, 2) daß darauf
wieder eine Hebung eingetreten sei, welche den Tempel bis
zu seinem gegenwärtigen Stande erhob, der jedenfalls
noch nicht der frühere geworden ist, da bei hohem Wasser=
stande der Boden des Tempels auch jetzt noch vom Wasser
überspült wird. Was die Zeit des Eintrittes dieser Niveau=
Veränderungen betrifft, so haben wir für diesen Tempel
wenigstens einige Anhaltspunkte, sie näher zu bestimmen.
Inschriften, in dem Tempel gefunden, sagen aus, daß ihn
Septimius Severus und Marcus Aurelius mit kostbarem
Marmor geschmückt haben, so daß also die ursprüngliche
Stellung desselben noch bis zum dritten Jahrhundert un=
serer Zeitrechnung vorhanden war. Ebenso wissen wir aus
mehreren schriftlichen Urkunden, daß die flache Niederung
die als schmaler Ufersaum vor dem ehemaligen Meeres=
ufer sich ausbreitet, dessen einstige Begrenzung sich wieder
durch Muschelanhäufungen deutlich bestimmen läßt, zu
Anfange des 16. Jahrhunderts nicht vorhanden war. Im
Jahre 1538 ereignete sich nun die schon im ersten Ab=
schnitte erwähnte, mit gewaltigen Erschütterungen der
Küste verbundene Bildung des Monte=Nuovo nicht sehr
weit von der Stelle des Tempels. Neopolitanische Schrift=
steller, welche dieses Ereigniß beschreiben, bemerken nun

dabei, daß das Meer damals einen bedeutenden Strich an
der Küste verlassen habe und einer erwähnt dabei auch der
„neu aufgefundenen Ruinen". Wir dürfen daher wohl annehmen, daß diese Hebung um das Jahr 1538 erfolgte,
während wir die Zeit der vorhergehenden Senkung allerdings nicht näher bestimmen, nicht einmal das Jahrhundert genauer angeben können. Verschiedene Zeichen, die
das Wasser in dem Tempel hinterlassen hat, sprechen dafür, daß die Senkung nicht auf einmal, sondern stufen-
weise erfolgt sei. Forbes machte auch darauf aufmerksam,
daß dieses Auf- und Abschwanken nicht nur in der nächsten
Umgebung des Tempels stattgefunden habe, sondern sich
auf einen ziemlichen Umkreis der Küste und der davor-
liegenden Inseln erstreckt haben müsse, indem römische
Gebäude zu Bajä und auf der Insel Capri ähnliche Zeichen,
wie der Serapistempel, erkennen lassen, und zum Theil
noch mit ihren untersten Theilen unter dem Wasser stehen.

Wie wir oben S. 292 das Vorhandensein der Korallen-
Inseln über dem Meere als einen Beweis für die Hebung
des Meeresgrundes im großen Ocean angegeben, so lehrt
uns auch die nähere Untersuchung an anderen Korallen-
riffen, daß sich weite Strecken desselben im Zustande der
Senkung befinden. Wir haben oben nicht weiter erörtert,
in wie ferne wir aus dem Vorhandensein der Korallen-
Inseln eine Hebung erschließen können, und wollen deshalb
hier näher auf die Erscheinungen dieser merkwürdigen Bildungen eingehen.

Unter der Klasse der Polypen findet sich eine große
Anzahl von kleinen Thierchen, die von den allerältesten
Zeiten der Erde bis zu unserer jetzigen Periode ziemlich

gleich in ihren Formen in dem Meere in großen Kolonien
gelebt und durch die Eigenschaft ihres Körpers, Kalk ab=
zuscheiden, im Laufe der Jahrhunderte und Jahrtausende
große Massen dieses Steines, Mauern gleich, in allen
Meeren, in denen sie gedeihen konnten, auf einander ge=
thürmt haben. Ehrenberg, Darwin, Dana und andere
Naturforscher haben das wunderbare Leben und Wirken
dieser kleinen, Großes schaffenden Wesen genauer unter=
sucht, namentlich die Bedingungen ihres Daseins. Es er=
gibt sich daraus, daß die Riffe bauenden Korallen ein
warmes, seichtes Meer und klares, reines Wasser, sowie
eine fortwährende Bedeckung durch dasselbe erfordern.
Sie sterben sehr bald, wenn sie außerhalb des Wassers
sich befinden. Sie bauen von dem Grunde des Meeres
nach oben, bis zu dem Punkte, der selbst bei niedriger
Ebbe noch von Wasser bedeckt ist. Auch nach der Tiefe zu
ist ihnen eine bestimmte Grenze gesteckt, die sie nicht über=
schreiten können, keine Riffkoralle lebt in einer Tiefe von
mehr als 180 Fuß. Deswegen findet man sie in den
wärmeren Meeren, die eine Temperatur von 23—27° C.
besitzen (unter 18° C. darf dieselbe nicht sinken, wenn sie
nicht zu Grunde gehen sollen), die Küsten der Länder und
Inseln umsäumend. Aus diesen Angaben läßt sich sofort
entnehmen, wie sie uns zu Beweisen für Hebungen und
Senkungen des Meeresgrundes werden können. Wo näm=
lich ein Korallenriff so über dem Meeresspiegel ange=
troffen wird, daß es selbst zur Zeit der Fluth nicht vom
Wasser bedeckt wird, da muß nothwendig eine Hebung des=
selben natürlich mit darauf folgendem Absterben der oberen
Korallenthiere eingetreten sein. Umgekehrt, wo wir finden,

daß solche Korallenriffe über 180 Fuß, 300—400 Fuß
hoch sind, da muß ebenfalls mit dem Tode der tiefer
angesiedelten verknüpft eine Senkung des Bodens stattgefunden haben, deren Betrag im Minimum wir finden,
wenn wir von der für die Basis des Riffes gefundenen
Tiefe 180 Fuß abziehen. Oben bauen auf den Leichen
ihrer Vorfahren die folgenden unverdrossen fort, unbe-
kümmert, ob ihnen durch Senkung oder Hebung das
Ende bereitet werde.

Durch nähere Untersuchung der Korallenriffe um die
Kontinente und Inseln, sowie der meist sehr niedrigen,
nur wenige Fuß über den Fluthsand hervorragenden
Korallen-Inseln hat man gefunden, daß ein großer Theil
des Meeresbodens bei Süd-Amerika, bei den Hebriden,
um die Sunda-Inseln und an den Küsten Ost-Afrika's
gegenwärtig im Stadium der Hebung sich befinde, dagegen der stille Ocean, Neu-Holland, sowie die Inselgruppe der Malediven und Lakediven im Sinken begriffen
seien.

Ueberblicken wir noch einmal rasch die Meere, an
welchen wir ein scheinbares Sinken desselben in der Gegenwart wahrnehmen, so sind es folgende: die Ostsee bei
Schweden, die Nordsee bei Norwegen, das nördliche Eismeer von Spitzbergen bis Sibirien und ober dem Festlande von Nord-Amerika, verschiedene Theile des mittelländischen Meeres, der atlantische Ocean an den Küsten
Süd-Amerika's, der indische Ocean bei Afrika, das rothe
Meer, das persische Meer, der Meerbusen von Bengalen,
das Meer um die Sunda-Inseln. Für den großen Ocean
haben wir die Küsten von Süd-Amerika ebenfalls mit

deutlichen Zeichen des scheinbaren Zurückweichens des Meeres.

Dagegen haben wir ein scheinbares Steigen desselben erkannt in der Ostsee bei Schonen, für die Nordsee an einigen Stellen der Küsten Englands; ebenso zeigt die gleiche Erscheinung der atlantische Ocean an den West= küsten Englands, Schottlands und Frankreichs, sowie die Baffins=Bay bei Grönland. Die Korallenriffe bekunden ein ähnliches Steigen des Meeres an einzelnen Stellen des stillen, wie des indischen Oceans.

Wir sehen demnach, daß gegenwärtig jeder der Oceane und jedes größere Nebenmeer derselben Stellen aufzu= weisen hat, an denen er steigt, und Stellen, an denen er sinkt. Dieser eine Umstand genügt vollkommen, um so= fort die Vermuthung als unmöglich erscheinen zu lassen, daß in dem Meere der Grund für diese Erscheinung liege, es würde dieß die Annahme erschließen, daß eine einzige Wassermasse, wie z. B. die Ostsee, Jahrhunderte hindurch an einer Stelle niedriger werde, an der andern sich er= hebe, also eine geneigte Ebene bilden könne.

Seitdem man diese Erscheinung des scheinbaren Sin= kens und Steigens des Meeres an so verschiedenen Stellen der Erde beobachtete, hat man auch sofort erkannt, daß diese Unregelmäßigkeiten und dieser Wechsel im Verhältniß des Meeres und Landes durch eine Bewegung des letzteren hervorgebracht sei. Dadurch verschwindet alles Unbegreif= liche, was die Erscheinung hat, wenn wir den Grund da= von im Meere suchen. Denn das, wie uns die Beobach= tung zeigt, durch Tausende von Rissen und Sprüngen in einzelne Bruchstücke und abgesonderte Massen getheilte

Land kann ganz leicht an einer Stelle in die Höhe bewegt
werden, während daneben eine andere sinkt, ähnlich wie
beim Eisgange unserer Ströme oder in größerem Maaß=
stabe beim Aufbrechen des Eises in den Polarmeeren hier
eine Scholle sich hebt und dort eine andere sich senkt. So
ausgemacht und allgemein anerkannt nun auch der Satz
ist, daß das Land bald sich hebe, bald sich senke, so wenig
ist die wahre Ursache dieser Erscheinungen noch jetzt er=
kannt. Wir wollen in dem folgenden Kapitel die wichtig=
sten Ansichten darüber zum Schlusse erörtern.

Zweites Kapitel.

Von den Ursachen der Hebungen und Senkungen der Länder.

Schon der Umstand, daß wir die Hebungen und
Senkungen der Länder, dem Beispiele der überwiegenden
Menge der Geologen folgend, unter den vulkanischen
Erscheinungen mit angeführt haben, beweist, daß sie von
einer großen Anzahl derselben auf den gleichen letzten
Grund wie diese zurückgeführt werden. Ob mit Recht
oder Unrecht, wird sich im Verlaufe dieses Kapitels her=
ausstellen. Ueberblicken wir die verschiedenen Meinungen,
welche zunächst über die Ursachen der Hebungen aus=
gesprochen worden sind, so finden wir, daß sich dieselben
in zwei Gruppen unterbringen lassen. Die erste umfaßt
alle die Erklärungsversuche, nach denen die langsam er=
folgenden, nicht durch Erdbeben hervorgerufenen Hebungen
der Oberfläche der Erdrinde durch eine Vermehrung

des Volumens erzeugt werden, in die andere lassen sich
die Ansichten vereinigen, nach welchen eine reelle von
unten erfolgende gleichmäßige Empordrängung eines
Stückes der Erdrinde von unbekannter Dicke stattfindet.

Wir wollen zunächst die erstere ins Auge fassen. Hier
finden wir wieder zwei von einander sehr verschiedene
Meinungen; nach der einen ist es eine Temperaturerhöhung der Gesteine, welche die Hebung bedingt, nach
der andern eine Neuerzeugung von Gesteinen zwischen den
Lagen anderer, wodurch diese in die Höhe getrieben werden, wie durch einen zwischen sie eingeschobenen Keil.

Die erstere Ansicht geht von der Thatsache aus, daß
mit der Tiefe die Wärme zunimmt und daß die Wärme
die Gesteine, wie alle festen Körper, ausdehnt. Wir haben
zwar noch keine genauen Untersuchungen über die Ausdehnung der Gesteine durch die Wärme, doch für die Mehrzahl der Mineralien, aus denen sie bestehen, wie Kalk-
spath, Quarz, Feldspath, Gyps u. s. w. Wir können
nun daraus annäherungsweise berechnen, wie dick die
Lage eines Gesteines sein müßte, um bei einer beliebigen
Temperaturerhöhung um eine gewisse Anzahl von Fußen
ausgedehnt zu werden. Diese Ausdehnung muß sich natürlich an der Oberfläche als Hebung zu erkennen geben.
Umgekehrt, wenn man eine Hebung im Betrage von
einigen Zollen oder Fußen findet, kann man daraus berechnen, wie groß die Dicke und die Wärme sein müßte,
um die beobachtete Hebung zu erzeugen. Der englische
Geologe Lyell ist es, der sich auf diese Weise die allmählichen Hebungen entstehend denkt. Wir würden, eine sogleich zu erwähnende Schwierigkeit abgerechnet, allerdings

eine einfache Erklärung für die allmählichen Hebungen
dadurch bekommen, wenn es sich nur um sehr geringe
Größen handelte, z. B. um einige Fuße, aber wie wir an
dem Beispiele Schwedens und Norwegens sehen, haben
diese Hebungen bereits einen Betrag von 600 Fuß erreicht.
Denken wir uns nun die erwärmte Schichte etwas mehr
als 9 g. Meilen dick und die Temperaturerhöhung so be=
deutend, daß sie überall um 100° die vor Beginn der
Hebung vorhandene vermehrt hätte, so würde dennoch der
Effect derselben höchstens 200 Fuß sein, also dreimal ge=
ringer, als wir ihn hie und da beobachten.   Dabei ist die
Ausdehnung der Gesteine von 1—100° C. zu $\frac{1}{1000}$ an=
genommen, eine Größe, die eher über als unter der mitt=
leren Ausdehnung der Gesteine steht.   Auch abgesehen da=
von entsteht die Hauptschwierigkeit für diese Theorie aus
der Frage, wie eine solche Temperaturerhöhung eintreten
kann?   Wir wissen, daß die Temperatur mit der Tiefe zu=
nimmt, haben also kein anderes Mittel, eine höhere Tem=
peratur für ein Gestein zu erhalten, als wenn wir uns
dasselbe gesenkt denken.   Denn die Annahme, daß in Spal=
ten aus der Tiefe aufsteigende geschmolzene Massen diese
Temperaturerhöhung erzeugen, würde die Schwierigkeiten
nicht beseitigen; denn diese Massen sind im Verhältniß
zum Umfange der sich hebenden Massen äußerst gering
und können nur eine kurz dauernde Temperaturerhöhung,
also auch nur eine kurzdauernde, rasch vorübergehende Er=
hebung auf diese Weise erzeugen.   Da aber, wie wir
wissen, eine Temperaturerhöhung um 1° schon ein Tiefer=
hinabgehen um 100 Fuß voraussetzt, so würde man sehr
schlechte Geschäfte machen, wenn man durch Sinkenlassen

der Gesteine in größere Tiefen ihr Volumen so vermehren wollte, daß sie durch die dabei eintretende Temperatur= erhöhung an der Oberfläche höher zu liegen kämen. Noch andere nicht zu beseitigende Bedenken erheben sich gegen diesen Erklärungsversuch der Hebungen. Wie wäre es mit diesem vereinbar, daß unmittelbar neben einander liegende Theile eines Landes, wie in Schweden in ent= gegengesetzter Bewegung begriffen sind? Wie wollte man damit die Erscheinung vereinbaren, daß ein und dieselbe Gegend bald sich hebt, dann wieder sinkt?

Wir sehen aus diesen Andeutungen schon, daß uns diese Theorie in die größten Schwierigkeiten verwickelt und eine befriedigende Erklärung der Hebungen nicht zu geben vermag.

Die andere Theorie, welche ebenfalls ein Volumens= vermehrung als Ursache der Hebungen ansieht, ist die von Volger und Mohr ausgeführte, nach der die Entstehung von neuen Massen zwischen den alten das Hebende ist. Die von oben eindringenden atmosphärischen Wasser lösen Bestandtheile auf und führen sie mit sich in die Tiefe. Kommen sie nun irgendwo in Spalten mit anderen zu= sammen, mit denen sie vereinigt neue Mineralien er= zeugen können, so werden sie sich hier absetzen und bei an= haltender Stoffzufuhr werden diese Kryftalle stets wachsen. Entstehen diese Kryftalle in Kapillarspalten oder wird durch ihr Wachsthum eine größere Spalte zu einer Ka= pillarspalte, so bringt das Wasser vermöge der Kapillar= attraction in dieselben ein und diese Kraft ist es, welche die Gebirge in die Höhe hebt.

„Die Kraft dieser Kapillarwirkung ist größer, als

wir eine andere Kraft in der Natur kennen, und schon
Volger hat diese Kraft zur Hebung der Gebirge in An=
spruch genommen." (Mohr.)

Man sieht wohl ohne Weiteres, welche eigenthümliche
mechanische Voraussetzungen diese Theorie machen muß,
um die Hebungen zu erkären. Erstens die, daß die sich
neubildenden Krystalle nur von der Seite her den
nöthigen Stoff zu ihrer Bildung erhalten, denn wenn
das von oben kommende Wasser ihnen dieselben mitbringt,
kann natürlich nicht von einer Hebung durch Volumsver=
mehrung die Rede sein, weil ja unten nur so viel abgesetzt
wird, als oben weggenommen wurde; es findet also in
diesem Falle nur ein Ortswechsel von oben nach unten
statt, von einer Volumsvermehrung und einem Wachs=
thum kann hier keine Rede sein. Zweitens setzt dieselbe
ferner voraus, daß überall da, wo eine einfache Hebung
beobachtet wird, die Kapillarspalten, in denen die Infil=
tration des Wassers durch die Kapillaranziehung statt=
findet, alle horizontal liegen und verlaufen, denn nur in
diesem Falle kann eine Hebung senkrecht von unten nach
oben eintreten. Nun sehen wir aber in der Natur, daß
sich die feinen Spalten viel häufiger in der Richtung von
oben nach unten finden, nur dadurch ist es ja möglich,
daß das Wasser in die Tiefe bringt, und wir würden
daher nach der Theorie von Mohr und Volger Seitenver=
rückungen, Ausdehnungen der Länder in der Breite in hori=
zontaler Richtung in demselben Grade häufiger mindestens
eben so oft wahrnehmen, als Hebungen in senkrechter Rich=
tung. Dergleichen ist aber noch nie beobachtet worden auch
nicht ein einziges Beispiel liegt für eine solche Bewegung vor.

Ein weiterer Grund gegen diese Theorie liegt ferner

in der vollkommen willkürlich und übertrieben angenom=
menen Leistungsfähigkeit der Kapillarkraft. Es ist rein
aus der Luft gegriffen, daß dieselbe „größer, als wir eine
andere Kraft in der Natur kennen" sei. Sie hat wie jede
ihre ganz bestimmten Grenzen und reicht nicht im Ent=
ferntesten hin, auch nur das kleinste Hügelchen zu heben,
geschweige denn ganze Berge oder Stücken der Erdrinde.

Für die Senkungen wird natürlich von beiden bisher
erörterten Theorien das Gegentheil von der Ursache, welche
die Hebungen erzeugt, angenommen. Statt der Erwär=
mung eine Abkühlung, statt der Neubildung von Krystallen
das Zerstören alter, das Auslaugen und theilweise Auf=
lösen der Schichten. Was die Senkungen betrifft, welche
durch Abkühlung des Schichtengebäudes in größerer Tiefe
erzeugt werden sollen, so gelten für dieselbe hinsichtlich der
Größe des Effectes dieselben Bedenken, die wir oben bei
den Hebungen besprochen haben und zwar hier in einem
noch viel höherem Grade aus folgendem Grunde. Wie
die Beobachtung allerorts gezeigt hat, dringen die äußeren
erkältenden wie erwärmenden Einflüsse nur bis zu einer
Tiefe von 60—80 Fuß ein, je nachdem die Gesteine der
Oberfläche die Wärme besser oder schlechter leiten. Da
nun eine Abkühlung der Gesteine der Erdrinde nur nach
außen hin erfolgen kann, so ist durchaus nicht abzusehen,
wie eine Abkühlung der Erdrinde so bedeutend, daß sie
sich durch eine Senkung des Bodens zu erkennen gibt, in
der Tiefe und aus der Tiefe heraus stattfinden könnte.

Weniger Bedenken unterliegt die Annahme, daß
Senkungen durch theilweises Auflösen einzelner Schichten
oder einzelner Bestandtheile der verschiedenen Schichten
entstehen. Die Möglichkeit muß zugestanden werden.

Doch setzt dieses voraus, daß diese aufgelösten Bestandtheile vom Wasser fortgeführt werden. Wir dürften
daher erwarten, wenn dieser Vorgang die großartigen
Senkungen ganzer Küstenstriche erklären soll, daß wir dergleichen viel häufiger noch in den obersten Schichten der
Erdrinde und an solchen Gesteinen wahrnehmen würden,
die verhältnißmäßig leicht sich auflösen, wie Gyps und
Kalk. Denn das atmosphärische Wasser, welches von
oben nach unten sich durch die Gesteine bewegt, muß doch
oben, wo es noch nichts aufgelöst enthält, am meisten von
den Gesteinen mit sich führen, die obersten Schichten sollten
daher verhältnißmäßig am meisten sich senken. Aber
man hat nichts von der Art bemerkt. Der Umstand, daß
sich der Meeresgrund selbst senkt, dagegen Orte wo flie-
ßendes Wasser in Menge den Boden vieler seiner Bestandtheile berauben, nicht, läßt es uns als sehr unwahrscheinlich
erscheinen, daß, unbedeutende locale Senkungen abgerechnet, die langsam vor sich gehenden, ausgedehnteren durch
einen solchen Auszehrungs- und Auflösungsproceß einzelner
Schichten entstehen. Ueberdies wäre es dann auch unbe-
greiflich, wie eine Stelle, die einmal durch denselben ins
Sinken gerathen wäre, auf einmal wieder in die entgegengesetzte Bewegung verfiele und sich wieder erhöbe, wie dies
in der jetzigen Periode an manchen Punkten beobachtet
wird, in früheren aber sehr häufig vorgekommen ist.

Das bisher über die Ursachen der Hebungen und
Senkungen Mitgetheilte zeigt, daß durch die Annahme
einer Volumsvermehrung oder Verminderung durch Zu- oder
Abnahme der Temperatur oder durch Hinzufügung oder
Hinwegführung von Mineralsubstanz weder die Hebungen
noch die Senkungen sich befriedigend und im Einklange mit

den beobachteten Thatsachen erklären lassen. Es bleibt uns nur noch die dritte, die Ansicht der Vulkanisten übrig.

Auch diese spalten sich in mancherlei Gruppen und geben sehr verschiedene Erklärungen für die fraglichen Er=scheinungen. Das einzige, was sie alle gemeinsam haben und was sie den andern Allen gegenüberstellt, ist die An=nahme, daß die Erde im Innern noch heißflüssig sei, und daß dieser Zustand es sei, welcher im letzten Grunde die Bewegungen der Erdrinde sowohl nach oben wie nach unten, Hebungen wie Senkungen bedinge. Der Vortheil, den uns diese Annahme gewährt, ist einleuchtend. Wir haben eine der Ausdehnung nach ungeheuere bewegliche Masse, die innere Erdflüssigkeit, und haben eine im Ver=hältniß zu ihr sehr kleine bewegte, die äußere Erdrinde. Wie nun aber durch das Verhalten dieser beiden ver=schiedenen Theile unserer Erde, des flüssigen Innern gegen das feste Aeußere diese Bewegungen der Rinde ver=mittelt werden, darüber sind die Meinungen verschieden. Die Einen erklären sie in folgender Weise:

Denken wir uns die Erde im Anfange als eine ganz flüssige, glühende Masse, so mußte sich durch die Abküh=lung eine an Dicke zunehmende Rinde bilden, die sich dem flüssigen Inhalte enge anschloß. „Da die Rinde, als sie sich bildete, den Umfang haben mußte, welchen die Erd=kugel damals hatte, so mußte die fortschreitende Abkühlung, da sie darauf ausgeht, den Inhalt zu verkleinern, einen lang=sam wachsenden Zug auf die Rinde hervorbringen, und da diese nicht im Stande ist, durch einen Einschrumpfungsproceß sich dem veränderten Umfange des Innern anzupassen, so muß dieses entweder durch Risse oder durch Falten, oder durch beides geschehen." (Dana.) Die nothwendige Folge davon

ist nun die, daß sich an der einen Stelle Senkungen an
der andern Hebungen ausbilden. Dana vergleicht dieselben
mit den Runzeln, die sich in der Haut eines austrocknenden
Apfels bilden, und dieses
Beispiel kann auch den
Vorgang sehr gut erklären.
So wie der Umfang der
Erde kleiner wird, muß die
Rinde, da sie nicht gleich=
mäßig sinken kann, weil sie,
einmal durch Erkaltung
fest geworden, sich nicht
mehr weiter zusammen
ziehen kann, sich an ein=
zelnen Stellen heraus=
knicken, an anderen sinken.
Denken wir uns ein Stück
der Erdrinde AB durch
die Abkühlung nach ab
versetzt, so hat · es hier
keinen Platz, außer wenn
es sich in einer oder
mehreren Falten aufbiegt,
indem die Linie acb eben
so lang als AB ist. Ein seitliches Ausweichen ist natür=
lich in der Erde aus dem Grunde unmöglich, weil die=
selbe eine Kugel bildet und zwischen allen Radien auf dem
ganzen Umfange derselbe Vorgang stattfindet, wie hier
zwischen AC und BC.

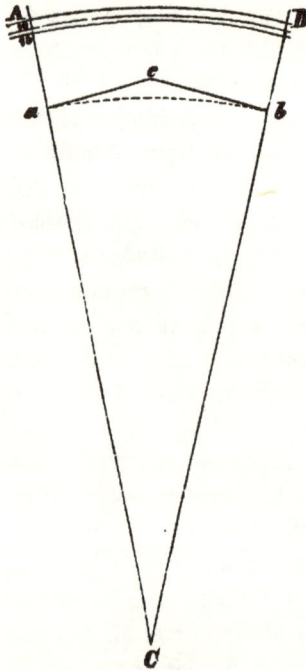

Daß im Laufe der Zeiten ungleich sich ausbildende
Dicke der Erdkruste, die ungleiche Beschaffenheit und

Fig. 35.

Mächtigkeit der später durch das Wasser oben erzeugten
Schichten große Verschiedenheiten in diesem Faltungs=
proceß an verschiedenen Stellen der Erde erzeugen mußte,
bedarf wohl weiter keiner Erwähnung. Da nun dieser
Abkühlungsproceß noch immerwährend vor sich geht, wenn
auch in sehr geringem Grade, so müssen auch aus der=
selben Ursache noch an einzelnen Stellen Hebungen, an an=
dern Senkungen stattfinden. Die Thatsache das Hebungen
und Senkungen unmittelbar neben einander vorkommen
(England, Schweden, großer Ocean) findet dadurch eine
sehr einfache Erklärung. Dagegen können wir diesen
Faltungen unmöglich einen so großen Einfluß zuschreiben,
wie das von Vielen, besonders auch von Dana, geschieht,
indem der Betrag derselben nicht so groß angenommen
werden kann, wie es von diesen vorausgesetzt wird.
Wollten wir nämlich in größerer Ausdehnung eine
Faltung oder Knickung annehmen, wie die folgende Figur
es zeigt, so müßten wir schon eine Zusammenziehung ihres
Inhaltes bis auf die Hälfte ihres früheren Durchmessers
annehmen, die Linie a b c bilden nämlich überall gleich=
seitige Dreiecke, so daß überall a b und b c zusammen die
doppelte Länge von a c haben. Wollte man also an=
nehmen, daß a b und b c, c b' und b c' u. s. f. den früheren
Umfang der Erde dargestellt hätten, so ist es offenbar,
daß sie nur dann in diese Stellung gelangen konnten,
vorausgesetzt, daß die Zusammenziehung des Erdkörpers
dieselbe erzeugt haben soll, wenn diese sich so weit zusammen=
zog, daß ihr neuer kleiner Umfang halb so groß war,
als der frühere größere; da sich nun die Länge der Kreise
und Bögen verhalten wie ihre Durchmesser, so muß der
Durchmesser eines halb so großen Kreises auch halb so

groß sein, wie das eines doppelt so großen; also der zu
dem Bogen ac" gehörige muß halb so groß sein, als
der zu demselben Kreisbogen gehörige, welcher zwischen
denselben Radien ad und cd" liegt, aber die doppelte
Länge von ac" hat, in unserem vorliegenden Falle früher
von derselben Länge war, aber nicht in Zickzack gebogen,
wie die Linien ab, bc, cb', b'c" u. s. f.

Wir finden nun allerdings in der Natur außerordent-

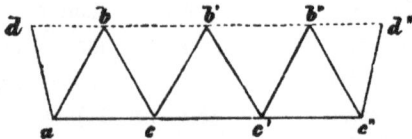

Fig. 36.

lich häufig solche beträchtliche Faltungen geschichteter Gesteine, können aber dieselben aus dem eben angegebenen
Grunde unmöglich der Zusammenziehung der Erde zuschreiben. Wie dieselben entstanden seien, dieß zu erörtern, hängt mit unserem gegenwärtigen Thema nicht
zusammen. So viel muß jedoch zugestanden werden, daß
durch die Abkühlung der Erde Veranlassung zu Senkungen
und auch zu Hebungen gegeben ist.

Naumann glaubt noch ein anderes mechanisches Moment,
welches durch die Abkühlung der Erde entstehen soll,
annehmen zu müssen, daß wir schon oben bei Besprechung
der Ursachen vulkanischer Eruptionen erwähnten. Wenn
nämlich die Abkühlung immer weiter fortschreitet, muß
auch in der Tiefe dadurch immer neues Material aus dem
flüssigen in den festen Zustand übergehen. Er glaubt nun,
daß dabei auch eine Vergrößerung des Volumens stattfinde und folglich ein Druck auf die flüssige Unterlage
ausgeübt werde. Durch diesen Druck könne nun ein Theil

der flüssigen Masse durch die Vulkane in die Höhe ge=
trieben werden oder auch Veranlassung zur Hebung irgend
eines Stückes der Erdrinde geben. Wenn sich nun einerseits
die Möglichkeit dieses Vorganges nicht geradezu bestreiten
läßt, so kann man andererseits auch nichts Bestimmtes
für dieselbe vorbringen. Namentlich ist der wichtigste Theil
dieser Theorie, daß die Massen des Erdinnern beim Ueber=
gange aus dem flüssigen in den festen Zustand an
Volumen zunehmen, wie schon erwähnt wurde, weder durch
Beobachtungen noch durch Experimente erwiesen.

Wir bedürfen aber auch derselben nicht. So wie wir
annehmen, daß die Erde in ihrem Innern noch flüssig sei
und daß sie sich noch fortwährend, wenn auch noch so
langsam, weiter abkühle, also auch weiter zusammenziehe,
so haben wir damit eine Quelle von Bewegungen der be=
reits erkalteten Erdrinde, welche sich theils als Hebungen
theils als Senkungen zu erkennen geben müssen. Es werden
sich dann immer Senkungen und Hebungen gleichzeitig
entweder unmittelbar neben einander oder auch an ver=
schiedenen Stellen zeigen müssen. Selbst wenn sich auch
im gegenwärtigen Augenblicke die Abkühlung und die Zu=
sammenziehung der Erde kaum mehr bemerklich machen
würde, so ist doch schon durch das Vorhandensein einer
festen auf der flüssigen Masse ruhenden, in viele Stücke
zertheilten Rinde, die selbst fortwährend Veränderungen
ihrer Gestalt und ihres Gewichts unterworfen ist, Ver=
anlassung zu Bewegungen gegeben. Jede Bewegung einer
Stelle der Erdrinde in dem einen Sinne muß aber irgend=
wo eine andere im entgegengesetzten Sinne hervorrufen.

Denken wir uns z. B. ein Stück der Erdrinde aus
verschiedenen Massen A, B, C, D, E bestehend, und es

finde eine Senkung statt, so daß A und B in die Lage der
zweiten Figur kommen, so muß sich C und D heben.
Wir können nun in der Natur beides beobachten, d. h.
Senkungen und Hebungen, aber wir werden nicht im Stande
sein, zu bestimmen, ob eine Hebung veranlaßt sei durch
eine Senkung einer anderen Stelle oder ob eine Senkung
durch eine Hebung an einer anderen Stelle veranlaßt wurde.

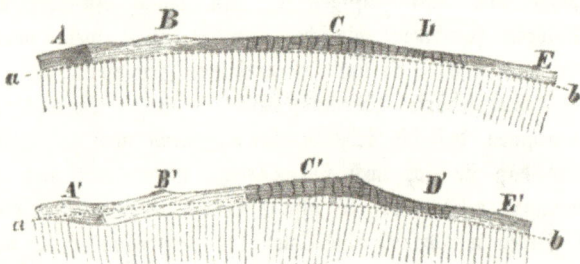

Fig. 37.

Man begreift auch, wie, wenn einmal irgendwo das
Gleichgewicht gestört worden ist, dadurch der Anstoß zu
einer langen Reihe von Bewegungen im verschiedensten
Sinne gegeben sein kann. Das Beispiel, das wir oben
schon gebrauchten, um diese Verhältnisse anschaulich zu
machen, das von dem Verhalten der Eisschollen auf dem
Wasser, mag uns auch hier wieder dazu dienen, die Erscheinungen der Hebung und Senkung klar zu machen.
Wenn wir in einem Gefäße voll Wasser Eisstücke in
größerer Menge, so daß sie die Fläche des Wassers ganz
bedecken, haben, so wird jede Bewegung eines Stückes
auch die anderer zur Folge haben. Heben wir ein Stück
aus dem Wasser, so werden andere tiefer einsinken, drücken
wir dagegen hier ein Stück hinunter, so werden sich andere
heben. Doch soll damit nicht die Vorstellung erzeugt werden,

als tauchten die Gebirge tief in die geschmolzene Erdmasse
ein und schwämmen auf derselben, sie verhalten sich, um
das Gleichgewicht genauer den Verhältnissen entsprechend
zu machen, nur wie die Eisdecke auf einem See oder Teich.
Wie diese ebenfalls einen Druck auf die unterliegende Wasser=
masse ausübt und sich senkt, wenn diese abnimmt, so verhalten
sich die festen Gesteine gegenüber dem flüssigen Erdkerne.

Bei diesem Verhalten der Erdrinde zu dem flüssigen
Kerne, bei ihrer verhältnißmäßig außerordentlich geringen
Dicke ist es wohl möglich, daß auch die Anziehung von
Sonne und Mond auf diesen flüssigen Erdkern Veranlassung
und den Anstoß zu Hebungen und Senkungen gibt, oder
daß auch die Erschütterungen bei Erdbeben solche Be=
wegungen von längerer Dauer einleiten. Doch können
wir hier, wie so häufig bei geologischen Erscheinungen,
namentlich bei denen, welche in der Tiefe ihren Sitz haben,
auch nur Vermuthungen äußern. Eine zuverlässige und be=
stimmte Erklärung für einzelne Fälle zu geben, wird wohl
kaum je gelingen, auf dem gegenwärtigen Standpunkte der
Geologie müssen wir uns begnügen, die Möglichkeit nach=
zuweisen, wie solche Erscheinungen erzeugt werden können.

Gegen diese Erklärung der allmählich eintretenden
Hebungen und Senkungen wird von den Gegnern der=
selben der Haupteinwand erhoben, daß die Erde im Innern
nicht geschmolzen, daß keine derartige Anordnung, wie
wir sie eben angenommen, vorhanden sei. Positive Gründe
gegen die Annahme eines feurig flüssigen d. h. geschmol=
zenen Erdkernes werden nun allerdings keine vorgebracht.
Denn die Thatsachen, welche als Gründe gegen diese An=
nahme angegeben werden, haben mit derselben ganz und
gar nichts zu schaffen. Diese Thatsachen beziehen sich

nämlich nur auf die Natur der Gesteine an der Ober=
fläche, sie berühren nur die Frage, wie dieses oder jenes
Gestein entstanden sei. Manche Vulkanisten führen näm=
lich eine ganze Reihe von Gesteinen an, von denen sie
glauben, daß sie durch Erstarrung fest geworden seien, daß
sie die durch Abkühlung entstandene Erdrinde gebildet
hätten, z. A. Granit, Gneiß und andere. Dagegen werden
nun von den Neptunisten sehr gewichtige Einwände erhoben.
Aber diese Einreden beweisen nichts gegen die Annahme
eines flüssigen Erdkernes. Wären alle Gesteine der Ober=
fläche ohne Ausnahme als wäßrige Bildungen nachgewiesen,
so würde weiter nichts daraus folgen, als daß wir die
ursprünglich durch Abkühlung entstandene Rinde nicht mehr
vor uns haben und nicht mehr näher bezeichnen können.
Das darf uns Angesichts der Thatsachen, daß unendliche
Zeiträume hindurch das Wasser die Oberfläche der Erde
bearbeitet, zerstört und zersetzt hat, auch gar nicht wundern;
im Gegentheil müßten wir uns wundern, wenn irgendwo
noch etwas von dieser Erstarrungsrinde unverändert vor=
handen wäre. Die Beweise für den ursprünglichen heiß=
flüssigen Zustand der Erde sind nicht von diesen Gesteinen
hergenommen, werden daher auch nicht verstärkt oder ge=
schwächt, ob man diese oder jene Entstehungsweise für die=
selben nachweisen kann. Wir wollen zum Schlusse diese Be=
weise, auf denen die vulkanistische Theorie wesentlich beruht,
noch kurz bezeichnen. Es sind aber dieselben sowohl der
Astronomie, als auch der Geologie entnommen.

Zu den ersteren gehört vor Allem die Gestalt der
Erde als einer an den Polen abgeplatteten Kugel. Der
große Mathematiker Newton war es zuerst, welcher aus
einigen Beobachtungen an Pendeluhren den Schluß zog,

daß die Erde keine Kugel sein könne, sondern an den Po=
len abgeplattet sein müsse. Er zeigte ferner, daß die Ab=
plattung der Erde durch die Achsendrehung derselben ent=
stehen mußte, so wie dieselbe Anfangs flüssig war und
bestimmte im Voraus durch Rechnung den Betrag dieser
Größe. Erst später wurde dann dieselbe direct gemessen.
Eine äußerst große Anzahl von Bestimmungen der wahren
Gestalt der Erde hat dasselbe Resultat ergeben und sogar
nur wenig an der von Newton berechneten Größe der
Abplattung geändert. Die theoretische Berechnung wurde
später, als man das spezifische Gewicht der Erdkugel und
andere für dieselbe wichtige Thatsachen kennen gelernt
hatte, von Neuem vorgenommen und in so genauer Ueber=
einstimmung mit der direct bestimmten Abplattung gefun=
den, als man nur erwarten konnte. Die Wirkungen der
Anziehungskraft der Erde namentlich auf den Mond sind
der Art, daß sie zu dem Schlusse führen, die Erde bestehe
aus auf einander folgenden Schichten oder richtiger Kugel=
schalen von verschiedener sich steigernder Dichtigkeit, die
ebenfalls alle abgeplattet sind, und zwar in etwas
anderer Weise, als die äußerste.

In der neuesten Zeit ist auch dieser Beweis für die
ursprüngliche Flüssigkeit der Erde angefochten worden, aber
mit durchaus unzureichenden Gründen. So hat Mohr die
Abplattung als Folge der an den Polen rascher fortschrei=
tenden Verwitterung im Verein mit der Achsendrehung der
Erde hingestellt, sogar behauptet, im Verlaufe der Zeiten
müsse die Erde unter allen Umständen, so wie sie eine
Achsendrehung hat und verwittert, nach und nach eine ab=
geplattete Kugel darstellen. Es würde hier zu weit führen,
auf die Verstöße gegen die Gesetze der Mechanik, die in

dieser Behauptung liegen, hinzuweisen, es mag hier genügen,
die Thatsache noch einmal zu wiederholen, daß auch das
Innere der Erde aus lauter abgeplatteten concentrischen
Kugelschalen besteht, deren Form doch unmöglich der nur
außen wirkenden Verwitterung zugeschrieben werden kann,
die umgekehrt, wenn auch die Form der Oberfläche der Erde
durch Verwitterung und andere außen wirkende Kräfte
eine andere geworden wäre, uns immer noch den Be=
weis lieferten, daß die Erde Anfangs flüssig war.

Fragen wir nun weiter, wodurch dieser flüssige Zu=
stand der Erde erzeugt war, so können wir nur zwischen
zwei Ursachen wählen. Entweder war es das Wasser,
welches die ganze Erdmasse in aufgelösten oder gallert=
artigen Zustand versetzte, oder es war die Wärme, indem
dieselbe Alles schmolz. Beide Annahmen haben ihre Ver=
theidiger, die beiden großen geologischen Parteien der
Neptunisten und Plutonisten oder Vulkanisten haben dar=
nach ihren Namen erhalten, doch hat man längst erkannt,
daß die Menge des Wassers in keinem Falle zureicht, um
auch nur einen gallertartigen Zustand der Erde zu erzeu=
gen und eben deswegen richten die Neptunisten ihre An=
griffe jetzt gegen die Abplattung der Erde und die daraus
für die vulkanistische Theorie sprechenden Beweise. Daß
die Masse geschmolzen gewesen sein könne, läßt sich natür=
lich nicht bestreiten, aber daß es auch wirklich der Fall
war, das will man nicht zugeben, obwohl die Abplattung
allein schon, da man nur die Wahl zwischen Wasser und
Feuer hat, für das letztere, d. h. für den heißflüssigen
Zustand entscheidet. Als weiterer Beweis der richtig ge=
troffenen Wahl der Vulkanisten erscheinen uns die Be=
obachtungen der mit der Tiefe stets zunehmenden Tem=

peratur, deren Verhältniſſe wir auch bereits oben im
erſten Abſchnitte S. 161 näher betrachtet haben.

Alle Verſuche, dieſelben anderweitig zu erklären, ſo zahl=
los ſie auch gemacht wurden, haben nichts gezeigt, als die Un=
möglichkeit, in anderer Weiſe ſie befriedigend zu erklären,
während ſie als eine nothwendige Folge der vulkaniſchen
Theorie nach dieſer weiter keiner Erklärung bedürfen.

In der neueſten Zeit iſt abermals die Aſtronomie der
Geologie zu Hilfe gekommen, indem ſie durch die Spectral=
beobachtungen der Geſteine zeigte, daß noch eine unend=
liche Zahl derſelben in dem Zuſtande ſich befindet, welche
der Vulkanismus für den Urzuſtand der Erde fordert,
nämlich in einen glühenden, geſchmolzenen, flüſſigen, zum
Theil ſelbſt noch gasförmigen.

Alle dieſe Thatſachen zuſammengenommen rechtfertigen
die Annahme, welche wir dieſes ganze Büchlein hindurch
gemacht und feſtgehalten haben, daß unſere Erde dereinſt
glühendflüſſig geweſen ſei, daß ſie erſt nach und nach durch
Abkühlung eine feſte Rinde, aber unter ihrer faltenreichen
Haut noch jetzt in ihrem Innern ſich das Jugendfeuer er=
halten habe. In wie fern die ſ. g. vulkaniſchen Erſchei=
nungen davon Zeugniß ablegen, wird der aufmerkſame Leſer
der vorangegangenen Blätter ſelbſt zu beurtheilen im
Stande ſein.

Welche Anſicht man auch über dieſelben haben mag,
ob man ſie auf dieſe oder jene Weiſe erklären will, ihre
hohe Bedeutung für die Geſchichte der Erde, ja der ganzen
organiſchen Natur, bleibt davon unberührt.

Bedenken wir, daß die neptuniſtiſche wie die pluto=
niſtiſche Theorie beide eine vollſtändige Waſſerbedeckung
der Erde in den früheſten Zeiten fordern und annehmen,

und daß beide namentlich in den im letzten Abschnitte geschilderten Vorgängen die einzige Quelle aller Bewegungen
des Festen, somit der Entstehung des Festlandes und seiner Gliederung erkennen, so können wir wohl behaupten,
daß unter allen Naturkräften die wichtigsten und gewaltigsten eben die sind, welche wir als die vulkanischen bezeichnet
haben. Von ihnen ist und wird zu allen Zeiten die Gestalt
und die Ausdehnung der Kontinente, das Verhältniß von
Land und Meer, von Hochland und Tiefland, mit seinen
unendlich vielen Abstufungen und der Fülle seiner Einflüsse auf alle klimatischen Verhältnisse, selbst auf die
geistige Entwicklung des Menschen bedingt. Sie sind es,
welche der zerstörenden Wirkung des Wassers, das in den
zahllosen Quellen, Bächen und Flüssen und durch die noch
zahlreicheren Wellen des Meeres fort und fort an einer
Erniedrigung und Verkleinerung des Landes arbeitet, ununterbrochen entgegenarbeiten.

Diese Betrachtung mag dazu dienen, die Schrecknisse,
welche für den Menschen das plötzliche Auftreten dieser
titanischen Naturkraft oft mit sich bringt, weniger erschreck-
lich erscheinen zu lassen, und zu einem neuen Beweise, daß
überall, wo wir in der Natur zerstörende Kräfte walten
sehen, dieselben bei näherer Betrachtung in noch höherem
Grade als schaffende sich zu erkennen geben, das Leben
mächtiger ist als der Tod.

Druck von Hesse & Becker in Leipzig.

www.ingramcontent.com/pod-product-compliance
Lightning Source LLC
Chambersburg PA
CBHW031412180326
41458CB00002B/341